NF文庫
ノンフィクション

戦車と戦車戦

体験手記が明かす日本軍の技術とメカと戦場

島田豊作ほか

潮書房光人社

戦車と戦車戦——目次

写真提供／各関係者・遺家族・『丸』編集部・米国立公文書館

戦車と戦車戦

体験手記が明かす日本軍の技術とメカと戦場

戦史をかざった日本戦車血戦録

勇名を馳せた第一線指揮官が綴る日本戦車用兵の長所短所

元 戦車六連隊 島田戦車隊長・陸軍少佐　島田豊作

もともとソンム（第一次大戦下の西部戦線フランス北部）の陣地戦が長びいたので、これを破ろうと現われたタンクだから、機関銃の十字砲火や鉄条網を突破して、歩兵の突撃を可能にするのが狙いであった。

散兵壕や弾痕のある陣地を進まねばならないから、トラクター以上の踏破力も必要だ。いわば、農耕用トラクターに、装甲と火器をつけたようなものだから重く、大きく、ノコノコと、敵火のもとを平然として歩むキャタピラ（履帯）の怪物が、まず第一号として生まれ出たわけである。

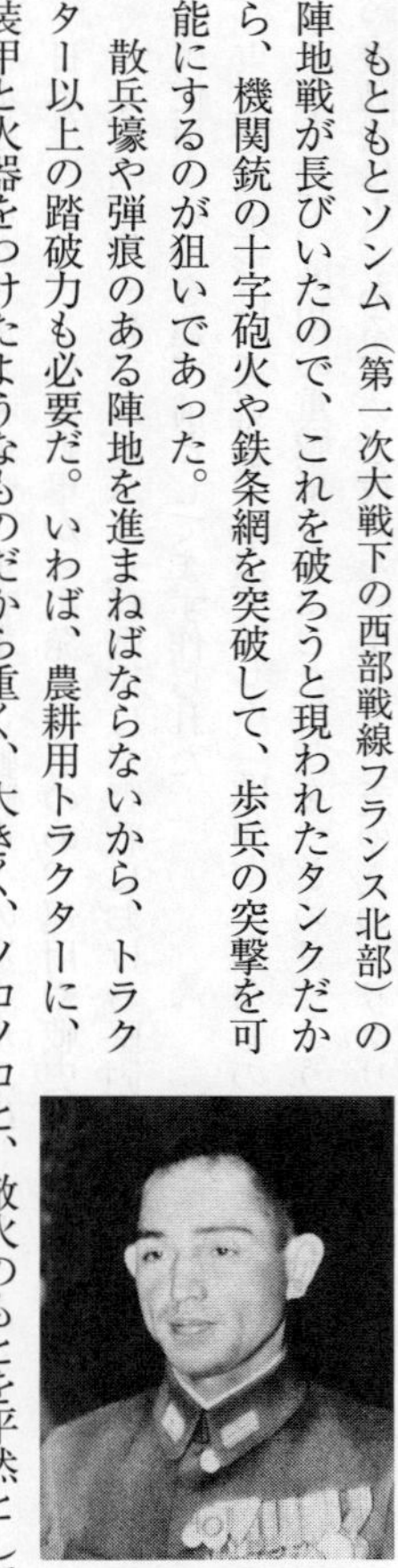

島田豊作少佐

英国のマーク型、四号型、仏のシュナイダー、サンシャモンなどがこれである。これらは歩兵の突撃用補助兵器として分散、分属されて効果をおさめたのである。

ついでこれが、カンブレーの戦い（第一次大戦下の一九一七年十一月）で集結使用され、短時間でヒンデンブルグラインを突破するにおよび、機械化兵団としての価値が認識され、早くも陣地突破後の戦果の拡大用としての、戦車の必要性がさけばれるようになった。いきおい、歩む戦車から走る戦車へ、重戦車から軽戦車への道を歩み出したわけだ。

日本は遅れて、この軽戦車から出発したものの、運用や戦史は依然としてこの経過を歩んでいる。国産第一号である八九式軽戦車は、野戦における堅固な陣地攻撃にさいし、歩兵に分属使用するのを建て前としてまず作られた。

東亜では地形にしろ対戦車火器にしろ、欧州とは異なるので、この軽戦車（のちの中戦車）をもって、欧州の重戦車の果たした役割をつとめさせようと発足した。しかも集結使用や機動戦にも、あるていど役立たせようと貧乏ゆえのヤリクリ算段だから、設計者も大いに骨が折れたことと推察する。

そしてこのことが、戦場においてもつねに指揮官を悩ませ、長く尾をひいて、日本戦車の最後にいたっているのだ。

戦車の最後は、軍艦と同様に敗戦以前のものだった。二兎を追って一兎をもえられなかったのが現実だ。しかし、このことと戦車隊の勇戦奮闘とを混同してはならない。それどころか、これがためにわが戦車将兵の勇戦苦闘は、一段とその光彩を放ったのだ。逆に、かがやかしい血戦記録に眼をうばわれ、科学や戦車の優秀性を誤ってはならない。人間と精神が、科学と物量に圧倒されたのが、今次大戦の教訓なのだから。

お粗末を嘆く戦車兵

昭和六年、満州事変が起こり、百武戦車隊（臨時派遣戦車第一中隊、百武俊吉大尉指揮）が初めてこれに参加することとなった。国産車と外国車との混成だ。戦車は重宝がられて各隊から引っぱりだことなり、結局一、二台ずつ各師団に分属されるという始末だった。戦車隊ではなく、戦車兵器といった方が適当だ。しかも機動的な野戦が主であったから、いちばん困ったのは戦車兵だ。このような機動戦に歩兵と行動を共にするのは、なかなか容易な業（わざ）ではなかった。

歩兵師団はどんどん先に進んでしまうし、重い戦車が故障や難路で、後方にとり残されることが多かった。周囲に残敵がうごめくなかで、徹夜作業でようやく戦線に出てみると、友軍は、すでに追撃にうつっている。泣くにも泣けない気持ちだった。

昭和６年９月に始まる満州事変に、日本の戦車として初投入された八九式軽戦車

堅固な陣地攻撃にと作り出されたのだから、所詮、機動戦には大した効果をあげえず、人一倍の苦労も報いられることが少なかったのだ。

こうなると、歩兵師団も当初の期待が消えて、だれもかえりみようとしないのだ。一、二台ずつ分離され、しかもこんな空気のなかで、夜もねむらずに孤立して戦車の整備をしている戦車兵の気持ちは、果たしてどんなものであったろうか。

「よく走れる戦車がほしいなあ」「故障しない戦車がほしい」「戦線で、思う存分に射撃してみたい」と、油まみれの口からとび出る言葉は、いつも同じである。

「師団長も参謀も、戦車の使い方がわかっちゃいないんだから、仕方がない」

これは、当時の戦車将校のあきらめの言葉だ。

昭和七年、上海では十九路軍と海軍陸戦隊の衝突が起こり、重見戦車隊（独立戦車第二中隊、重見伊三雄大尉指揮）が急派された。ここでは堅固な陣地攻撃にたいする戦闘、いわば、わが戦車の当初の決定方針だから、大いにその威力を発揮したろうと考えられるが、実はさにあらず、そこには錯綜したクリークが待っていたのだ。

閘北方面の市街戦（陸戦隊協力）には、そうとうの戦果をおさめたものの、主戦線においてはクリークの通過作業の掩護が最大の苦闘であり、もっぱら火力支援が戦闘の大部であった。なんのことはない、装甲砲兵が前線まで進出したに過ぎない恰好で、戦車の活躍はみることができなかった。

「装甲を厚くし、覘視孔も改善せねばダメだ」「作業戦車でも生まれないものかな」と、この方面の戦車将兵は訴えたものだった。もちろん分属使用されていたから、陣地突破後の戦果の拡大など思いもよらず、またできない相談だった。

満州では行軍（機動）になやみ、上海ではクリークのため行動がはかどらず、近接戦闘では幾多の欠点をさらけ出したのである。対戦車用火器としては、みるべきものを持っていなかった敵ですら、この始末であった。

昭和十二年、北支事変が起こり京漢、津浦、西線にそって作戦が行なわれた。主力軍たる京漢線方面に馬場（戦車第一大隊、馬場英夫大佐指揮）、今田（戦車第二大隊、今田俊夫大佐指揮）の両大隊が配属され、改良された八九式戦車を使用したが、前者からくらべれば、兵器の運用に格段の進歩がみられる。

とくに永定河の渡河作戦をはじめとし、それからの進撃に果たした戦車部隊の役割は、まさに大きなもので、よく泥濘の悪路を克服して、黄河河畔までの全域の平定に貢献したのである。

機動戦における戦車部隊の価値を大いに発揮し、鉄牛部隊との異名をとったもので、日本戦車隊の世界における地位は、まさにこれをもって確固不動のものとなったといえよう。走行装置の破損も多発したが、平素の教育訓練の成果を発揮して、よくその目的を完遂したのである。

さきの機動上の教訓は、北支でほぼ完全におさめたわけだが、さて第二次上海事変に出動した細見戦車大隊（戦車第五大隊、細見惟雄大佐指揮）の方はどうであったろうか。

大場鎮西北方の戦闘にしろ、西方走馬塘の攻撃にしろ、依然として第一次上海事変と大差なき運用と戦闘状態で、主として友軍歩兵の損害続出せる急場の支援に戦車がかり出されたのである。

もちろんクリークという特殊地形にもよるが、このことはすでに第一次で苦(にが)い体験と教訓をえているのだから、当然なにかの妙案が遂行されねばならないはずだった。兵器は、たしかに進歩したとはいえ、それ相当に敵も進歩したのだから、それだけに頼っては前と同じ目にあうことは必至だ。

北支方面で明らかなように、機動面では進歩したものの、このような地形と陣地戦の様相をしめした場合では、八九式戦車はすこしも改善されたとはいえなかった。将兵の労苦のみ多くして、戦果が少ないのはここにある。

運用面においても、歩兵の突撃に直接協同するなら、当初からクリークの強行処理と突入のためにも、戦車の自主的集結重量使用は、絶対の要件であったにもかかわらず、依然として旧態のままであったのは、じつに惜しい気がする。

大場鎮攻略後の機動戦も、細見隊長の告白するように、戦機を逸したといえよう。しかし、これはあとからいえることで、前述のような悪戦苦闘をかさねた末の現況を思えば当然の帰結で、だれがやっても、恐らくそれ以上には出なかったかもしれない。

それはともかくとして、陣地戦にたいする研究や火力重視の対策は、機動面よりもはるかに遅れていたことは、否(いな)めない事実だ。具体的においては、九五式軽戦車は生まれ出たが、重戦車は一台も生まれなかったのである。

この部隊はその後、徐州作戦や武漢作戦に参加し、前記した北支戦車部隊に劣らぬ戦史を残しているのだから、機動戦における日本戦車は、たしかに輝かしい足跡を残したのである。

戦車の宿命を打破した夜間襲撃

支那事変の機動戦における戦車の威力に気をよくしていた戦車将兵に、一大鉄槌(てっつい)がくだされた。それが昭和十四年に起こったノモンハン事件だ。

公主嶺にいた第四連隊、つづいて第三連隊が出動を命ぜられた。はじめは相当の戦果をおさめたものの、その後の総攻撃に、優勢な敵戦車（BT）と砲兵、さらにピアノ線、加うるに優勢な空軍を持つソ連軍のために第三連隊は潰滅され、吉丸隊長（清武大佐）以下、戦死するところとなった。

さきに上海の陣地戦でものべたように、わが戦車砲の威力はクリークをはさむ敵陣に対してさえ、これを完封するにいたらなかったし、いわんや近代装備、とくに戦車をもったソ連軍に対するとき、その火力はお話にならなかったし、その装甲もまた、敵の持つ速射砲や火焰放射器の好餌にすぎなかった。

それにもまして、機甲兵団（安岡支隊）の運用そのものにおいても、日本はソ連軍の敵ではなかった。ソ連は作戦そのものがすでに機甲的で戦車を中核とし、諸兵統合形式を用いていたが、こちらは依然として歩兵（小松原兵団）が主体であり、しかも虎の子部隊を単なる捜索、先遣などに従属して、助攻的に用うるにすぎなかった。

そのうえ、ハルハ河の渡河攻撃には、常設されていた支隊内の歩兵、砲兵部隊さえ主力に引き抜かれたので、これを前進陣地（前岸）の奪取、確保に用いるという、戦車用法からみると最大の愚策が平然ととられている。

これこそ日本戦車の宿命のようなものだ。

欧州における戦車の機動用法の影響が日本では戦車部隊そのものの発展とならず、単なる騎兵の機甲化を促進し、逆に戦車さえもこれに吸収されて、いつしか騎兵的用法にかわっていったのである。

〝機甲〟ではなく〝騎甲〟であるから、このような戦車用法を少しも奇異と感じなかったのだ。欧州でいう機甲とは、戦車を主体とする強大な攻撃力と、独力戦闘能力を持つ地上戦闘の基幹部隊であった。

いいかえると、騎甲にたいする歩甲であるから、こんな助攻作戦に用いる道理はないのだ。

ノモンハンの対決は、あたかも下馬した騎兵陣地に歩兵が攻撃したようなものだから、敗れ去るのは当然だ。

ノモンハンの教訓は、運用や教育面では、ずいぶん取り入れられて改められたものの、編制や装備は八九式から九七式に移行しただけで、これを中戦車といい、さらに小型の九五式軽戦車を採用して、いよいよ機械化というよりも機動化への方向に歩み出したのだ。

真の機甲化への道は単なる捜索や、機動、突撃支援でもなく、みずから敵の戦車や対戦車火器を排除して敵陣を突破し、さらに挺進し追撃しうるものでなければならないから、一般に火力を増した中戦車のほかに、対戦車用の重戦車、捜索用の軽戦車をもふくむもので、これに機械化された砲兵や工兵をともなわなければならない道理である。

しかるに、貧乏世帯の悲しさというか、機動が性に合うというか、依然として九七式戦車を主体とする機甲化への道を歩み出したのであった。

かくて大東亜戦争を迎えたのだ。第一線将兵たちの期待をうけながら。

体験から生んだ機甲戦法

南方諸地域の地形は、機甲用法をそのまま運用しうるものではなかった。歩兵師団でさえ進撃戦においては、連隊の重量使用によるほかはない始末だ。したがって戦車も、おのずから各隊が順次に先遣支隊や前衛の戦闘に、協力を命ぜられて戦う結果となってしまった。

それでも第一線歩兵連隊に分属された当時からみれば、はるかに進んだものであった。

こうなると、戦車用法についての具体的な考え方が、人によっていろいろの形となって現われてきた。あるものは機動力を主として捜索や前進拠点の確保、あるいは架橋援護などに用いようとしたり、また火力支援によって歩兵の突撃に協力したり、戦車の装甲をたのみとして鉄兜(てつかぶと)がわりに歩兵の突進をもくろんだり、戦車が出現した当時からの歩みそのままの用法がみられた。

しかし急襲と集結用法、火力と装甲と機動の三特色からなる打撃力を、いかに運用するかについて考えるならば、最新の機甲用法におよぶものはないのだ。橋が破壊されて困るなら、そのまえに敵と共に突っ込んで、これを確保すればよし、敵の前進阻止になやまされるならば、一陣地の攻撃や地点の確保に心をとらわれることなく、これを突破し、敵中ふかく挺進して敵の企図を完封するように戦車が用いられたら、これにこしたことはない。

戦車なればこそ、やろうとすればできないわけではないのだ。問題は、対戦車火器や対戦車障碍を準備した正面の敵陣を、いかにして突破するかである。さきに述べたように、機動力では相当の進歩をしめしたとはいえ、火力と装甲の点では、この敵と正々堂々と四つに組んでは、炎上させられるにきまっている。

歩兵に第一線陣地を奪取させて、機を失せず突破口から挺進すればよいわけだが、その歩兵さえ、熾烈(しれつ)な敵砲火のために堂々の昼間攻撃は不可能の状態だし、夜襲で奪取はしても、つねに敵に退却を許し、追撃の機さえ失っている現状では、投入の機をつかむことは不可能の状態だった。

それがため、いつも橋を爆破されて、いつか戦車は満州事変当時と同じように、友軍歩兵の前進よりも後ろにとり残される結果となったのだ。

マレー、比島と同じ状態がつづいたのだ。

ここにスリムにおける「戦車を主体とする夜間急襲」による陣地突破、ひきつづき敵主力部隊の急襲、さらに第一線兵団や司令部を急襲して、敵退路上の鉄橋を確保して、マレー防衛部隊を一挙にして殲滅(せんめつ)するという戦法が生まれたのである。

それは、日本戦車の歩んだ最終的な総決算ともいえるものだ。あえて夜間急襲による陣地突破をしなければならなかった点に、日本戦車の苦悶が端的(たんてき)に現われている。

それからの挺進行動は、機甲用法の真髄であるが、戦車夜襲はあくまでも歩兵精神に端を発したもので、戦車や騎兵用法からは生まれないのだ。

これは私が歩兵から戦車、そして戦車からふたたび国境守備の任についたときの夜間防禦の体験にもとづくもので、私からは、敵陣の穴が手にとるように見えたからだ。

歩兵の実戦体験のうえに、戦車と防禦の研究がみのり、中国大陸で戦車の実戦を経験し、機甲の研究、教育の普及という地味で多彩な経歴と、戦車兵器と地形の現状からあみ出された戦法なのだ。

悲運だった機甲師団の最後

わが国の機甲師団が、はじめて戦場にまみえたのが比島防衛戦とは、皮肉なまわりあわせだ。

進撃戦における戦車部隊の活躍や、諸情勢の事情から、ただちに満州に機甲軍（戦車師団）が創設された。

撃兵団（戦車第二師団、岩仲義治中将指揮）はその一つであり、マレーで敢闘した戦車第六連隊（井田君平大佐指揮）もこれにふくまれていたのだ。

昭和十九年一月八日、リンガエン湾一帯に艦砲射撃を集中した米軍は、明くる早朝から上

リ砲を搭載、車高もいちだんと低くなっている

夜間行軍に出発する九七式中戦車改。九七式57ミリ砲にかえて高初速の一式47ミ

煙幕展張の発煙弾投射器を装備した九七式中戦車に搭乗する島田豊作少佐。主砲防楯の着脱を容易にするために設けた砲塔前面の隙間の様子がよくわかる一葉

陸をおこない、夕刻までには七万人以上を揚陸し、海岸線一帯三十キロ以上を確保した。

十日にはマニラとバギオ間の交通路を遮断し、マニラへの南下強行を策していた。ここにその企図を封殺するため、撃兵団に対し総反攻の命令が出されたのである。

空軍の協力のない戦車師団の出撃、加うるに、米軍第十六戦車師団は、かねてこのことあるを予知し、重戦車（M4）をもって対抗したのだ。

それは大人と子供のけんかにもひとしく、その戦力はあまりにもカケはなれすぎていた。敵の橋頭堡撃破にむかった重見戦車旅団（戦車第三旅団、重見伊三雄少将指揮）は、かえってこの重戦車に圧倒され、つぎつぎに焼夷徹甲弾をうちこまれてゆくのに、わが戦車砲弾は敵の装甲をつらぬくこともできなかったのだ。

ここに悲運ともいうべき死の突撃が敢行されたのである。機甲師団といいながら、対戦車戦闘の力を持たぬものが、いかにあわれな最後をとどめたか想像にあまりがあろう。

未だ書かれざる鋼鉄の機動部隊始末

知られざる日本戦車隊の編成と機能と戦法

戦史研究家　水島竜太郎

部隊の編成は、その国の国防方針や運用原則から割りだされるものであるが、戦争というもののやり方が、世界各国とも非常に似た面があるので、相互に影響しあって、どの国の部隊編成も、おなじような経過をふむことが多い。

日本の場合も例外ではない。ただ列強とちがうところは、多くの国が一つの理想的な編成をつくって、それに合わせて人員や兵器をあつめるという考え方。すなわち「編制表」とその「充足」という考え方に立っているのに対して、日本はその部隊をつくるのに、そのときの〝ふところぐあい〟に応じて、一回一回ごとに編制表をつくって編成していた。したがって戦車部隊に例をとってみても、日本陸軍に共通した「戦車連隊編成」というものはなく、極端にいえば戦車連隊の番号がちがうごとに、編成の細部は全部ちがっていたのである。

ただ最初に触れたように、共通した面もあるので骨組みの点では似かよっている場合が多い。それと、法律上のこれらの編成行為とはべつに、戦闘にあたっては現地の軍隊指揮官の責任において、その状況にもっとも適するように、工兵や砲兵と組み合わせたりする「軍隊区分」ということをやる。

既製服に手を入れて、身体にあったオーダーメイドにするようなもので、師団命令や連隊命令で随時かえられるので、戦闘記録などを読む場合、本来の「編制表」の編成なのか、「軍隊区分」による編成なのか注意しなければならない。

さて、編制表について、もうすこし話をすすめていこう。

この表はふつう「軍令」という天皇の憲法上の編制大権にもとづく命令で出される。たいへんな権威を持たせていたもので、たくさんの内容をとり扱うものであるが、一つでも間違うと、天皇の権威を傷つけたことになるので、係の幕僚は処罰されたが、多少のことはそのまま押し通された。

訂正する命令をもらうために、天皇に申し訳するより、そのまま押し通したほうがいいという妙な論理なのである。一例をあげておこう。陸軍では物を運ぶための馬を「駄馬（だば）」といった。その駄馬が最初の編制表に出てくるとき、駄のつくりの太の真ん中の『、』を書きわすれた。以来終戦まで、陸軍の編制表はぜんぶ駄馬となった。

笑えない、ほんとうの話である。あのいそがしい大本営の幕僚が、軍帽を持って軍刀を腰にさげて廊下を歩いているときは、たいがい編制表の間違いによる処罰の申し訳だった、という。

戦車部隊の編成に入る。

近ごろの若い人は、戦車部隊の編成を考える場合、まず一個小隊何輌、中隊ぜんぶで何台になる、というところから調べはじめることが多いであろう。ところがおもしろいことに、さきほど述べた「軍令」では、このような問題は「備考」にちょっと触れられているだけで、主体は階級別の人員数を、連隊本部、各戦車中隊に配分することに注がれているのである。

さて、まず標準的基本的な編成を研究するため、戦車第二連隊の昭和十九年七月の編制表の「備考」を掲げることにする。

一、第一中隊は軽戦車中隊、第二～四中隊は中戦車中隊、第五中隊は整備中隊とす。

二、軽戦車（中戦車）中隊は軽戦車一〇輌（中戦車一〇輌、軽戦車二輌）を有し、之を三小隊に区分し、小隊は軽（中）戦車三輌より成り、中（少）尉を以て小隊長と為す。

三、整備中隊は之を指揮班及び三小隊に区分し、中（少）尉をもって第一小隊は救助小隊、第二小隊は修理小隊、第三小隊は補給小隊とす。

この備考の文章は、捕捉説明する必要はあるまい。この編成が基本で日本の戦車隊は太平洋戦争に突入した。もちろん車種が中戦車とあるので、部隊によっては八九式中戦車、九七式中戦車、あるいはその混合といったような差異は当然あった。

人員の問題に移ろう。

戦車連隊長は大佐または中佐である。外国のように副指揮官、副連隊長というポストはない。部隊によって、連隊長は少佐という配置があって、そのような仕事をしていた部隊もある。

連隊副官は大尉。師団でいう参謀役である。もう一人大尉がいて、動員係や瓦斯係などの幕僚業務を担任した。軽、中、整備の各中隊長は五名、いずれも大尉で連隊で計七名の大尉がいた。

戦車小隊長は中尉または少尉で、連隊本部の兵器係、通信係などの幕僚勤務のものをふくんで、連隊ぜんぶの中、少尉は二十五名。

准士官、下士官が全部で一二〇名、兵が四二三名、以下合計五六九名というのが、戦闘兵種である「機甲兵」に属する

大陸戦線は拡大し戦車の重要性が増大。渡河訓練に励む戦車２連隊の九七式中戦車

人員である。

このほかに管理支援のための兵種である「兵技」「主計」「衛生」などの将校下士官が、戦車連隊全部で六十五名いた。「兵技」というのは、現在の武器科職種にあたるもので、兵器の専門的な整備、修理に任ずる技術者である。前述の機甲兵にこの管理関係人員を合計した数字、六三四名が、この標準戦車連隊の総人員ということになる。

戦時中に解散された機甲軍

いま戦車「連隊」に焦点をあてて、その編成をみてきたのであるが、戦車「部隊」というひろい視点で、この問題を考えてみよう。

戦車連隊は、一つの戦場における駆け引きの単位、すなわち戦術的な単位として、基礎的なものである、という考え方がある。

連隊は、連隊長を中心とする精神的な団結の単位であり、平素の訓練上からも一つの統一の単位であり、あるていどの兵站（へいたん）（整備、補給、後送）能力を持つ、すなわち前述の兵技将校以下のいる最小単位である。この考え方は、世界的にもだいたい共通していて、ただその単位の呼びかたを「連隊」といい「大隊」というだけの差である。

さて、戦車部隊として考えるとき、連隊の上部機関として「旅団」があった。戦闘にあたって通常、戦車二個連隊を指揮するが、これは指揮機関であって、訓練や兵站には直接関係はない。旅団長は少将。通常、参謀一名がこれを補佐する。

戦車旅団の上が、戦車「師団」である。戦略単位といわれるもので、戦車二個旅団を基幹戦力とし、これを支援するために機動歩兵連隊、速射砲隊、捜索隊、機動砲兵連隊、防空隊、工兵隊、整備隊、輜重隊を各一個編制内に持っている。師団長は中将で、これを参謀長一、参謀二が補佐する。

機動歩兵とは、歩兵が装甲車に乗っている編成をとり、機動砲兵とは、一般野戦砲が牽引車または馬で引いて機動するのにたいして、火砲自体を装軌化して停止と同時に射撃を可能にしたもので、いずれも戦車の迅速な敵陣突破速度に追随できるように工夫されたものである。これは外国の「アーマー・インファントリー」、「アーマー・アティラリー」に相当するもので、当時、西欧戦場ではなばなしい活躍をしていたドイツ機甲師団に、多くの点を学んだものである。

戦車師団のさらにその上部指揮機関として、「機甲軍」があった。日本の戦車部隊としては最大の単位で、古参の中将が軍司令官で、この軍司令官を少将の軍参謀長ほか六名の参謀が補佐することになっていた。

昭和十七年七月、満州の四平街を中心に機甲軍が新設され、戦車第一、同第二師団と教導戦車旅団がその指揮下に入った。教導戦車旅団というのは、戦車第二十三、同第二十四の二個連隊を指揮下に持つ部隊で、公主嶺近くの四平陸軍戦車学校が、その基本任務である戦車の戦法および射撃の教育研究をおこなうさい、実員実車を必要とする場合に教導隊としての役割をはたす戦車旅団である。

教導戦車旅団戦車23連隊の九五式軽戦車(右)と九七式中戦車

なお、内地にあった千葉陸軍戦車学校は、戦車隊に必要な基礎の学術および通信、整備の教育、研究を基本任務とし、四平陸軍戦車学校とおのずから役割をわけていた。
以上のべた機甲軍の編成は、陸軍の歴史のなかでも画期的なものであったが、昭和十八年後期から太平洋戦争が激化して、陸軍中央部としては、機甲軍のような大戦車部隊がまとまって作戦するような事態はあるまい、と判断するようになり、同年十月、軍は解散することになった。
ドイツやソ連がいくつもの機甲軍を編成して、第二次大戦を戦いぬいたことからみると、日本のような経済の底力がない国は、大規模な戦車部隊を持てないのかとも考えられるが、アメリカ、イギリスなどの強国でも、編成理論として「師団」をその兵種の最大単位としているのは、歩兵師団、機甲師団、空挺師団などを、作戦の要求に応じて適当にまぜあわせて軍（軍団）を編成するので、その思想になったともいえる。

ノモンハンの戦訓いかされず

ここで戦車隊の指揮、戦法について触れておこう。

すでに多くの読者が承知されているように、戦車が地上戦闘に使用される場合に、二つの目的がある。一つは、歩兵の戦闘力を増強し、歩兵がその作戦の目的を達成するために戦車が協力する、すなわち戦闘の主体性を歩兵におく場合である。

他の一つは、戦車自体を機動打撃力の骨幹として使用し、敵線を突破してその指揮中枢を破壊し、敵軍を崩壊させるように戦車の機動力、装甲防護力、火力を活用するもので、歩兵はこの場合、戦車にその目的を達成させるように、主体性を戦車にゆずって作戦することになる。

そのどちらをとるか、ということは状況によるのであるが、日本の場合は前者、すなわち歩兵に直接協同し、その目的達成を支援する場合が多かった。

これは陸軍全般として戦車の数が非常にすくなく、各方面で戦車の集団が独立して作戦するだけの数がなかったことにもよるが、さらに根底的には、戦争が終わるまで「歩兵は軍の主兵である」という考え方が、根強い力を持っていたからである。

その証拠には、昭和十四年五月に起こったノモンハン事件が、近代戦では戦車はきわめて価値ある兵器である、という結論を日本の陸軍に教えたはずであるのに、「あれは戦車にとくに有利な広漠地の戦闘だからで、東部国境の山岳地帯での作戦は話はべつだ」という考え方が、圧倒的に強かったというから驚くほかはない。

さてここで、このような思想で作戦する場合のいちばん典型的な戦法を考えてみよう。戦争中、一般師団に戦車が一個連隊協力するということは、きわめて条件のいい場合である。開戦時の進攻作戦の軍の重点師団、といったところである。ところが、マレーでも比島でも蘭印でも、戦車連隊が一丸となって戦闘するような地形はなかった。この点を理解するために、すこし具体的な説明をしよう。

戦車砲の実用射距離を一〇〇〇メートルとすれば、戦車の砲塔は三六〇度回転するので、一台の戦車がいれば、その戦車の左右計二〇〇〇メートル正面は火制できる。しかし戦車は車内から外はよく見えない。とくに戦車の車体周辺一~二メートルのところは、ハッチでもあけて砲塔から顔を出さないかぎり死角になっている。

そこで、その短所をカバーするために、ほかの戦車が前後左右に位置するわけであるが、あまり近くに寄りすぎると相互に戦闘動作を妨害するし、一発の敵の砲爆撃で、二台同時に損傷をうけることにもなるので、戦車は通常五〇メートルは離れる。

とすると、二台の戦車が第一線に横にならべば、両車の間隔五〇メートルの正面が最小限必要となり、同じような計算で、三台なら一〇〇メートル、四台なら一五〇メートル、十台なら四五〇メートル、それに左右に実用射距離をくわえれば、約二五〇〇メートルが戦車中隊のいちばん効率的な戦闘正面ということになる。

もちろん多少の前後はできるとしても、戦車二個中隊を横に展開して、ローラーのように押しすすめるとすれば、じつに五〇〇〇メートルの正面が必要になってくる。

ところが南方の戦場では、そのようなところは少なかった。そこで戦車連隊の配属をうけた師団長は、多くの場合、戦車連隊主力を後方に控置して、一個中隊ずつを突進する歩兵連隊に配属した。配属をうけて歩兵の連隊長は、さらに第一線の歩兵大隊に配属するか、協同して戦闘するよう任務をあたえるのが普通であった。

このようなかたちで戦闘する場合の戦車の攻撃目標は、歩兵に危害をあたえる敵の火器、とくに突撃直前に不意に出現する側防戦闘銃の撲滅(ぼくめつ)である。もちろん歩兵のために障害になるような鉄条網などは、押しつぶしてすすむ。歩兵は、戦車をねらう敵の対戦車火器を早期に発見し、撲滅することを主任務に、敵の戦車肉薄攻撃隊の近接を阻止したり、戦車を誘導したりなどする。

結局、戦車と歩兵がたがいに相手のためをおもって、相手のいちばんいやなものを撃滅することによって、持ちつ持たれつ、偉大なる総合戦力が生まれる、という戦法である。このような戦法をとった場合、戦車は一体どのくらい敵にやられるものであろうか、という疑問を持つ方のために、実戦の記録を紹介しよう。

まずふつうの陣地攻撃の場合、中戦車に例をとってみると、作戦参加車の五五パーセントが損傷をうけている。そして全軍の約一〇パーセントが、廃車になるような大きな損害をうける。

追撃とか戦果の拡張とか、比較的流動的な戦況の場合は、作戦参加車の四〇パーセントが損傷をうけ、全軍の約五パーセントが大破である。陣地攻撃のような敵ががっちり火網を組んでいる状況よりも、いくぶん損害は少ないということができよう。

これにたいし、敵の主力が戦車であった場合、すなわち対戦車戦闘が生起すると、相手も装甲をかぶっているので命中弾でも効果が限定され、一方、敵の戦車砲はこちらを撃ちぬいてくるということになり、損害が激増する。とくに相方が退却などということを考えずに、正面きって撃ちあった場合は大きな数字になる。これも中戦車の例であるが、対戦車戦闘の場合、作戦参加車の七五パーセントが損傷をうけ、全車の二五パーセントがつかいものにならない廃車になる、という統計記録がのこっている。

人員の点でみると、戦車内に貫徹した砲弾は、戦車内壁を飛びまわって、乗員ぜんぶに危害をあたえることが多いので、戦車乗員は命中弾をうけて車外に脱出する機会はきわめてすくない。貫徹戦車乗員の九〇パーセントは、戦死とみて間違いないのではあるまいか。この点、戦車乗員相互は運命共同体で、歩兵のように一人ひとり生死をわかつのとは、少しちがっている。

M4に歯がたたない日本戦車

日本の戦車隊史上、戦車「師団」としてまとまって作戦した戦例が二つだけある。

一つは師団としてほぼ完全にちかいかたちで、戦車第三師団（長・山路秀男中将）が実施した中国中部の京漢作戦、湘桂作戦で、その作戦規模の壮大なことは、歴史的にも特筆すべき作戦である。他の一つは、比島防衛作戦で戦車第二師団（長・岩仲義治中将）がおこなった作戦で、太平洋戦争のうちでも最大規模の戦車戦といわれるものである。

前者がはなばなしい戦車師団らしい進攻作戦であり、後者が文字どおり戦車一台も残さない玉砕戦であり、まことに対照的である。以下、戦車部隊の編成と機能が実戦でどのように動くのか、ということを理解していただくために、両者の作戦概況を述べよう。

駐蒙軍の指揮下にあった戦車第三師団が、昭和十九年四月、第十二軍の指揮下にはいり、黄河を渡河し鄭州東北方に集結したときの編成は次のとおりである。

・師団司令部
　戦車第六旅団司令部
　　戦車第十三連隊、戦車第十七連隊
　捜索隊
　機動歩兵第三連隊
　機動砲兵第三連隊

これらの基幹戦闘部隊のほかに、機動工兵連隊、速射砲隊、防空隊、整備隊、野戦病院、患者輸送隊などの支援部隊があった。

戦車連隊は軽戦車一中隊、中戦車三中隊、砲戦車一中隊と整備中隊という編成で、戦車計七三輛、自動貨車二七輛。

機動歩兵連隊は歩兵三大隊（大隊は三中隊、一機関銃隊）、連隊砲一中隊、整備中隊で、人員一九〇〇、戦車二二、自動車二八〇輛。

機動砲兵連隊は砲兵三大隊（一大隊は九〇野砲三中隊、二大隊が十榴計六中隊）と整備中隊。捜索隊は軽戦車二中隊、中戦車一中隊、乗車歩兵一中隊、整備隊一という強力なもので、師団の戦車の総計は二五〇輛をこえた。

第十二軍の作戦計画のねらいは、黄河南部に集結して、いかにもまっすぐ南下するようなかたちをとり、西方山岳地帯の中国軍（湯恩伯軍）をできるだけ東におびきだしておいて、軍はとつぜん西に旋回し、戦車第三師団と騎兵旅団で外翼から敵の背後に突進させ、敵軍主力を捕捉しようとするのである。

軍から師団にあたえられた任務は、「臨汝平地に突進し、付近の敵を急襲撃破し、以後さらに有力な一部を伊河河谷にすすめて、敵第十三軍の退路を遮断すべし」という、いかにも戦車師団らしい表現がとられている。

軍主力の攻勢は四月三十日に開始された。その攻勢で引っかかってくる中国軍を南側から大きく包囲するように、三日後の五月二日、戦車第三師団と騎兵旅団が突進を開始した。両戦車連隊をならべて突進隊とし、師団捜索隊が直轄挺進隊としてさらにその外翼を突進する部署がとられた。空からは第五航空軍が進撃を直接支援した空陸一体の作戦であった。

五月四日、臨汝の主陣地を三時間の強襲で突破した戦車師団は、右突進隊で伊河河谷の要点、竜門を、左突進隊で嵩県方向に、直轄挺進隊に登封方向に攻撃させる戦果拡張の部署をとった。機動部隊の戦闘指揮である。

竜門の攻撃は四日夜半から開始され、主陣地後方の山頂奪取は七日朝という大激戦であったが、古都洛陽はすでに指呼の間にあった。攻撃開始から戦略要点竜門の占領まで、約一八〇キロを五日という、まさに戦車師団ならではの戦果であった。

竜門攻略隊の編成をあげると、機動歩兵第三連隊長が指揮官で、同連隊主力、戦車第十三連隊中戦車二中隊、捜索隊中戦車一中隊、機動砲兵第三連隊の十榴二中隊、九〇野砲一中隊などが、軍隊区分で指揮下に入っている。

作戦終了後の軍司令官にたいする報告には、「五月、一ヵ月間で行動距離一四〇〇キロ、作戦参加戦車二五五輌のうち三分の一は動けなくなった。戦闘による被害はわずかに九輌で、他はほこりや過重運行による故障であった」と述べられている。

戦車第二師団に移ろう。この師団は元来、機甲軍内師団として満州にあったが、昭和十九年七月、比島防衛のためルソン島に移動した。一個連隊をすでに北千島に派遣していたうえに、輸送途中の海没事故などのため戦車第六、第七、第十連隊、機動歩兵連隊、機動砲兵連隊などの合計が六五〇〇名。戦車二〇〇輌、自動車一四〇〇輌という戦力であった。

まず戦車旅団長（重見伊三雄少将）が戦車第七連隊主力を指揮して第二十三師団に配属さ

れ、リンガエン海岸の防備についた。米軍の上陸は昭和二十年一月九日。ここで日本の戦車兵は煮え湯を呑まされた。米軍戦車に必殺の命中弾を送っても、九七式中戦車改造型の四七ミリ戦車砲の砲弾では、敵戦車はビクともしないのである。

翌日からは側面を射撃するため、近接戦に持ち込んだが、日本の戦車は敵戦車の砲弾一発で撃ちぬかれるので、はなしにならない。二十七日夜、旅団長以下玉砕した。

師団主力の任務は、「マニラ~サンホセ道を確保し、軍主力のバギオ山系への転進を援護」というものであった。マニラを引き揚げて北方山地に移動する非戦闘員、兵站部隊が、戦車第二師団主力の援護のもとに北進しようというのである。

戦車第十連隊がウミンガン、サンホセ、戦車第六連隊がムンオスに陣地をとった。これにたいして米軍は三個師団約四〇〇輌の戦車を集中して、攻撃してきた。太平洋戦争中最大の戦車戦であるが、遺憾ながら日本の戦車は、米軍戦車に歯が立たない。戦車兵はさぞ無念であったとおもう。

二週間の激戦の末、二月六日、軍命令により後退するまでに、師団は人員二千人、戦車一八〇輌をうしなっていた。自分の身を犠牲にしなければ、任務が達成できなかったところに、戦車第二師団の悲劇がある。

機動性を無視した本土決戦案

いよいよ日本本土決戦の段階になった。大本営はそのために戦車二個師団と独立戦車七個旅団、独立戦車六個連隊を準備した。

基本的な作戦構想は、本土海岸に配備した拘束師団で米軍の上陸部隊をその地区に拘束し、後方に準備した打撃師団で攻勢をとり、これを撃滅しようとするのであった。戦車隊の編成も、この作戦構想にそってすすめられ、すこぶるきめのこまかいものとなった。九州、久留米地区に配備された独立戦車第四旅団（生駒林一大佐）に例をとって、その細部を説明しよう。

この旅団は、戦車第十九連隊と戦車第四十二連隊を基幹として編成されているが、じつはこの二個連隊は、内容がだいぶ異なる。というのは前者が機動打撃師団に協力する戦車連隊で、後者が拘束師団（機動力なく陣地を固守するのが主任務）に協力する戦車連隊だからである。

戦車第十九連隊は大要つぎのような構成をとっていた。総員一一九八名である。

・連隊本部
中戦車中隊二（一式中戦車十輛）
砲戦車中隊二（三式中戦車十輛）
自走砲中隊一（十榴自走砲六輛）
機動工兵中隊一（装甲車十二輛）
整備中隊

2輌目は九七式中戦車改。写真は終戦の解隊式当日、右端台上は杉本守衛大佐

本土決戦のため満州から関東平野に移動した戦車５連隊の一式中戦車群。左から

なお、当時、三式中戦車は戦車第二師団が比島で苦戦したM４戦車にたいして、正面射で射距離六百メートルから貫徹できると考えられていた。

これにたいし戦車第四十二連隊の編成は、砲戦車中隊が一つしかないばかりでなく、自走砲中隊、機動工兵中隊はぜんぜんないのである。すなわち、火力的に敵の戦車部隊と対戦車戦闘をおこない敵陣地を火制する機能がないほか、工兵隊がはずされているということは、戦車連隊自体の機動をあまり考えていない、ということができよう。

以上、駆け足で日本の戦車隊の編成をみてきた。その時期、時期の国防方針や運用原則によって、どんどん編成がかわってきたことを理解されたことと思う。

最後に二つだけつけ加えたい。

その一つは、ひろい意味の運用原則の裏づけとなるのは、技術、戦車工学であるということである。戦車第二師団の例でもわかるとおり、どんなりっぱな編成も、技術的に敵戦車を打ち破れなければどうにもならないこと。

二番目は、編成と実戦（戦況）の関係。部隊を編成するときに前提条件として考えられた戦況どおりに、現実の状況はかならずしも進展しない。そこで、編成を活用し、そのギャップを埋めるものが戦術であるということである。

疾風挺進戦車隊 マレー半島縦断記

わずか一日でジットラインを強行突破した「志」のマークの戦車隊

当時 戦車一連隊三中隊一小隊長・陸軍中尉　寺本　弘

マレー作戦は、大東亜戦争のはじめに日本軍がもっとも重要視し、最大の努力をかたむけた南方攻略における最重点作戦であった。英国の東亜における要衝シンガポール島攻略のカギは、一千数百キロにおよぶマレー半島の長隘路突破が成るかどうか、とくにその速度にかかっていた。

おもな作戦は、マレー半島を縦走する幹線道路を中心におこなわれた。幅五メートルから十メートルの道路は完全に舗装され、その両側にはいたるところゴムの木が栽培されていたが、そのほかはすべてジャングルと湿地帯におおわれ、彼我の作戦行動はおのずから道路と、これを中心に点在するゴム林の一部にかぎられた。

したがって普通の手段では、敵に時をかせがれるばかりで、ジョホールバルにいたるまで

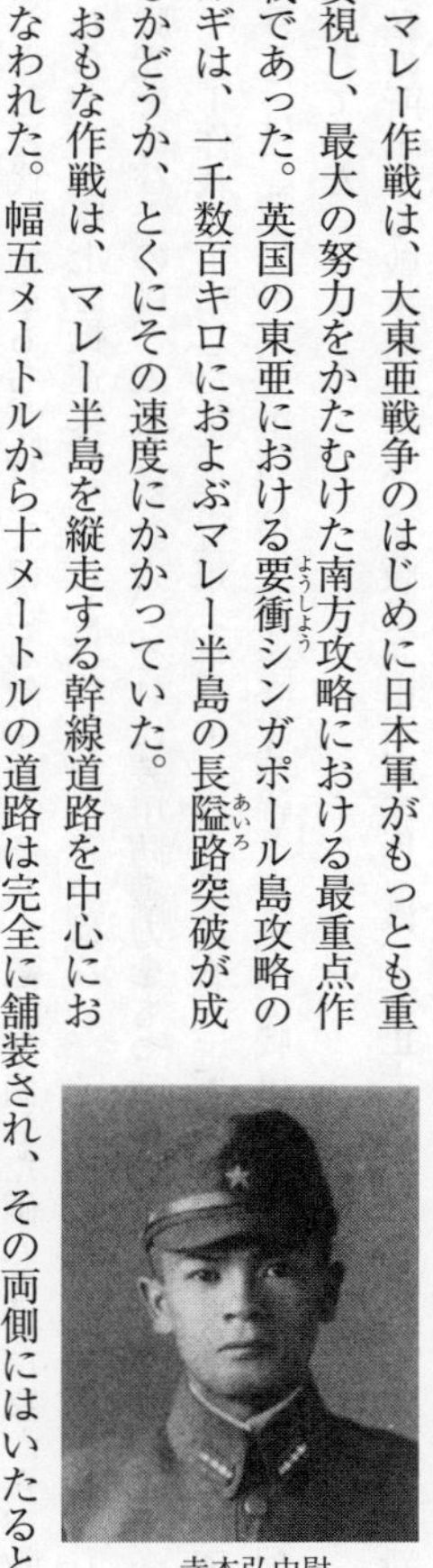
寺本弘中尉

には半年以上の時日を要し、多大の出血を余儀なくされることは明らかであった。このためあくまで奇襲と挺進突破に徹するという、型やぶりの戦法がとられたのである。奇襲は、日本軍伝統の戦法であり、お家芸でもあった。しかし近代装備をもち、物量をほこる敵中を、それも敵の準備した砲火をあびながら、敵のむらがる道路上を挺進突破することは容易なことではない。そこで挺進突破の先導者として脚光をあびたのは、火力と機動力、それに装甲防護力をもつ戦車部隊であった。

マレー作戦を主宰した第二十五軍（軍司令官山下奉文中将、近衛師団、第五師団、第十八師団基幹）には、戦車第一、第六、第十四連隊を基幹とする第三戦車団（長沼稔雄大佐指揮）が配属されていた。

私の所属する戦車第一連隊（連隊長向田宗彦大佐）は、大正十四年に久留米にはじめて新設された日本軍最古の伝統をもつ戦車部隊で、最精鋭のゆえをもってマレー上陸作戦における先陣をうけたまわったのである。

連隊は四個の戦車中隊からなっていたが、各中隊の戦車には、久留米にゆかりのある「つ」「く」「し」「の」の名称がきざみこまれていた。当時、私は戦車第三中隊の第一小隊長として、九七式中戦車三輌と乗員十四名を指揮して戦闘に参加したのである。第二小隊には同期生の岩本中尉（陸士五十四期、熊本県出身）、第三小隊には西山中尉（学校教諭、福岡県出身）がそれぞれ小隊長として配置された。

中隊長山根中尉（陸士少侯十八期、京都府出身）は、支那事変中、軍神西住小次郎戦車長の

椰子を倒しマレー半島を進む戦車1連隊3中隊・寺本第1小隊の九七式中戦車

部下として活躍した老練かつ責任感のきわめて旺盛な歴戦の勇者である。中隊の下士官および兵の大部は、葉隠れ武士の流れをくむ九州出身の若獅子たちであった。二十歳にみたない紅顔可憐の少年戦車兵も数名、戦車操縦手として配置されていた。

以上のように名実ともに精鋭そのもののわが戦車第三中隊も、はじめ「し」の名称をいただくことには若干のためらいがみられた。「し」は「死」に通ずるからである。戦場にのぞむにあたって、縁起をかつぐのは人情のつねである。それならば「男子志を立てて郷関を出づ」の「志」ならばよかろうということで、「し」にかえて「志」が各戦車の砲塔に大きく刻明に記入されることとなった。

これが幸いしたのかどうかはわからないが、「志」は「死」をまねかなかった。「志」のマークをしるした戦車第三中隊の十二輌の戦車は、マレーにおける緒戦の大殲滅戦「ジットラライン」の作戦に参加し、全軍の先頭に立って敵中を突破し、その功績は真に抜群であるとして感状をさずけられたのである。緒戦における圧勝は、全軍に絶大な精神作用を及ぼした。それいらい中隊は挺進戦車隊の名をほしいままにし、「志」の戦車が協力するということだけで、友軍歩兵の士気が鼓舞されたときいている。

あるは強行突破のみ

昭和十六年十二月八日の未明、第五師団の上陸第一波部隊と同時に、タイ領シンゴラ東南側の海岸に上陸した「志」の戦車中隊は、第五師団隷下の捜索第五連隊（連隊長佐伯静夫中佐）に配属され、途中いくどかの軽戦闘をまじえながらタイ・マレー国境を突破したのは十二月十日の朝であった。上陸いらい不眠不休、突進につぐ突進で、満足に食事をする余裕さえなかった。

とくに全軍の最先頭に立つ戦車中隊は、いついかなる状態で敵と遭遇するかもしれない不安と緊張とに、疲労はその極に達していた。さいわいにも真っ白い舗道が、南方特有のあざやかな緑の間をぬってどこまでもつづき、進路をあやまる心配はなかった。また制空権はわが手中にあって、敵の航空攻撃にたいする考慮はほとんど必要としなかった。

ただ、襲いくる疲労と空腹、それに華氏百度（摂氏約三十八度）をこえる熱風とたたかいながら、銃砲の引き金をしっかりとにぎり、索敵しつつ真っ白い舗道をひたすら走りつづけたのであった。国境を突破して約一キロほどの地点で、深さ十メートル以上、長さ約百メートルにおよぶ道路の大爆破に遭遇した戦中車隊は、その日は付近のゴム林に集結して、その後の突進を準備することになった。

十日の夜、佐伯部隊から命令を受領して帰ってきた山根中隊長の顔には、ただならぬ気配が感じられた。

さっそく各小隊長は、掘立小屋に設けられた中隊本部に集合を命ぜられた。一本のローソクは風もないのにゆらゆらと動いていた。山根中隊長は心の動揺を押しかくすように、受領した命令の要旨をとつとつと説明しはじめた（第1図参照）。それによると、国境から十二、三キロ南に入ったところにチャンルンというケダ州北部の関門がある。その付近一帯に有力な防衛線があるらしい。この敵を第五師団の歩兵部隊が砲兵支援のもとに攻撃する。おそらくその前面の橋梁は爆破されるであろうから、歩兵が敵の第一線に突入したならば、すみやかに橋梁を修理し、その完成を待って間髪をいれず、戦車中隊を先頭に佐伯部隊が突進する。戦車中隊は退却する敵に混入突進して

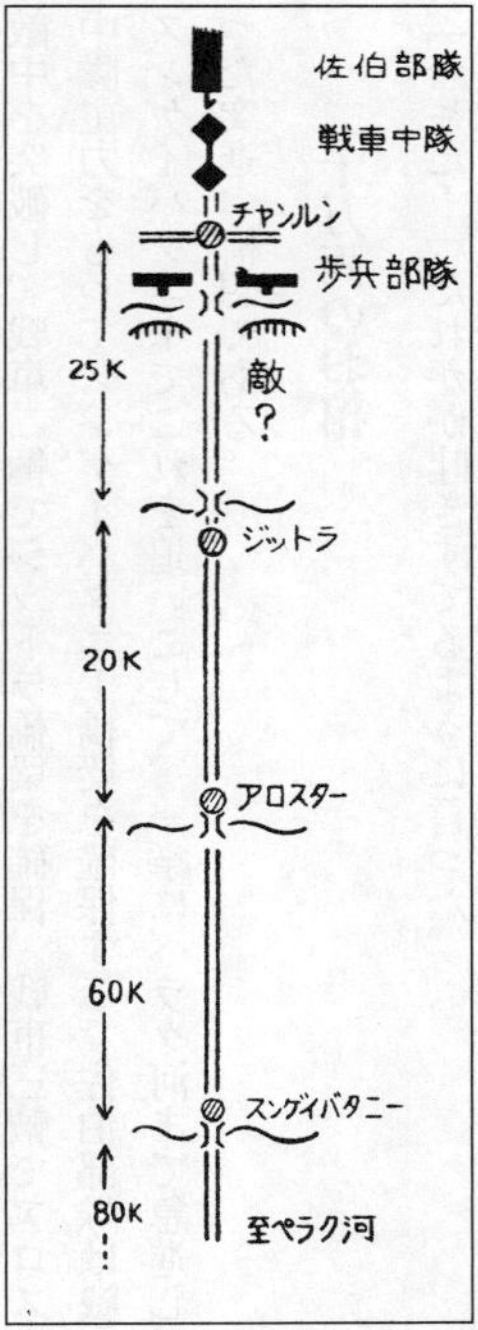

［第1図］

敵中を突破し、戦車二輌でジットラ橋梁を確保、戦車三輌でアロスター橋梁を確保、のこる中隊主力をもってスンゲイバタニー橋梁を確保する。佐伯部隊は戦車中隊の後方を続行し、スンゲイバタニーでこれを追いこして、一挙にペラク河まで急進し、同橋梁を確保するといった突進の構想である。

二十万両のお棺

「無茶だ!」だれかが吐きすてるように言った。

「あまりにも敵を見くびりすぎている」

私もまったく同感であった。上陸以来たいした抵抗もなくタイ・マレー国境まで突進できたのは、敵が真の戦闘をわざと避けたからではないのか、これからは敵の領内である。敵は大英帝国の面目にかけて抵抗するであろう。

そのきざしは、国境付近の大破壊にすでにあらわれているではないか。しかも戦車中隊が突進させられるチャンルン以南の敵情は、まったく不明であるとのことである。図上戦術や兵棋ならば、一着想として笑ってすまされるかもしれないが、とにかくここは戦場であり、一歩あやまれば多くの尊い血が流されるのだ。

せまい掘立小屋は、重苦しい雰囲気につつまれた。しかし命令は絶対である。いかなる困難もこれを克服して実行しなければならない。ゆれるローソクの明かりと懐中電灯をたよりに、綿密な戦闘計画がたてられた。約一時間の研究討議は、真剣勝負そのものであった。

その結果、

(一)戦車の土地・橋梁の確保を完全にするため、歩兵一個小隊の配属を要請する。

(二)戦車は弾薬燃料をできるだけ多く搭載して携行するが、節約につとめる。

(三)突破中の故障戦車のうち、同行できないものは放棄して突進を継続する。

(四)死傷者は目的地まで同行すること。

とされた。

突進は、第三小隊(中戦車二輌)を尖兵とし、中隊長戦車、第一小隊(中戦車三輌)、第二小隊(中戦車三輌)、中隊本部(軽戦車二輌)の順序で、まず第三小隊がジットラ橋梁を、ついで第一小隊がアロスター橋梁を、中隊長は第三小隊およびその他の戦車をもってスンゲイバタニー橋梁を確保することとなった。

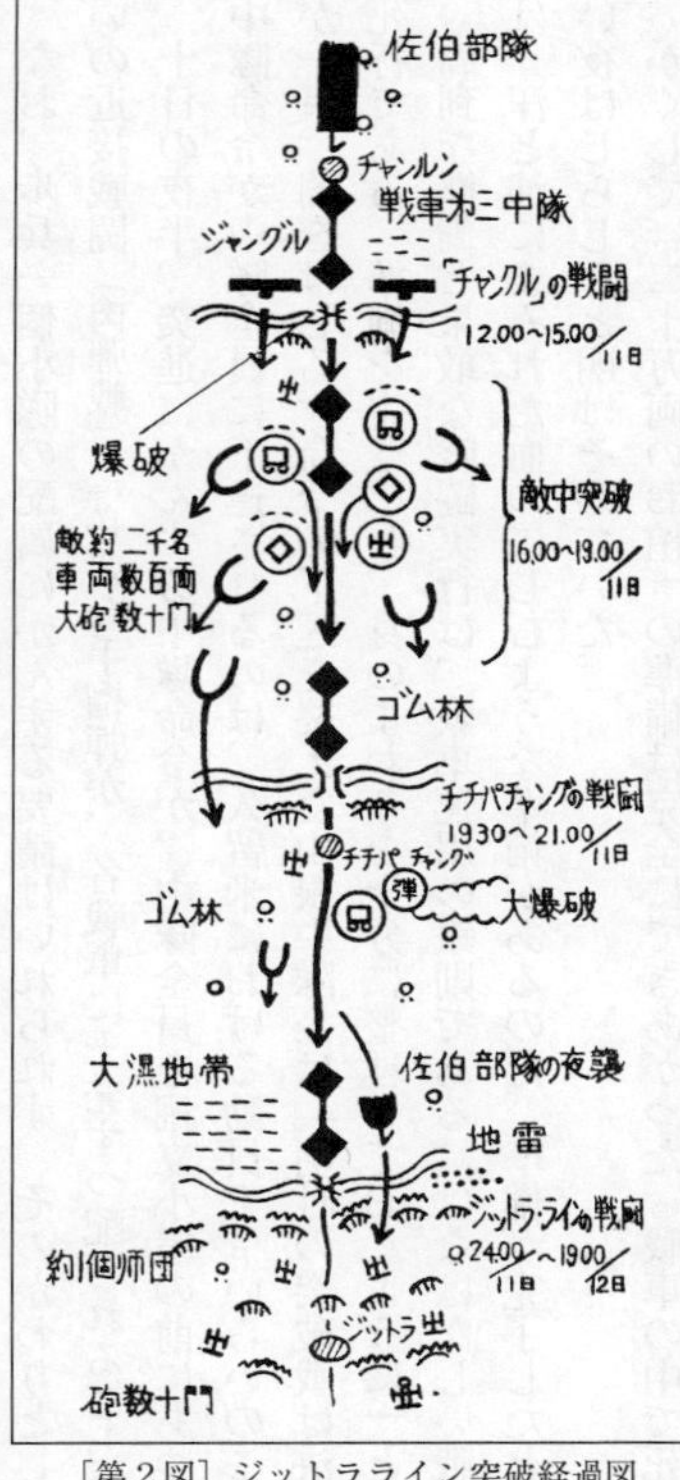

［第２図］ジットラライン突破経過図

なお、歩兵一個小隊の配属にかんする要請はいれられず、そのかわりとして橋梁確保のさいの近接戦闘（肉弾戦）に必要な手榴弾が、各戦車に十発ずつ配られることになった。

十日の夜半、突進にかんする中隊命令が、中隊全員を掘立小屋の前にあつめて下達された。中隊命令が中隊全員に下達されるのは、久留米における動員下令いらいのことである。緊張が一瞬、闇をはしる。命令の下達を終えた山根中隊長は「明日の突破戦は決死行でなく、必死行である。準備を完璧にし、身のまわりを十分に整理しておくように」とつけくわえた。

周到な準備と果敢な戦闘実行は、戦車運用の鉄則である。はなばなしい戦車戦闘のかげには、汗と油にまみれた血のにじむような準備があるのだ。準備が完了したときには、重苦しい夜はしらじらと明けそめていた。

かくして「二十万両のお棺」の準備は完全にできあがった。戦車の中で死ねば火葬の心配もなく、二十万円の戦車がお棺の代用をしてくれるのである。私はあらかじめ準備していた新しい真紅の下着を着装した。部下に血潮を見せないために——。

地獄からの使者と対決

十二月十一日の昼前、満を持して待機していた戦車中隊に「攻撃前進」の命令がつたえられた。

「前進！」

十二輛の戦車は中隊長車から流れる無線と、各小隊長旗を合図にいっせいに前進を開始した。矢はついに弦からはなたれたのである。一瞬、地軸を揺がずキャタピラとエンジンの音は、両側のゴム林にこだまし、いままで前方遠くから聞こえていた彼我の砲声は、まったくかき消された。数キロ前進したとき、尖兵西山小隊の第二車が白煙につつまれた。エンジンの過熱らしい。やむなく追及を命じて残置する。

やがてチャンルンに達したと思われたときに、またしても道路障害に遭遇した。コンクリートを充満した大ドラム缶が、ズラリと道路上にならべられている。

さいわいゴム林に迂回路があったので、遠まわりさせようとしたが、敵の砲弾にやられたらしく胸を貫かれ、あるいは腹をさかれた友軍歩兵砲の死傷者が、血潮とともに道路一面に飛び散っている。これを踏み越えてゆくわけにはいかない。

やむなく全員で道路上の障害をのぞいて、突進することにした。排除を終わり前方から三輌目の私の戦車が通過したとたん、約十数門の敵砲兵が集中火をあびせてきた。その爆風で戦車の天蓋(てんがい)から上半身をのりだしていた私は、一瞬、気が遠くなるほど胸部を天蓋に叩きつけられた。

「後続戦車は大丈夫か?」

思わず後方をふりかえったが、集中砲火の下をくぐって、ぞくぞくと英姿をあらわしてくる。前方五百メートルの地点では、歩兵部隊が幅十メートルあまりの河をはさんで敵と対峙(たいじ)していた。戦車中隊が全速力を出して橋梁を突破しようとする瞬間、大音響とともに橋梁が爆破されてしまった。中隊はただちに道路いっぱいに展開し、熾烈(しれつ)な銃砲火を敵にあびせかけた。

しかし直接射撃できるのは、前方の三輌だけで、のこりは左右に警戒網をしくだけだ。対岸からは雨アラレのように機関銃の弾がとび、戦車の装甲に当たってぶきみな音をたてる。ときおり真っ赤な火の玉が戦車の頭上をかすめる。この火の玉はあとで気がついたのであるが、戦車を破壊する地獄からの使者、対戦車砲の焼夷徹甲弾であったのだ。命中すれば戦車は一瞬にして火を吹いていたにちがいない。

なにしろ戦車の中には、余分につみこまれた砲弾や手榴弾がゴロゴロしており、まるで火薬庫と同然であったからである。怖いもの知らずである。なにも知らないわれわれは道路上に仁王立ちとなり、道路の右から逆襲に転じた敵を撃破し、遁走をくわだてた五輌の車輌を戦車砲三発で炎上させ、完全に戦場の支配権をにぎってしまったのである。

この間に、歩兵部隊は両側のジャングルから小流を突破して喊声(かんせい)をあげて敵陣地に突入し、工兵部隊は勇敢にも身をおどらせて、橋梁の修理にかかった。

サンドウイッチのはさみ撃ち

わが強襲に敵はよほどあわてたとみえて、橋梁はわずかながら形を残していた。それに、われわれも積極的に工兵部隊の作業を手伝ったので、思いのほか早く修理することができた。

橋梁の修理がだいたい終わったころ、南方特有の強烈なスコールがやってきた。夕刻にはまだ間があったが、篠(しの)つく雨は暗幕のように視界をさえぎった。

「今だ！」戦車中隊は急ぎ橋梁をわたり、突進にうつった。前方には歩兵部隊が進出していると思われたが、人の気配もしない。ただ大粒の雨が路面をたたき、エンジンの音さえ消している。

約三キロほど突進したと思われたころ、道路上に放置された十数輌の自動車を目撃した。ちょうどその頃にはスコールもようやくおさまり、あたり一面は、しだいにもとの昼間の明るさをとりもどしていた。

「敵だ！」ゴム林内に無数の天幕が立ちならび、あちこちに人影が動く。林間の道路には自動車、軽装甲車がぎっしりとつまっている。敵はわれわれを味方と間違えているのだろうか、ぜんぜん撃ってこない。中には手をふっている黒人兵もいる。

まず先頭戦車の銃砲が、自動車の後方の十数門の大砲にむかって火を吹いた。つづいて中隊の全戦車砲は両側のゴム林に休息している敵の頭上に榴弾の雨を降らせたのである。これで今まで静かであった戦場の様相は一変して、阿修羅の巷（ちまた）と化した。ゴム林の奥ふかくにげこむ敵兵、やみくもに撃ってくる敵兵、道路両側の排水溝にとびこむ敵兵、しかし戦車は、これらの敵兵を相手にしている余裕がない。

突進する道路上には、無数の敵の軽装甲車や火砲が立ちならび、逃げ場をうしなった敵の車輌が、突進中のわが戦車と戦車の間に飛びこんでくる。なにしろ敵の退路も、この道路が一本だけなのだから始末が悪い。その上に敵の後続部隊が、わが突進を知らずにオートバイを先頭にどんどんと詰めかけてくるのだ。

とにかく進路をひらくことが先決である。さいわいにも敵は道路をとじようとはしない。道路をとじることは味方の退路を遮断し、自分の手で首をしめることになるからであろう。

わが戦車中隊は、戦車砲を縦横に駆使して、敵の軽装甲車や自動車を破壊炎上させ、肉薄する敵には、車上から手榴弾や拳銃の雨をふらせ、右往左往する敵兵や道路上の大砲は戦車で押しつぶすなど阿修羅のように暴れまくり、炎上する敵の車輛部隊の間を巧みにくぐりぬけながら突進をつづけた。

驀進する戦車の前後には、敗走する敵の車輛が混入して、まるでサンドウィッチである。この奇妙な一団は、その日の夕刻前には約十キロの敵中を突破し、チチパチャングの橋梁に到着したのであった。

白昼光に浮きでたわが戦車

幅約三十メートルの河にかけられた橋梁には、無数の爆薬がしかけられていた。まだ爆破されていない。敵としても、車輛数百輛と約二千の部隊を前方に残したままでは爆破できないのであろう。後方ではさかんな銃砲声がしている。後続する佐伯部隊が残敵にはばまれているのかもしれない。

前岸の陣地からは無数の機関銃の弾丸がとび、両側のゴム林を敵の徒歩兵が、ぞくぞくと浅瀬をわたって敵陣内に逃げてゆく。前後左右すべて敵部隊が充満しているのだ。「突破すべきか、後続する佐伯部隊の来着を待つべきか」中隊は重大な岐路に立たされた。

暗黒の夜がやってきた。戦車中隊にはふたたび「前進！」の命令がつたえられた。

とりあえず前岸に進出した佐伯部隊の先頭の位置をたしかめ、これと手をにぎったのちに突進しようとして、闇夜に白くうかんでいる道路を約一キロほど前進したが、佐伯部隊を発見できない。左側のゴム林の中には、さかんに懐中電灯が明滅する。

「どうも様子がおかしい」中隊の全戦車はエンジンをとめて息をこらした。ところがゴム林の中から、ざわめきと金属音をふくむエンジンの音が聞こえる。

「敵だ！」たちまち中隊の全戦車砲が火を吹いた。と同時に大音響とともにゴム林高く火柱が立ちあがり、一面は真紅の炎になめられ、まるで昼間のように明るく照らしだされた。

敵の弾薬車と燃料集積所に引火したのだ。しかし、こちらもまったく不注意な過失を犯してしま

マレーを進撃中、一時停止し辻政信参謀と作戦を打合せる佐伯捜索5連隊の戦車

った。それは不動明王のように浮き彫りにされたわが戦車に、敵の集中火があつまったのである。一瞬にして戦車の外で見張りをしていた乗員は、ほとんどやられてしまった。しかし腕や肩の軽傷だけですんだのは不幸中の幸いであった。

距離三百の大激戦

佐伯部隊と連絡のついた中隊は、ふたたび突進をはじめた。微灯火の前進では速度が出ないし、かえって危険でもあるので、煌々と前照灯をつけて突っ走ることとした。約十キロほど突進したころ、無数の地雷が埋設されている橋梁にさしかかった。前照灯に照らされた両側の溝にはキラキラと鉄かぶとが光る。

「敵だ！」車上からは手榴弾が投げられ、拳銃が乱射される。しかし敵は戦車にたいして肉薄攻撃を加えることなく、すうっと引いてしまった。全戦車はエンジンを止め、すべての照明を消して、まわりの動静をうかがう。

しばらくの間ぶきみな沈黙がつづいたが、とつぜん前方に信号弾が打ちあげられ、同時に橋梁がこっぱみじんに爆破されてしまった。

もうこれで突進は橋梁を修理しないかぎり不可能である。一時間ほど遅れて到着した佐伯部隊が、ただちに二個中隊をもって夜襲を決行したが、その成否も不明のまま十二日の夜明けを迎えたのである。

視界がしだいに開けるにしたがい、おどろいたことに戦車中隊は、敵前三百メートルの道路上に停止していることがわかった。食うか食われるかである。全戦車は敵のトーチカ陣地に対し、いっせいに射撃を開始した。三百メートルでは一発必中である。敵の陣地はみるみるくずれてしまった。しかし中隊も戦車一輌を破壊され、二名の重傷者を出した。

破壊された橋梁の修理は、敵の砲火とその第一線火力に妨害されて、まったくはかどらなかった。戦車中隊は、前進もならず、ましてや後退もならず、終日、敵の集中砲火につつまれながら、血と汗と油にまみれてがんばり通したのである。友軍歩兵の主力がぞくぞくと戦場に到着し、敵が退却しだしたのは、その日の夕刻であった。

かくして、英軍が陣地構築に六ヵ月をついやし、一個師団強の部隊を配置して三ヵ月は守りぬけると信じていたジットララインは、わずか一日で瓦解したのであった。

その端緒をひらいたものは、疾風のごとく敵中を挺進突破した十数輌の「志」の戦車であった。

分捕りM3戦車 ビルマ戦線での大暴れ

戦場で作った特型戦車でインパールへ。戦車十四連隊血戦譜

当時 戦車十四連隊材料廠・陸軍大尉 小田信次

昭和十八年、戦車第十四連隊は北ビルマの要地ラシオに駐留していた。連隊は本部、三個の戦車中隊および材料廠で編成され、各戦車中隊は九七式中戦車（約十七トン、四七ミリ砲）小隊、九五式軽戦車（約七トン、三七ミリ砲）小隊、M3軽戦車（米国製、約十二トン、三七ミリ砲）小隊からなっていた。

連隊の将兵の大部はマレー、ビルマ進攻作戦の歴戦者であり、七月ころから来たるべきインパール作戦の気配をひしひしと感じながら、現地のとぼしい資材、簡単な設備などをもって、技術的には幼稚ではあるが真剣な態度で創意工夫し、作戦準備に専念していた。

連隊長の新考案

連隊長上田信夫中佐（二代目）がアイデアを示し、材料廠が製作したものに二重装甲とト

レーラーがあった。二重装甲とは戦車の前面装甲を補強して、敵の対戦車砲に対処しようとするものである。

まず、主力戦車である九七式中戦車について研究着手した。現地にある鉄板、鉄筋コンクリートなどによる補強試験をおこなったが、その成果はかんばしくない。また、好適の鋼板をビルマ軍兵器廠などから入手することもできない。そこで窮余の一策として、進攻作戦当時、敵が遺棄したＭ３軽戦車の装甲鈑を緊急収集することにきめた。

安藤少尉以下の収集班は一ヵ月分の糧食、酸素切断具などをトラックに積みこみ、中部ビルマの広漠とした砂原、カレワ付近のうっそうとした森林にすてられた戦車をさがして、約一千キロにわたる行動をただちに開始した。

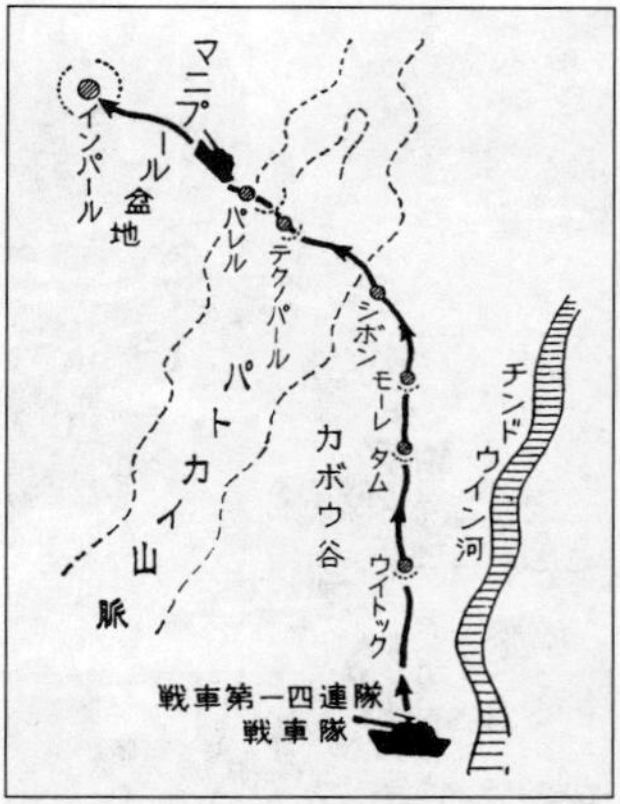

マニプール盆地付近図

一年前の激戦場も、いまは人ッ子一人も通らない。収集班は伝えきいた当時の戦闘の様相をたよりに、炎熱、マラリア、困苦欠乏に耐え、装甲鈑のほかにエンジン部品まで多数収集して、一ヵ月半ぶりに帰隊した。

さて補強の要領として操向装置（操縦手席より前方にある。これにより左右のキャタピラにつたわる動力を制限し、戦車の向きをかえる）の点検調整および射撃が困難にならない範囲で、車

日本軍に鹵獲されたM3軽戦車群

体前面に収集した装甲鈑を直接に電気熔接して、すくなくとも装甲鈑の厚さを五〇ミリ程度にするのを第一案とし、これを軍司令部に申請した。しかしこの要領は、制式兵器の改変にかんすることなのか、早急には許されなかった。

そこでさっそく第二案として、比較的面積が大で厚さが二〇ミリ程度の装甲鈑の各隅に、長さ約十五センチの鉄の支柱を熔接し、支柱の他端をボルトで車体に取りつけることにした。

これにより操縦手の前方視界がやや不良になったが、昭和十九年四月、テグノパールの戦闘において、その効果を発揮することができた。すなわち近距離で遭遇した五七ミリ対戦車砲（マレー、ビルマ進攻作戦では四〇ミリが最高であった）により補強用装甲鈑は貫徹されたが、車体は貫徹されず、戦車乗員は全員無事であった。

トレーラーは（現在では、ジープ、トラックが牽引しているが）当時、第一線の部隊ではまったく新しい着想であった。これは、戦車部隊が敵中を突破して孤立した場合、または戦車が段列（戦車に対する補給、整備をおこなうのに必要な人員およびトラックをもって編成し、材料廠長が通常これを指揮する）のトラックが通過できない地域で行動する場合などを考慮して、補給上の支障をなくするために、戦車に燃料、弾薬を積載したトレーラーを戦闘開始直前まで牽引させようとしたものである。

トレーラーはドラム缶が三本つめるのを標準とし、これもまた敵が遺棄したトラックのシャーシを収集して製作した。

これを戦車が牽引した場合、後退および不斉地操縦が困難となり、エンジンにも無理を生ずるので心配されていた。しかし作戦間、段列が戦車とはなれて行動するような事態がほとんど起きなかったので、トレーラーに対する関心は、いつのまにか立ち消えてしまった。

小山のような敵戦車

連隊は第三十三師団（弓兵団）に配属され、十一月下旬からシェボー付近に転進し、新たに編入された第四、第五中隊を掌握し、作戦開始まで訓練にはげんだ。

その間、段列は敵機のしつような攻撃と難路に悩まされながら、連日連夜にわたって燃料、弾薬を前送し、最前線近くに集積した。その燃料の量は、インパールを占領して、さらに北進してプラマトラ河畔に進出できるほどであった。

昭和十九年三月八日、第三十三師団の各部隊は、放たれた矢のように一斉に進撃を開始した。連隊の主力は、野戦重砲連隊とともに、重車輌部隊としてインパールへの最良の前進経路であるカボウ谷地を、四月二十九日のインパール入城を期しながら北上した。が、カボウ谷地には、敵がマレー作戦当時とはちがった装備、戦法をもって待ちうけていた。

その一つは地雷であった。マレーでは、英軍の地雷を軽戦車がふんでも、キャタピラが切断される程度であった。しかし今度は軽戦車はもとより、中戦車でも回収不能となるほどの破壊力がある。またその埋設の要領もきわめて功妙だった。

たとえば戦車部隊が集結するのに好適な地域には、すべて対人地雷と対戦車地雷が併設してあり、また敵が後退にあたり道路を破壊し、迂回路をたったいま通ったと見せかけ、じつは迂回路の新しい轍痕の下に地雷を埋設してあった。

もう一つは戦車であった。作戦開始までは、たとえ敵戦車が現われても、インド〜インパール〜カボウ谷地の間の嶮峻を越えてくるので、マレーでお目見えしたブレンガン・キャリヤー（無蓋装甲車）か、またはM３軽戦車のたぐいであろうと一般に考えていた。

ところが、じっさいに現われたのはM３中戦車であった。この戦車は車体側方に七五ミリ砲（主砲）を装備しているので、その砲の旋回範囲はわが砲塔砲にくらべて、いちじるしく制限されるが、その砲の威力は格段の差があった。

またその装甲や重量などは、すべてわが中戦車の約二倍もあり、まったく小山という感じのするしろものだった。

奇妙な戦車隊

三月下旬、タム南方パンタ付近において、一風かわった戦車対戦車の戦闘がおこなわれた。

第三中隊小隊長の花房少尉は、敵情地形の偵察を命ぜられ、M３軽戦車小隊を指揮し、部隊の前方を行動中、歩兵を跨乗（随伴ではない）させた二輌のＭ３中戦車が、道路を南下するのを発見した。小隊長は一瞬、地形を観察し、敵戦車の側面を攻撃するに決して、小隊をただちに展開させた。

敵はわが状況を知らぬのか、または意に介せずと思ったのか南下をつづける。射距離二〇〇メートル、小隊長車の射撃開始とともに各車いっせいに火ぶたを切った。わが徹甲弾は敵の砲塔、車体に命中する。しかし、どれもこれもすべて跳ねかえされてしまう。まるでピンポン球のようにである。

そのうち敵戦車が方向をかえ、その主砲をもって射撃をはじめると、たちまち小隊の第三車が破壊された。七五ミリ砲弾は、高射砲の水平射撃のようなものすごい初速で、戦場の空気をひきさいてしまった。

花房少尉は、このままでは自滅するのみ、この上は、敵戦車の装甲がもっとも薄弱である後部に必殺の射撃をくわえるよりほかに手段はないと判断し、敵の背後に進出する決心をした。進路を灌木林のなかにとり、しゃにむに前進した。小隊のほかの戦車は、小隊長車の行動が確認できないのか、または破壊されたのか、小隊長車には続行していない。

単車で敵の背後約一〇〇メートルに進出した小隊長は、敵戦車の後部機関室を精密照準して射ったが貫徹しない。敵は小隊長車を発見し、歩兵が戦闘隊形をもって近接してくる。装塡手が報告する残弾の数はあとわずかに五発、この瞬間、一弾はみごと敵のガソリンタンク室をつらぬき、敵戦車はアッというまに火災を生じた。戦闘が終わって、

「やっつけました、しかし私のほうもやられました」

と、しずかに語った花房少尉の紅顔は印象的であった。

アメリカのどこかで製造されたM３という名前の軽戦車と中戦車が、日本兵と英国兵につかわれてインドとビルマの国境の近くで戦ったのである。そして中戦車が、一方的に軽戦車を撃破した。だが一方、沈着剛胆な戦車兵が、軽戦車で中戦車を撃破しためずらしい記録であった。

強敵バズーカの出現

パンタの戦闘にひきつづき、第二中隊の九五式軽戦車がタム南側の敵陣地にたいして、果敢な黎明(れいめい)攻撃をおこない敵を駆逐した。

この戦闘で山口中尉（栃木県出身）の戦車が、敵弾をうけて火災を生じ、中尉は全身火傷の重傷をおい、本部に後送されてきた。その話を聞いてみると、被弾したと思ったとたん、戦闘室は火の海となり、戦車服にも火がつきだしたとのことであり、これまでの対戦車砲で貫徹された場合と少しおもむきが違っているようである。

そのとき同中隊の初年兵の一人が、「小隊長車の目の前で敵の一人が、水道のパイプのよ

車体側方に無気味な75ミリ砲（主砲）をそなえたM3中戦車

うなものを肩にあて、別の一人が後ろで、何か援助して射撃をしていた」と報告した。この報告は初陣による錯誤ではないかと思われたが、戦車の被弾（貫徹）部位をよく点検すると、たしかにおかしい。

どんな新兵器であろうか、何かよい対策はないだろうかと考えるけれども、なかなか名案もうかばない。うかばないままで作戦がおわってしまった。終戦後、この新兵器がバズーカ砲（ロケット・ランチャー）であることがわかった。

四月中旬、連隊はいよいよ敵の主陣地であるテグノパールの蜂の巣陣地にたいする攻撃（突破）準備に着手した。段列はその全力をあげて、燃料、弾薬を第一線に近く前送し、集積することにした。これはテグノパールとタムの間に吊橋（つりばし）があり、もしこれが破壊されると、のちの補給が不能となり、戦車中隊の行動を支援することができなくなるからである。

前線の谷間、凹地、森林などの集結（集積）に好適な地域は戦車、砲兵などが占領しているので、段列の車輌、補給品などの配置にはほとほと困っていた。偽装（ぎそう）しても不自然になりやすいので、思いきって敵の逆をつくことにした。

それはドラム缶を幅二、三メートルの道路上に、立てたり横にしたり、不規則にあちらこちらに分散して配置し、敵に空缶か、またはすでに敵機の攻撃を受けたかのように見せかけ、あるいは敵がかつて使用していた道路工事用のコールタールの缶などの中に混入した。

またトラックは夜明け前に、タイヤ、ウインドウなどをはずし、ボンネットをひらき、紙片、布などを散乱させるなどの処置をとった。ハリケーン、スピットファイアなどが飛来して、よく偵察しているようだが、ほとんど攻撃してこなかった。

しかし、ここに思いもよらぬ強敵があらわれた。それは日本軍の他部隊の兵隊であった。彼らは、このトラックが本当にやられて棄ててあるものと思いこみ、部品を取りはずしたりするのである。このため敵機をあざむく主旨を説明し、かつ監視兵を配置するのに少なからず苦労した。

戦車兵魂もむなし

五月上旬、軍の重点正面の変更により、連隊はテグノパールから反転して、ケネデピークの嶮（海抜約六千フィート）を越えて、インパール平地に転進した。ときあたかも雨季にはいり、豪雨、泥濘、路盤の脆弱などにより、戦車はもちろん段列の行進は、人車ともに困難の極に達した。

また激戦による操縦手の損耗のため、小（中）隊長がみずから操縦した戦車も少なくなかった。先行

英軍に鹵獲された九五式軽戦車。PPの文字は拳銃孔と覘視溝で日本戦車特有

した連隊本部の中村大尉は、しだいにインパール平地に進出する戦車を指揮して、トルボンの急を救い、ついでニンソウコン（インパール南方二十三マイル）に進出し、インパール街道の要地を確保した。

七月中旬、師団命令により万斛（ばんこく）の恨みをインパールの平地に残しつつ、三代目連隊長井瀬清助大佐以下の遺骨を抱いて後退をはじめた。このときすでに行動可能な戦車は、わずかに四輌のみだった。この四輌は、連隊の名誉にかけても後方に機動させ、次期作戦に使用すべく万全の処置がとられた。

すなわち中隊、戦車兵、整備兵などの区別をとわず、連隊は一丸となり、全力をあげて戦車を操縦し、整備するのである。

操縦には吉江軍曹（少年戦車兵）らの熟達者、整備には福田少尉（長崎県出身）以下のベテランがあてられ、あえぐエンジン、きしむキャタピラをいたわり合うように、戦車と修理車とが一体となって前進した。

だが、一車おち二車おちして、ついに師団の最後尾にあった連隊の最後の一車がデイデム北方で発力が減退し、エンジンの調子が悪くなった。三脚を組み、チェーンブロックで約一トンのエンジンを吊りあげたとき、敵ゲリラから攻撃された。

敵中に孤立した故障戦車の戦車兵が戦車砲、機関銃で応戦しているあいだに整備兵は、万策つきてついに破壊の処置をとった。

十月下旬、連隊はチン高地をくだり、カレミョウ付近に集結した。トラックの操縦手は、ギヤ（変速機）が第四速度にはいったといって涙ぐんだ。いままでは山地の連続で、第一、第二速度が主であったのだ。

インパール平地まで進撃した戦車は、ついに一輌も帰らなかった。

これだけは必要な強い戦車設計の条件

戦車設計に敏腕をふるった技術者の告白

元 第四技術研究所員・陸軍中佐　井上道雄

道路交通法には「自動車とは原動機をもちい、レールまたは架線によらないで運転する車」と定義されているが、もう少し具体的にいうと、ほかから動力をもらわないで走ることができ、操縦が安全であり、かつ人または荷物を積めるものでなければならない。

これらの条件が一つでも欠けると、それは自動車とはいえない。おなじように、戦車にもそなえなければならない三つの条件がある。このなかで一つでも欠けると、これもまた戦車とはいえなくなるのである。

運動性

みずから動けないものは自動車でないように、走れないものは戦車とはいえない。しかも戦場には市街地もあり、凹凸ある原野もあり、急坂あり、山あり、河ありで、地球上のあらゆる地形がその対象になる。

このような全地形を走破できるものが望ましいことはもちろんだが、いくら欲ばっても全地形の踏破はむずかしい。現在でも、沼地とか崖は戦車にとっては大敵である。しからば河や海はどうかというと、これは戦前、すでに水陸両用戦車が実現していた。

道路上はいうまでもなく、道路外でも走れるけれど、路外ではたちまち牛の歩みになってしまうものでは役にたたない。そこで強力なエンジンと緩衝装置のすぐれたものが必要になってきた。

攻撃力

戦車は敵を攻撃する武器であるから、武装がなければ戦車とはいえない。攻撃用の武器としては、機関銃、機関砲、大砲などがあり、特殊のものには火焔放射器を積んだものもある。攻撃力としてはこれらの武器のほかに、自分自体の重さを利用することもある。いわゆる体当たり、踏みつぶしである。このために特別に目方を重くするわけではないが、こういう使い方も考えてつくらねばならないのである。

だいたい戦車というものは、なるべく小型で武装はなるべく大きくといった矛盾した要求がある。たとえば小さな家に大きな家具を収めるのは大変な苦労がいるが、調和のとれた配置がきまったときは気持ちのよいものである。戦車の場合もまったく同様で、時には一発の弾丸を積む場所にも苦労することがある。

防禦力

防禦すなわち装甲とは、鎧と甲で身をかためることである。スーパーマンでないかぎり敵弾を跳ね返すことはできないので、防弾能力のある特殊鋼鈑で甲羅をはるのである。

軍艦の装甲鈑のように四〇センチも五〇センチもあるものはとうてい使えないが、薄いものは六ミリくらいから、せいぜい五〇ミリくらいのものが使われた。全体を一枚板でつくることは不可能なので、重要な部分ごとに装甲鈑の厚さをかえるのが定石であり、前、側、後、天井、腹の順に薄くなっているのが普通である。

さて、各部分ごとに板の厚さが決まると、こんどはこれを継ぎあわせなければならない。その方法にはボルト締めと、溶接の二つの方法があるが、それぞれ得失がある。また装甲鈑を継ぎあわさないで曲面をたやすくつくるために、特殊鋼の鋳物を利用する例もある。

以上、戦車の持たなければならない三つの条件について述べたが、武装のところで述べたように、この三つの要求はたがいに相矛盾していることに気がつく。運動性能をよくするためには軽いことが必要であり、これにこだわるとブリキ製の戦車になってしまう。この三つの条件のつりあいのとれた戦車ほど傑作ということになる。

日本の戦車は優秀だった

旧陸軍の持っていた戦車（広い意味に解釈して装甲車もふくめた）の一部をここにあげて、あとの説明をわかりやすくするため、各車ごとに大ざっぱに構造とか配置とかを述べておく。

九二式重装甲車

捜索隊用につかったもので、これを配属された騎兵隊は、馬のいない騎兵隊になってしま

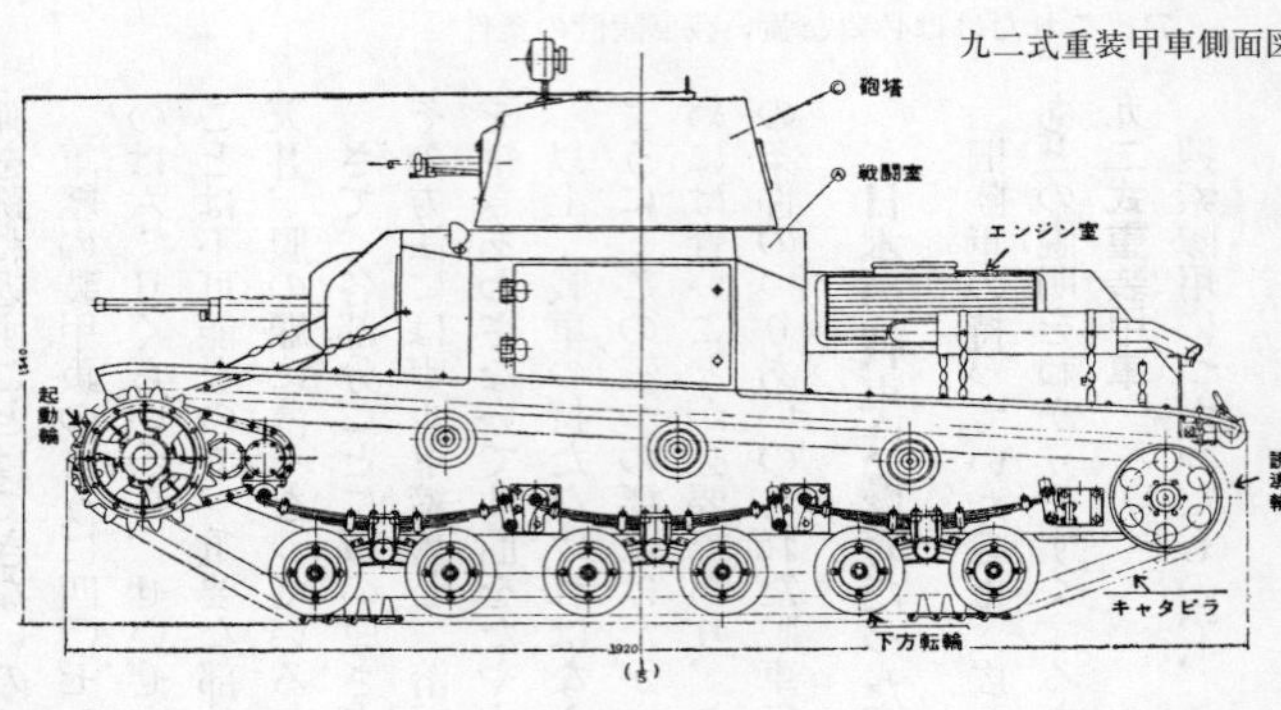

九二式重装甲車側面図

った。

最大速度は毎時四十キロ、武装は前面に一三ミリの機関砲、砲塔に機関銃をとりつけている。一三ミリ機関砲はこの低い位置から対空射撃ができるように、特別の照準眼鏡がつけてある。車体の前半分は戦闘室および運転席であり、後半分はエンジン室である。

エンジンは四五馬力の空冷式を乗せた。当時としては空冷式は初めての試みだった。エンジンの動力は、戦闘室の床上をタテにつらぬく伝動軸から変速機をへて、両側の起動輪につながり、起動輪の内側には舵取りクラッチが置いてある。

この起動輪が車体の前方にあるのを前方起動式といい、キャタピラ(履帯(りたい))は起動輪と後方の誘導輪とにかかり、接地面で板バネと片側六個の下部転輪を介して車体の全重量をささえている。自重は四トン三〇〇である。

装甲鈑は前面が一二ミリで、ほかの大部分が六ミリの厚さである。完成したときは運動性がよく、全体の高さも比較的ひくかったので好評だった。

九四式軽装甲車

軽装甲車隊用で、これに被牽引車（けんいんしゃ）を連結して戦場内で弾薬の補給用にもつかった。最大速度は毎時四十キロで、前方半分はエンジンと操縦者席、後方は戦闘室で砲塔をのせている。乗員は二名、自重は三トンである。

エンジンは空冷ガソリン三十五馬力で、せまい室にうまく収まっている、もちろん前方起動式である。武装は機関銃一梃のみだが、写真では銃は後ろをむいている。

下部転輪のサスペンションは水平においた一組のコイル・スプリングをつかい、板バネにくらべて緩衝能力はぐっとよくなっていた。装甲鈑の厚さは重装甲車とほぼおなじである。

試作重戦車

八九式中戦車と同時代の試作品で、やや旧型に属するが参考のためあげておく。後方がエンジン室、中央が主戦闘室で大きな砲塔を持っている。前方は副戦闘室で小砲塔と操縦席、後端にも小戦闘室があり、砲塔を持っている。

後方起動式で板バネ式サスペンションをつかい、自重二十六トン、二九〇馬力ガソリン水冷エンジンつきである。

武装は七〇ミリおよび三七ミリ砲おのおの一門と機関銃二梃、装甲鈑は最厚三〇ミリ、最大速度は毎時二十二キロ、重戦車としてはものたりない感じだったが、自重十二キロの八九式しかなかった時代だったので、ずいぶん期待された。

九七式中戦車

技術的には、本車よりさらに進歩した一式中戦車が生まれたが、量産にうつされ実戦に供されたのは本車が多かった。一見して均整のとれた戦車らしい感じの戦車で、じっさい日本陸軍の誇りとするに足る戦車だった。

戦車隊の主力戦車で最大速度は毎時四十キロ、二・五メートル以下の壕ならひとまたぎで越えることができるし、深さ一メートルの河なら走ってわたり、短い坂道なら四十五度くらいまでは登れた。武装は四七ミリまたは五七ミリの一門と機関銃一梃をつみ、装甲は最厚二五ミリである。

車体の後半はエンジン室で、空冷一七〇馬力ディーゼルエンジンをそなえていた。戦闘室は前半分で、上部の砲塔に武装がついていた。砲塔の上に手すりが見えるが、これは無線機のアンテナである。操縦席は戦闘室の前にある。

戦車の設計から誕生まで

設計に着手するまえに、最高指導層でだいたい次のような事柄が協議決定された。
〈最大速度、武装の種類と数、重量、装甲、特殊なものについては特殊な事柄〉
右の条件があたえられると、まず第一に最大速度と予想重量から、何馬力のエンジンが必要かを算出し、正味必要馬力にたいし、あるていどの余裕馬力を加算する。

型式は例外をのぞいてはディーゼルである。乗車人員は武装の種類と数で決定できるので、これと武装の大きさから戦闘室の広さ、大きさを決め、つぎにエンジン室、戦闘室、操縦席、伝動機構、舵取装置、燃料タンク、弾薬箱、無線機などの配列を考え、予想の計画図をつくる。そして全体を装甲鈑で張りめぐらせ、両側にキャタピラおよびそのサスペンション機構をつける。これで一応の格好はついたが、最後に重量と全体の大きさの検討を要する。

汽車または船で輸送する場合、両者ともに制限が出てくる。重量が予定の通りであるとしても、これが輸送制限をこえている場合は、輸送のときにかぎり一部を分解することも考えねばならない。寸法の大きすぎる場合も同様である。

重量OK、大きさもOKとなれば、いよいよ本式の設計に着手し、並行して製作にとりかかることになる。説明ではわずか数行でいとも簡単にできあがってしまうが、製作図は細部までかぞえると数千枚にものぼり、製造の途中でもいろいろの修正や変更がつきものである。

試作品ができあがると、厳密かつ苛酷なまでのテストを行ない、不満な点は何回でも修正をほどこす。しかし量産にうつるまえに、もう一つの関門がある。それは使用部隊による実用テストである。

技術者としては技術関係に深い関心をはらうが、部隊の人たちは実用上の見地から、違った目で見た、主に取扱上から種々の意見が出てくる。これらの意見もできるだけとりいれて、やっと完成となり量産計画に入ることになるのである。

真に強い戦車とは

三つの要素が、たがいに矛盾した要求であることは前にもちょっとふれたが、この三つを

車体側面に取り付けられた一連のコイルバネで支えられており安定性はよかった

鉄道輸送すべく貨車にのせられた九七式中戦車。懸架装置は6個の転輪が

調和させるのが設計の見本ともいえる。ここに、苦心とむずかしさがある。

これらの要素について、もう少しくわしく述べてみよう。

運動性をよくするために

エンジン馬力の大きさと、戦車全体の重量の関係が、運動能力にもっとも大きな影響をおよぼす。乗用車のように毎時一〇〇キロ以上もスピードを出すためには、目方のほかに空気抵抗という目に見えない障害が大きく影響する。最大速度四十キロの戦車では、それほど恐れるには足りない。

乗用車では目方が一トンか、せいぜい一・五トンで、六十馬力あるいは一〇〇馬力もあるエンジンを積んでいる。実際はいつも最高速度で走っているわけではないから、エンジンにはずいぶん余裕馬力があることになり、これが性能の上では出足が早いといわれる所以（ゆえん）である。

戦車も、大馬力のエンジンを載せたいのはやまやま

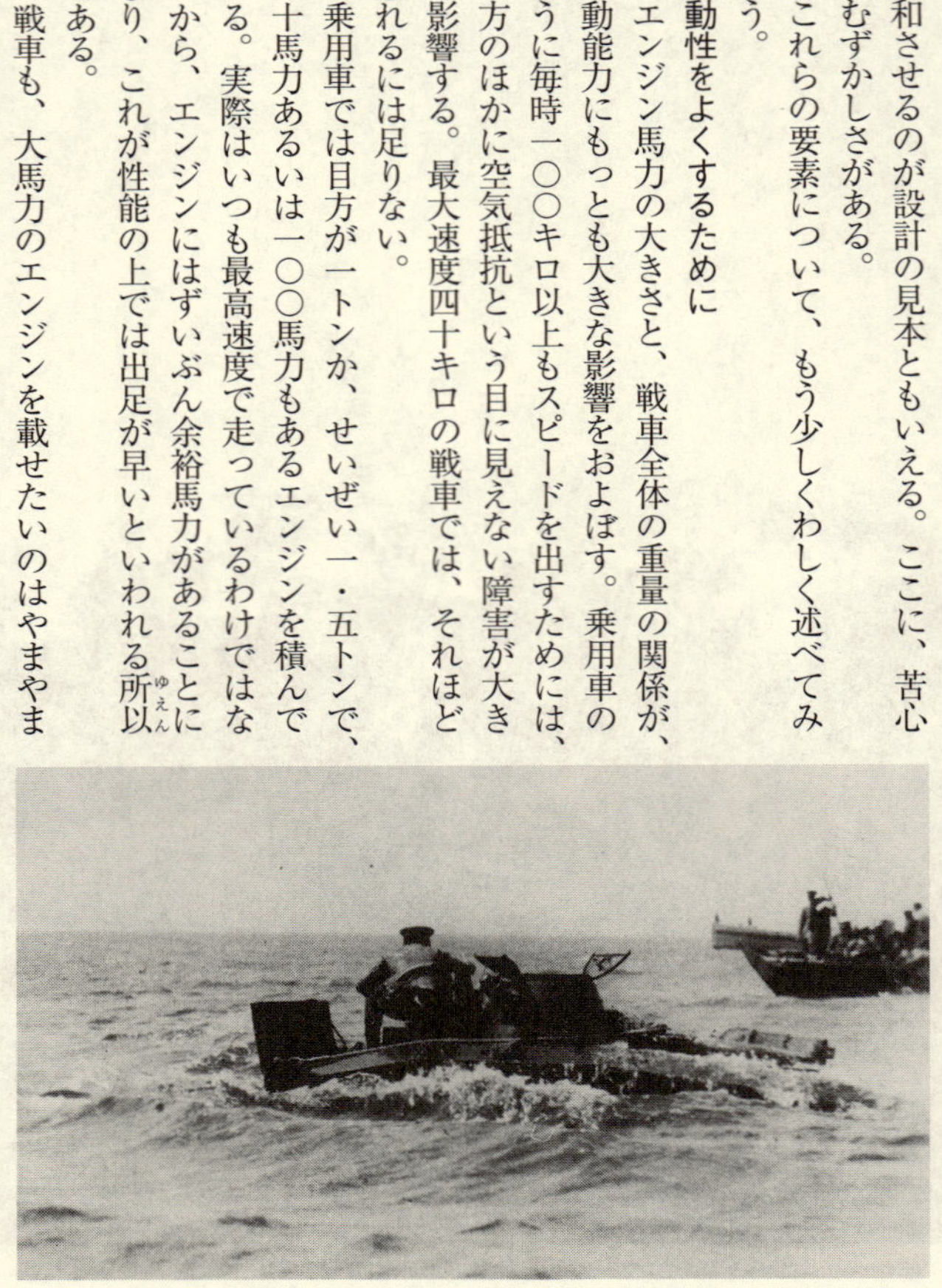

ハイドロジェット推進で水上航走テスト中の波よけ付き水陸両用戦車SRイ号

だが、車体が大きくなりすぎるだけでなく、クラッチ以下の伝動機構も、この大馬力に耐えるものが必要となるから、ある程度で我慢することになる。したがって余裕馬力もきわめて少なく、一トンあたり十ないし二十馬力程度となり、乗用車とは大差が出てくる。

キャタピラをころがす力は、車輪をころがす力の三倍いるが、これを計算にいれても一トン当たりの馬力にやはり大差ができる。小柄で大馬力のエンジン、しかも耐久性のあるものは昔も今もひきつづいて研究されている。同じ馬力のエンジンでも空冷か水冷かによって、ラジエーターの位置とか空気の入り口などは無視できない。

ガソリンエンジンとディーゼルエンジンの問題はすでに研究しつくされ、後者に軍配はあがっている。ディーゼルエンジンといっても、船舶用とか陸上定置式のものとはちがった無空気噴射の高速度ディーゼルで、国産としては二十五年ほど前に成功している。しかも空冷式で完成している。

ガソリンにくらべて火災の心配のすくないこと、燃料消費量がすくないから小さいタンクで済むこと、取扱上ではやっかいな点火装置や、気化器が不要などの美点は、軍用として大きな魅力である。同時に、水冷式のディーゼルエンジンも牽引車用として成功し、その後、軍用車のほとんど全部がディーゼル化された。

大型のバス、トラックのディーゼル化が現在のように進歩したのは、その当時の研究のタマモノといっても過言ではないであろう。ディーゼルエンジンは爆発音が高いとか、震動が大きいとか、あるいは目方が重くなるとかの欠点もないではないが、前記の利点にくらべるとモノの数ではなく、メーカーの不断の努力は、この欠点の排除に大きな効果をあげている。

バスでご覧のように、エンジンの位置が車体にある場合と、後ろに積む場合とがある。戦車もおなじだが、一般的には後方に積むことが多い。戦闘室や操縦席を前方にとることができて、かつ全体の重心位置が全長の中央にとりやすいからである。

エンジンの位置が決まれば、つぎは起動輪までの動力伝達機構および起動輪を前方に置くか後方にするかを決める。前方起動式は起動輪の地上高が高くなり、石ころや木の根っこなどの障害物が、起動輪の歯とキャタピラの間にくいこむ心配がすくなく、またキャタピラの弛(ゆる)み側と張り側との関係も後方起動よりは有利になってくる。

ただ後方起動を採用した場合、動力機構の全部がエンジン室に収容できるから、戦闘室は広く利用できるが、重心位置が後退する不安を生じることになる。

戦車運動間の安定性をよくするためには、車体サスペンションの方法に工夫を要する。これを懸架(けんか)装置といい、キャタピラの上をころがる下方転輪、およびこれに負担させる荷重をささえる機構すべてをさす。下方転輪につながるバネは、地面からのショックを吸収するのが役目だが、道路上のショックはいざしらず、あらゆる地面からのショックをすべて吸収するのは不可能である。

走りながら小さいノゾキ窓から外を見ねばならないし、射撃のためには照準もせねばならないから、安定をよくするためにできるだけの考慮をはらわなければならない。ふつうには板バネ式とコイルバネ式とがあるが、その配列は千差万別である。

重装甲車は板バネ式の代表的なもので、構造は簡単だが、安定性は極上とはいいがたく、九七式中戦車は六個の転輪が水平に車体側面にとりつけた一連のコイルバネでささえられており、板バネ式にくらべ格段の進歩を示している。本型式の研究は九四式軽装甲車にはじまり、九七式で実をむすんだのである。

キャタピラについては、形と材質の問題がある。全体の重量を両側の接地面で受けるのだから、接地圧が大きすぎると地面にめりこんでしまう。接地圧の大きさには一定の限度があって、これにあうように接地の長さと幅を決める。

古い戦車は特殊鋼の鋳物でつくったが、のちにはすべて高マンガン鋼の鋳物になった。硬くて減りが少なかったからである。そのかわり機械加工ができないから、鋳放しのままつかった。

操縦をやさしくするためには、舵取り装置が大切である。戦車にかぎらず、すべてのキャタピラ車の舵取りは、一方の起動輪の回転をおとし、またはまったく止めて行なうのだが、それらには差動機式、操向クラッチブレーキ式、遊星歯車減速機式などがある。

舵取りのためには、一方の舵取りレバーを引くのだが、大きな車、とくに低速のときには大きな力が必要である。なんとか軽く操作のできるものをと考え、油圧を利用する方法が戦争末期にテストされた。

武装をよくするために

弁慶の七つ道具と同じで、なるべくたくさん武器は持ちたい、小さい身体でも大きな武装が欲しいのだ。

ところが戦闘室の広さから制限を受けるので、むやみに大きいものは積めない。そこで小さくても威力のある武器の研究が、さかんに進められたわけである。

砲は三六〇度旋回する砲塔についているが、とくに死角をなくすのが肝要である。砲塔の旋回は手早くできねばならないが、照準のためには微動装置も必要である。照準、射撃、装塡まで一人でやるのだから、砲手のまわりに邪魔物があってはならないことは、いうまでもない。

防禦力を増すためには

装甲鈑の厚さのほかに、各部の鋼板の継ぎあわせの方法が問題である。鋲締め、ボルト締めは被弾のさいに折れたり切れたりする。電気溶接法の進歩にしたがって、末期にはこれを採用した。

つぎは全体の形だが、敵弾を装甲鈑の面に直角に受けないことが大切である。すなわち避弾経始(だんけいし)をとることである。亀の甲羅(こうら)を豆鉄砲で打つと、弾丸はおもいもよらぬ方向に飛びちってしまう。

車体外板にはあらゆる箇所に、この考えが取りいれてある。地面および進行方向に対し直角の面を少なくして、曲面または斜面をあたえるのである。そのため流線型とまでいかないが、側面の袖の部分まで傾斜させているのだ。

戦車に水上を泳げる性能をあたえたものがある。浮力をつけるため図体がずんぐりした感じになった。泳ぐためにプロペラを持っている。吃水が深いため転覆の心配はないが、水上で走ると波が前甲板にあがってくるので、車内から起こしたり伏せたりできる波よけを前端にとりつけてある。

戦車はこうすれば走る

操縦法とその運動能力の実際

「丸」編集部

夕方、なにげなくパチンとひねった電灯に明かりがともる原理は、一般常識として簡単にはだれもが知っている。だがそれ以上の知識になると専門家の分野である。

それとおなじように、戦車はどうして動くのかを一口で説明すると、エンジンが働いてキャタピラ（履帯）が動くからということになる。それでは味も素っ気もないから、キャタピラは何によって動かされるのか、またエンジンの力がキャタピラに伝わってくるのに、どんな経路を通ってくるのか、あるいは方向転換はどのようにして行なうのか、という問題について簡単にのべてみよう。

まず動力のことを、まっさきに書かなければならない。戦車を動かす原動力はエンジンで、車体の後部にある。その前方か後方にクラッチがある。クラッチは動力の伝動を断ったり、つないだりする動力の関所の役目を果たしている。

このクラッチから変速機に動力を送り、変速機は歯車のかみあわせによって、伝動軸に力を伝える。伝動軸のはしは差動歯車になっていて、ここで動力を伝動軸と直角になっている起動軸の中央につたえる。

伝動軸は中央から左右にのびて、装甲鈑をつらぬいて車体の外にでている。ここが内部の動力が車外にでるところであって、左右にでた起動軸の両端に、キャタピラをまわす駆動輪（アザミ歯ぐるま）が据えつけられている。

要するに、この伝動の方法は、自動車の場合とまったくおなじであるといった方が、わかりやすいかも知れない。ではここで、自動車の動力伝動の略図(イ)を見てみよう。

この自動車を戦車に仕立てるにはどうしたらよいか。まず動力伝動の装置はそのままにしておいて、車体も車輪もすっかり取りはずしてしまい、装甲鈑でかこんでみると、(ロ)のように立派な戦車に早がわりというわけである。ボリショイサーカスのキオ魔術ではないが、なんともあざやかな転身ぶりである。このタネと仕かけは、中味が同じだからできる

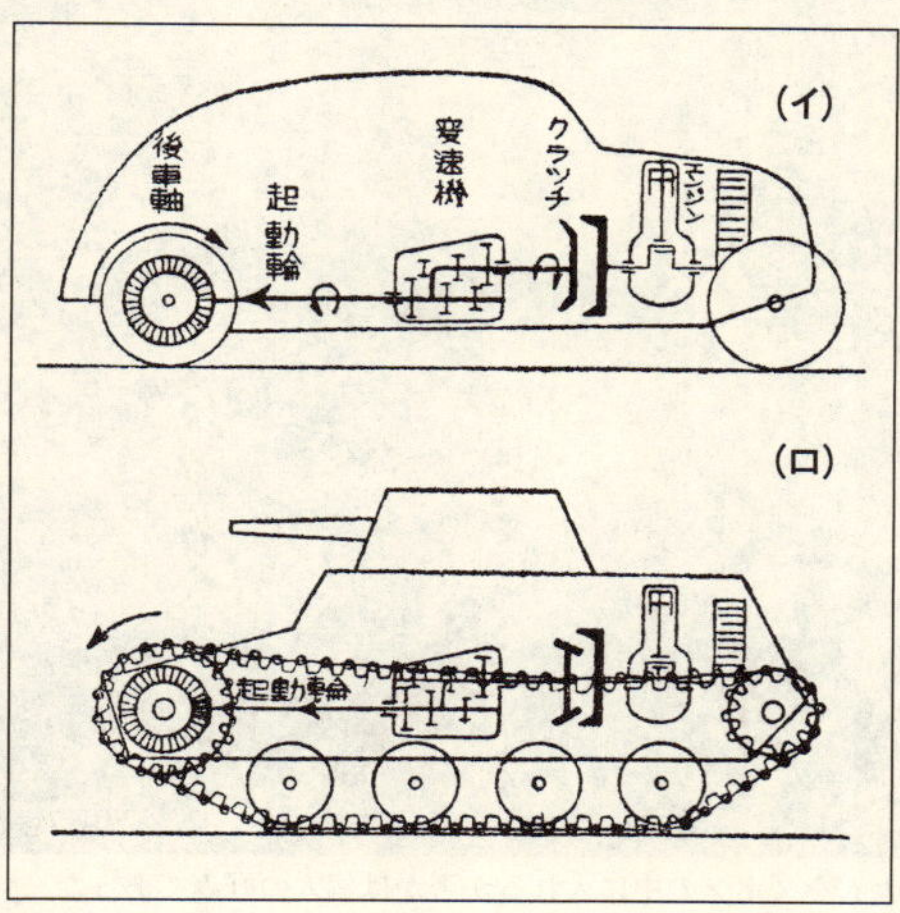

当時の典型的なもの。上衣をズボンの中に入れるか否かは個人の好みであった

迫力あふれる九七式中戦車のキャタピラ。作戦検討中の小隊長たちの服装は、

芸当だ。

戦車を走らせるには

さて、以上で戦車を動かす方法がわかった。つぎにキャタピラがくられれば、それがどうして戦車を走らせるかについてのべてみよう。

起動軸の両端にある駆動輪がキャタピラを回す関係は、ちょうど自転車の歯ぐるまがチェーンを回すのと同じことである。すなわち、戦車の駆動輪がキャタピラという踏板のついている大きなチェーンを回していると考えれば、原理はだいたいまちがいない。

戦車にキャタピラを使っているわけは、戦闘の目的のためにさまざまの地形を自由に通るためである。それは、ぬかるみや凸凹の地形で、車輪の下に板を敷きかえながら進むのと同じことだ。つまり車輪式の自動車に、板を敷きかえながら進めば、ぬかるみでも砂地でも、たやすく通ることができるが、これを一枚一枚とりかえるのは大変なことである。

そこで自分の前進力をつかって、自動的に行なわせる。そのためには板は短かい方が都合よく、それを軸栓でつないで、板の役目を果たしたものから、つぎつぎと前方にくり出されるようにしたものである。

なぜ、この板が前方にくり出されるかといえば、車輪でふんでいる板は動かないが、前進すると前車輪が前に回る。このとき前方のキャタピラは、前車輪を滑車にして前方に引いたように、上側も下側もおなじ力で引かれる。

しかるに下側の板は、ふまれた状態で動かないから、前車輪がころがりながら、上側の板だけ前方に引かれることになって、うしろで役目をすませた板が前方にはこばれてきて、つぎつぎと前車輪の下にしかれて、足場をつくってゆくのである。これがキャタピラの原理である。

このさい自動車を前進させる起動輪がスリップすれば、車が前進しないから、板もはこばれないことになる。それで、キャタピラ式車輪起動輪は、絶対にスリップしないようにアザミ歯車をつかっている。

これでキャタピラ運動の概念を書いたわけだが、戦車のように起動輪も前輪も地上をはなれて、下方転輪のみが荷重（かじゅう）をささえている場合でも、また、前図のように起動輪が前方にある場合(ロ)でも、キャタピラは同じ原理で動くのである。

ところで、戦車の運動中に、キャタピラがはずれることはないのであろうか。これは大事なことである。とくに方向転換の場合や、斜面を横にすすむ場合などは、いつもはずれそうに見える。

そのために、軌道または突起を出して上部の転輪でささえ、はずれないようにしてある。なおキャタピラ板の端が三日月型にあがっているのは、方向転換のとき地物にひっかからないようにするためである。

さて、この項でキャタピラ学はすんだが、それだけでは戦車が進むことがわかっただけである。つぎに戦車の方向転換はどのようにして行なわれるのであろうか。

戦車を方向転換させるには

クラッチブレーキ法

戦車の方向転換の方法はいろいろあって、なかにはかなり操作がむずかしいものもあるが、その原理はすこぶる簡単である。戦車を右へ方向転換させようとする場合には、左側の起動軸への動力を伝動したまま、右側の伝動を断てばよいのである。そうすれば右側のキャタピラはカラ回りしながら、ひきずられるために、戦車はある半径で右方に転換する。

しかしこの方法は、ひきずり抵抗によって回転半径がかわり、一定しない欠点があるので、右側のアザミ歯車への伝動を断つとともに、カラ回りするアザミ歯車軸にブレーキを完全に利かせれば、戦車は右側のキャタピラの中央を中心として、その場で旋回する。

ブレーキの利かせぐあいを加減すれば、回転半径はおもうようにかわる。アザミ歯車への伝動を断つには、クラッチをつかうので、この方法はクラッチブレーキ式とよばれていた。

変速操向法

戦車を右の方に方向転換させようとする場合、右側のアザミ歯車の速度を左側の速度より遅くする方法である。すなわち右と左とのキャタピラのスピードの差で、戦車は一定の半径をもって回る。

この速度による転換方法は、一般に遊星歯車法によるものが多い。むかしは左右に別々のエンジンをもったもの、また別々の歯車変速機をもったものなどがあったが、今はあまり使われていない。これを変速操向法とよんでいる。

この方式の欠点は、その場旋回ができないことと、構造がいくらか複雑な点であるが、方向転換がスムーズで、惰性をそこなわない長所があるので、前述のクラッチブレーキ式を併用したものが、もっとも多く使われた。

差動法

差動機の差動速度をつかって方向変換する方法もあるが、これには二種類がある。

一つは自動車の差動機と同じものを車軸にもっているもので、方向転換させようとする場合に、右側のアザミ歯車にブレーキをかければ、右側のキャタピラの回転がとまり、左側のアザミ歯車の回転が二倍になり、急激な方向転換が行なわれる。

この方法の長所は構造が簡単で、しかも一般自動車の部品が利用できることと、方向転換がすみやかに行なわれることだが、ただそのさい捻(ひねり)回力が十分でないのが欠点である。主としてきわめて軽量な戦車にもちいられた。

もう一つは二重の差動機をつかったものであるが、単差動の方法と同じように、片側にブレーキをかけた場合、ブレーキした側のアザミ歯車の回転がストップすることなく減速し、その減速量だけ反対側のアザミ歯車の回転をますので、その場旋回ができないのが欠点である。

戦車ハンドルのいろいろ

①
トラクター式

②
自動車式

③
飛行機式

以上が戦車の方向転換についての要領であるが、その操作の細部は、どのように行なわれるか。たとえばクラッチを切ったり、ブレーキをかけたりするにはである。

それは、クラッチもブレーキも、レバーを引くことによって操作される。戦車のハンドルは自動車のブレーキレバーのような形のものである。このレバーは、たいてい手の力によって動かしているが、重いものになると、油圧、高気圧、および電動式のものなどある。

最新式の戦車は、操縦法を簡単にするために、しだいにレバー式からハンドル式にかわっている。このハンドル式は、自動車の場合と同じように、左にまわせば左に、右にまわせば右に向きをかえるようになっている。エンジンの回転を速くしたり、遅くしたりするには、飛行機と同じように、操縦席の片側についている小さなレバーを動かす。

戦車の操縦法は、だんだん自動車と同じようになってきた。自動車を動かせる者にはだれでも操縦できるように改良されて、むしろ自動車よりも簡単になっているものもある。これは戦場において、だれでも操縦者にかわって簡単に運転できるようにするためである。

戦車兵装のすべて

より戦車らしい主砲と機銃と装甲鈑

「丸」編集部

戦車は戦闘をするための車輛である。だから、その設計はまず必要な攻撃兵器の決定によってはじめられる。攻撃兵器とは、もちろん大砲、速射砲、機関砲および機関銃などであるが、第二次世界大戦後はロケット砲も用いられるようになった。また、火焔放射器や対空ミサイルを主要兵器とする戦車もあり、一口に戦車の武装といっても実際には多種多様である。このうち、ここでは戦車の基準兵器とされている「砲」と「銃」について説明しよう。

主砲

戦車にとりつける砲は、一発の弾丸がなるべく強力で、発射速度がはやく、しかも軽量で、すみやかに照準操作のできるものがよい。

弾丸を発射する力の強い砲は、弾道がなるべく直線に近いものがよい。野球でも、ライナ短い。

ー性の当たりの方が、フライよりもボールの速度がはやく、進行方向が安定し、滞空時間が

弾丸の場合も、なるべく近い距離を短時間に飛ぶものの方が、命中精度がよく、貫徹威力が強いわけである。この種の砲を加農砲といって、戦車に搭載する兵器としては代表的なものである。

弾丸を速く遠く、しかも弾道を直線的にして命中率をよくするための戦車砲は、長い砲身をもっているのが特徴で、第二次大戦以後の各国の主力戦車はいずれも長大な砲身の加農砲をとりつけている。口径（弾丸の直径）は普通七五ミリから九〇ミリ程度であるが、重戦車では一二〇ミリから一五〇ミリ程度のものまである。

直接戦闘には参加しないが、遠方の敵の重要施設や兵団を砲撃するための、砲戦車あるいは自走砲車には、それ以上の加農砲やロケット砲を装備することがある。

一方、山のかげや谷間にかくれている敵を撃つためには、直接の照準をつけることができないから、弾丸をいったん上方に撃ちあげてから落下させる、いわゆる湾曲弾道の榴弾砲を使用する。榴弾砲は加農砲よりも命中率はよくないが、加農砲と同じ重量にするつもりであれば、口径を大きくすることができるので、陣地攻撃のような場合には非常に有利である。

榴弾砲をとりつけた戦車は、ふつう砲戦車または自走砲車ともいわれ、動かない目標、つまり要塞とか重要施設、あるいは集団的な敵の兵力、弾薬庫などを攻撃するのにつかわれるが、ときには野戦における協力戦車としても活用される。

これに対して、中口径以下の加農砲をもつ中戦車クラスおよび軽戦車クラスを、ふつう戦闘戦車(コンバット・タンク)と呼んでいる。そのむかし、歩兵戦車といわれたものである。いずれの場合も、その備砲は大きいのに越したことはないが、せまい車体のなかに、たくさんの弾丸や付属品、予備品、電波装置、その他の艤装設備をもたなければならないので、どうしてもあるていどの制限がくわえられる。

現在では、三十五トンぐらいの中戦車では、主砲が七五ミリから九〇ミリ程度、二十トンぐらいの軽戦車では七五ミリ以下、大きい方では四十五トンクラスの重戦車が一二〇ミリ程度の砲をつむのが標準になっている。もちろん小口径の砲は、射程が短く破壊力も小さいが、弾丸の発射速度がはやく近接迫撃戦では有利な場合が多い。

戦車同士の戦闘では、おたがいに動きながら射撃する場合もあるから、砲の照準操作を敏速にすることも、戦車の性能上とくに重要なことである。

機関砲

走っている敵の戦車を撃つには、どうしても発射速度のはやい機関砲が必要である。ときには航空機に対しても、これを使うことがある。この種の砲には普通二〇ミリ、三七ミリ、四〇ミリ、五七ミリの各口径があるが、対戦車対空両用の自走砲車では、三七〜四〇ミリのものがもっとも多い。

むかしは一台の戦車に、加農砲と機関砲と機関銃をとりつけた戦闘戦車があったが、戦後の戦車では、機関砲だけというのは、たいがい自走車になった。しかも軍艦のように、大きな砲塔から二連装の長い砲身をつき出しているのが特徴である。

発射速度は、毎分一〇〇発ていどから六〇〇発ぐらいまでいろいろあり、弾丸は小さいが、その発射能力は甚大である。対戦車砲（アンティタンク・ガン）または無反動砲をつんだ自走砲車は、機甲戦闘における協力戦車として、きわめて重要なはたらきをする。しかし、相手の装甲が一インチ以上厚くなると、当たりどころによっては三七ミリ砲ぐらいではビクともしないものがあるから、結局、側面や背部その他の弱点をねらうのが攻撃の要点となっている。

機関銃

機関銃は、敵兵にたいする掃射を目的として、たいがいの戦車には二梃以上とりつけられている。普通七・七ミリ口径程度の軽機関銃と一二・七ミリ口径程度の重機関銃である。

軽機関銃は射程が短いが、発射速度がはやく、乱射で敵を威圧するのに用いられる。発射速度は毎分八〇〇発か一二〇〇発ぐらいである。

重機関銃の多くは、ふつう砲塔の前面または上に、三六〇度回転可能にとりつけられ、戦車の大敵である航空機を撃つこともできるようになっている。位置が高く、射程も長いので敵の歩兵に対する威力は絶大であり、装甲自動車や砲兵陣地にたいする、ある程度の装甲貫徹が可能であるため、最近の戦車にはたいがい一二・七ミリ銃をその砲塔上に取り付けるよ

57ミリ砲と7.7ミリ機関銃搭載の九七式中戦車(手前)、37ミリ砲と7.7ミリ機関銃の九五式軽戦車

うになっている。

発射速度は毎分七〇〇~一千発ぐらいで、最近のものは軽機関銃にくらべて大差はない。

機関銃はまた、装甲貫徹は不可能であっても、敵戦車やトーチカの覘視孔(てんしこう)、銃眼に対する目つぶし射撃に有効である。

装甲鈑

装甲は戦車の戦車たるもっとも重要な条件の一つである。装甲鈑は、予想される敵の戦車の弾丸の威力によって、その厚さと強度が決まるものである。しかし実際には、前記のように戦車の火砲はさまざまであり、どんな弾丸が飛んでくるとは決まっていないから、かぎられた重量で最善の装甲をしなければならないわけだ。

相手の弾丸が豆つぶから茶筒ぐらいまでいろいろあるように、戦車の装甲鈑の厚さもノートブックから大辞典の厚さぐらいまでいろいろある。

また、一台の戦車でも場所によって厚いところと薄いところがある。いちばん厚いのはやはり前面と砲塔であり、薄いのは背面と腹面である。

なお装甲が厚いからといって、かならずしもその強さが比例して大きくなるとはかぎらない。材質がきわめて重大である。現在では、むしろ薄くて軽くてしかも頑強なものが望まれている。これは戦車自体をすこしでも軽くして、それだけ運動性をよくすることに重点がおかれているからである。装甲鈑をやたらに厚くすることは、むしろ時代遅れであるといわれ

弾痕1300発。徐州戦で戦死した西住小次郎大尉の八九式戦車。装甲の薄さが解る

ており、いまや材質の優劣に最大の関心がおかれている。

自走砲車や砲戦車は、攻撃を主眼とし、防禦を従としているから、型がものものしいわりには、敵弾が当たると壊れやすい。その分だけ大きな砲をつけて、安全な場所から撃つわけである。

この三種の砲と装甲の比例は、軍艦の場合とまったく同様である。

傾斜面の利用

弾丸は、装甲鈑に直角に当たれば貫徹力が強く、斜面に当たれば弱い。さらにその傾きが大きければ、弾はチップして斜めに飛び去ることもある。また、背が低ければ当たる率がすくない。であるから、新しい戦車は背が低く、その装甲鈑はなるべく弾丸が斜めに当たるように、いたるところに斜面をつけるか、丸く流線型に整形している。

鋼鉄鈑に円形や斜面をあたえることはなかなか困難がともなうので、砲塔や湾曲部などは鋳鉄(ちゅうてつ)で造ったものが多い。

第二次大戦当時のドイツ戦車は、予備のキャタピラを戦車の前面に取り付け、臨時増加装甲としたことがあるが、これはなかなか有効であったらしい。同じ厚さの装甲であれば、二枚にわけて中間をあけた方が被害が少ないことが実戦の結果あきらかにされており、予備キャタピラの装甲はなかなか合理的といえよう。

装甲鈑の厚さは、Ｆ４型中戦車の場合、砲塔で二インチ（約五〇ミリ）厚、日本陸軍が戦時中に試作した一〇〇トン戦車は前面で約一〇〇ミリ厚だった。ふつうの軽戦車は二〇〜三〇ミリぐらいである。新型の戦車の設計は、より軽く、より速く、より流線型で背が低く、より故障の少ないことをモットーとしている。

日本の対戦車砲はこうだった

対戦車火器の権威が綴る四式中戦車搭載砲の威力

元 陸軍技術大佐　沼口匡隆

第一次大戦に初めて戦車が出現して以来、各国ともこれを重視して、その改善研究に努力したが、同時に敵の戦車を撃滅する手段についても努力がつくされた。

戦車の現われた頃は、いままでの小銃弾や砲弾の破片では歯がたたないのでアワをくったが、小銃弾でもかたい弾身をつかった徹甲弾をもちいれば、近距離では戦車の装甲鈑のうすいところを貫通できるし、砲弾も弾肉のうすい榴弾のかわりに肉をあつくし、延時信管をもちいれば戦車を貫通破壊することができるので、一時的にはこれで間に合わせた。

しかし戦車のほうでもやすみなく進歩し、装甲鈑の品質が向上し、厚さがまして小銃では対抗できなくなった。また運動速度が速くなって、いままでの砲では動きがにぶく、戦車を追跡照準して射撃することができなくなった。ここで戦車を撃滅することを主任務とする対戦車砲が生まれたのは当然である。

対戦車砲としては、装甲鈑にたいする貫通力が大きいことはもちろんであるが、軽快に移動ができ発射速度が大きく、命中精度のよいことが必要である。

一方、戦車にのせる砲も、はじめのうちは地上の歩兵や砲兵などを射撃するのが目的で、その初速も小さく、弾丸も榴弾を使用していたが、しだいに敵の戦車をやっつけることのほうがずっと重要となり、ちょうど昔の軍艦の主砲のように、対戦車戦を目的とする砲にかえられていった。

したがってこの意味で、戦車搭載砲も対戦車砲とみるのが適当である。また弾薬の補給を容易にするために、同時代の対戦車砲と戦車搭載砲は、おおむねおなじ砲身をつかった。

対戦車兵器としては、予期される敵戦車の通過地帯に使用する地雷、あるいは局地的につかわれる火焔放射器などがあるが、なんといっても主体は対戦車砲である。戦車は対戦車砲から損害をうけまいとして装甲鈑の厚さをまし、命中しても弾丸がすべるような形とし、あるいは速度を速くして敵の照準を困難にする。対戦車砲はまたこれに対抗しうるように弾丸の効力をまし、運動および射撃性能を改善する。このように、戦車と対戦車砲のシーソーゲームは果てしなくつづいてゆく。

三七ミリだった初の対戦車砲

わが国で初めての対戦車砲は、九四式三七ミリ砲である。これは昭和九年（紀元二五九四年）に制式になったから九四式と名づけられているが、研究をはじめたのは昭和六年ころで

一式75ミリ自走砲。手前は射角をかけているため防楯の一部中央が上がっている

ある。

その要目は、口径三七ミリ、徹甲弾（重さ〇・七キロ）を使用して初速七〇〇メートル／秒、最大射程約六千メートル、装甲鈑の貫通威力は最大厚さ三〇ミリである。徹甲弾には少量の弾薬がはいっているので、貫通後に戦車内で爆発する。発射速度をますために閉鎖機は自動式で、発射後、空薬莢は自動式にとびだして次装塡の状態となる。発射速度は一分間三十発ていどである。

また射撃をたやすくするため、いちど陣地につくとそのままの姿勢で方向上六〇度の範囲にわたって、目標を追跡射撃することができるようになっている。砲の全重量は三三〇キロで、これを一頭の馬でひくか、あるいは分解して四頭の馬にのせてはこんだ。

この砲の研究開始のときの設計諸元は、前述のもので満足であったろうが、研究期間中に相手の戦車は進歩し、完成したときにはすでに効力の不十分な対戦車砲であった。しかしながら対戦車専用砲のなかった当時としては、これを相当数量産して部隊に装備しなければならなかった。またこれに類似の砲身をもちいて、九五式軽戦車用の搭載砲として利用した。

戦車の進歩とともに、装甲鈑の厚さはしだいにふやされ、質は向上されてゆき、避弾形状が採用されるようになった。九四式三七ミリ砲が制式になった当時には、相手の戦車の方がこの面ではすこし進歩していた。

装甲鈑を貫通するのに徹甲弾によるほか手段のなかった当時としては、貫通力を増加するためには、弾丸が命中したときに生ずるエネルギーを増加する必要がある。エネルギーを大きくすることは、弾丸の質量、すなわち重量を増加し、速度を大きくすることである。弾丸の重量をますには砲の口径を大きくし、速度、したがって初速を大きくするには砲身の長さを大きくしなければならない。

そこで九四式三七ミリ砲よりも一段と威力の向上した四七ミリ対戦車砲が研究開発されることになった。一式機動四七ミリ砲がこれである。この砲は口径が大きくなるとともに、砲身長と口径との比も三七ミリ砲が四六に対して、五四と増加している。

大活躍の一式機動四七ミリ砲

満州事変、支那事変では戦車はあまり大きな役割を演じなかったので、戦車とともに対戦車砲にも大きな関心がなかったが、昭和十四年に第二次大戦がヨーロッパで勃発し、ドイツが戦車を主体とする機甲大兵団でかっかくたる戦果をあげてからは、戦車あるいは対戦車砲にたいする認識はすっかり新たにされた。

九四式三七ミリ砲のように威力が小さく、そのうえ馬で運搬するという鈍重なものでは時代の要求にそぐわなくなり、口径、初速を増加し、自動車牽引による軽快な移動性を持った対戦車砲の研究開発がはじめられ、昭和十六年（紀元二六〇一年）の初めに完成して制式となった。そして一式機動四七ミリ砲と名づけられてただちに量産がはじめられた。機動とは、機械力すなわち自動車で牽引する意味をあらわしている。この砲は口径四七ミリ、徹甲弾（重さ一・五キロ）を使用して、初速八〜一〇〇メートル／秒、装甲鈑の貫通威力は厚さ六〇〜七〇ミリである。

砲の機構としては九四式三七ミリ砲とほぼ同じであるが、砲の全重量は八〇〇キロでずっと重い。したがって自動車牽引ができるように空気タイヤの車輪をつかった。この砲は大東亜戦争において地上対戦車砲の主体をなした。

また、一式機動四七ミリ砲と同じ砲身（したがって同じ弾薬）をもちいる戦車搭載砲がつくられ、戦車対戦車の戦闘につかわれた。これを装備した戦車は九七式中戦車（旧式の五七ミリ短砲身をこれに改装）、一式中戦車である。ほかにも水陸両用戦車であるカチ車（特三式内火艇）およびトク車（特五式内火艇の搭載火砲）の備砲としてもちいられるなど、用途がひろかった。

高射砲を自動車にのせる

大東亜戦争がはじまってのち、ヨーロッパの地上戦の状況や、兵器装備の改善は装甲兵団が作戦の主導性をにぎり、戦車はしだいに重装備となってきた。そうなると四七ミリ対戦車砲だけでは威力が不十分となり、これより一級上の砲として口径五七ミリの自動車牽引式の対戦車砲の研究開発にとりかかった。

第一次試作がおわって試験してみると、現存の戦車に対して威力がいかにも中途半端である。その意味は、五七ミリの口径ではこれを採用してもまもなく進歩する戦車に対して不満足となり、口径を七五ミリに増加することを要求されるという見通しであった。そこで五七ミリをやめて、口径七五ミリの対戦車砲の研究開発がさっそくはじめられたのである。

しかし口径を七五ミリに増加し、大初速、したがって長砲身となると、砲のうける反動は大きくなり砲全体の重量が非常に増加するので、自動車で牽引して移動しても、これを自動車からはずして陣地で砲を操作するのが人力では困難となり、運動の速い戦車を相手にするには鈍重で用をなさない。かくて、七五ミリの自走式対戦車砲を研究することになった。

そこで研究開発をうながすために、砲身にはこれまでの八八式七センチ半高射砲の砲身をもちい、砲架以上を既存の装軌式の自動車にのせることにした。この場合、弾丸の重量は約六・五キロで、初速は七二〇メートル／秒である。しかしこの自走式七五ミリ対戦車砲は、ほぼ研究の終わったところで終戦となり、実戦の役にはたたなかった。

四式中戦車（チト）。対戦車戦を顧慮した設計で75ミリ砲と前面75ミリ装甲を持つ

昭和九年、九四式三七ミリ砲が初めて対戦車砲として制式になって以来、わずか十年あまりの間に、口径は三七ミリから七五ミリに増加して、対装甲鈑の威力も格段に向上した。また移動方式は馬を利用する方法から自動車牽引をへて、自走式にまで発展した。戦争の時代を通ってきたとはいえ、兵器の進歩の目まぐるしさにはこの種の火砲だけでも驚くべきものがある。

一方、戦車搭載砲も先にのべた四七ミリ砲時代から、地上砲とともに一時、五七ミリ長砲身のものを研究したが、ただちに七五ミリの口径に飛躍した。

徹甲弾（重さ六・六キロ）をもちい初速六七〇メートル／秒を出す砲身を、戦車搭載砲として利用した。これをつかったのが四式中戦車（チト車）である。

チト車は重量約三十四トンであり、搭載砲の威力と戦車重量とのバランスのとれた優秀な戦車であったが、試作台数わずかに五輌のみで終戦となった。戦後、米軍の専門家がこの戦車を見て、その性能のすぐれたことに驚嘆し、もしも日本軍がこの戦車を多数装備していたなら、米軍はおおいに悩まされたであろうと語った。

徹甲弾の装甲鈑にたいする貫通力について一言のべてみよう。いままで述べた貫通力に関する若干の数値は、弾丸が甲鈑にたいして直角に命中した場合のものである。この命中角が直角からずれ、斜めに当たるにつれて貫通力は低下する。その低下の度合を数字でしめすとだいたい次のようになる。

角度(度)	0	5	10	15	20	25	30	35	40	45
減量(%)	0	1.5	4	7	10	15	20	26	33	41

さらに、角度が増加すれば、甲鈑に命中しても跳飛する。したがって戦車としては弾着した場合、その貫通力を減少し、あるいは跳飛させるように甲鈑の構造または張り方を工夫する。反対に対戦車砲としては、装甲鈑の厚さが同一であっても、避弾形状のすぐれた戦車にたいしては、十分に余裕をもった口径および初速の砲をもちいなければならない。

成形炸薬弾の出現

これまで述べたところは、弾丸のもつ運動エネルギーにより、着弾時に弾丸がこわれないように丈夫につくった徹甲弾をもちいて、装甲鈑を貫通するという物理的原理にもとづいた兵器についてである。したがって、貫通孔は弾丸の外径と同じである。

しかるに成形炸薬弾(さくやくだん)は、まったくその原理を異(こと)にする。第二次大戦中、日本とドイツは同盟国として、おたがいに技術交流をおこなった。その中で昭和十八年ころ、二人のドイツ将校がドイツ潜水艦で危険な海域をのりこえて、命がけで持ってきたのがこの技術である。

その原理は爆薬にある種の形をあたえて発火すると、その爆発威力を集中しうることである。その構造の概略をしめせば図の通りである。爆薬の一端を円錐(えんすい)形または半球形に切り欠き、ここに薄い銅板または鋼板のライナーをおく。他の端Bには、起爆薬を介して信管をつける。これを信管により発火させると、爆薬の爆発力はライナーの作用により、A方向にむかう高速度のジェット噴流となる。

このときのジェットの速度は、三千～一万二千メートル／秒といわれ、鋼板に衝突すると接触点に二十五万気圧の圧力を生ずる。この圧力によって生ずる力は鋼の抗張力よりもはるかに大きく、鋼は流体のようにジェットの通路外に押し出され、鋼板に孔をあける。

このような爆薬形状による爆発力の集中効果は、モンロー効果またはノイマン効果として、すでに前世紀の後半に知られていたが、これを兵器に応用したのは第二次大戦になって、ドイツが初めてである。

これを、成形炸薬（Shaped ChargeまたはHollow Charge）と呼んだ。

このように成形炸薬をもちいた弾丸は、成形された炸薬の形状によ

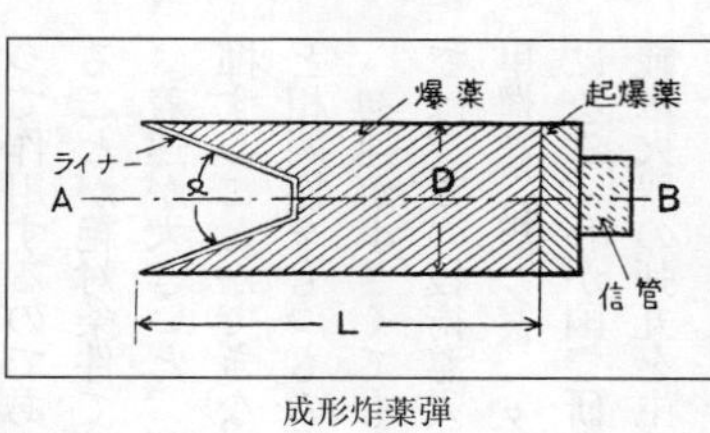

成形炸薬弾

って作用するのであるから、戦車の甲鈑に命中して爆発する瞬間まで、その形状が保持されることが絶対条件である。したがって初速の小さい火器に使用することが有利である。

着速が大きいと、弾丸が装甲鈑に撃突したとき成形炸薬の形状がくずれて、その効果を発揮することができないので、着速があるていど制限される。しかしこれは、信管の作動時間と相関性をもつもので、これが短縮すれば着速が大きくてもよいことは明らかである。

初速が小さくてもよいことは、対戦車火器にたいして画期的な変化をもたらした。わが国では、この技術導入いらいただちに研究をはじめ、成形炸薬をもちいる弾丸を穿孔榴弾（穿甲榴弾。秘匿名称：タ弾）と称した。初速の小さいことは火器が簡単になり、軽くてすむことになる。わが国で研究されたものは、小銃擲弾、ロケット弾、無反動砲弾のような近距離対戦車火器の弾丸を主体として、一部には小初速の山砲用弾丸についても研究がおこなわれた。

間に合わなかった日本のバズーカ砲

小銃擲弾

小銃の銃身の前端に擲弾器（これをタテ器といった）をつけて、径三〇ミリクラスのタ弾を発射する。発射には薬莢の口をしめたものをつめて射撃する。射距離は数百メートル程度であるが、直角に命中すれば五〇ミリくらいの装甲鈑を貫通する。

これによって戦車に対してはほどこすすべのなかった単独歩兵にたいして、対戦車能力を持たせたわけであるが、時すでに遅く、終戦となり威力を発揮するにいたらなかった。

無反動砲

弾丸が砲から発射されると、火薬のガス圧力は弾丸を押し出すとともに、砲身に作用して反動を生ずる。もしこのガスを砲身の後方に噴出させれば、反動をほとんどなくすることができる。

この考えを実現したものが無反動砲である。火薬ガスを後方に逃がすから、火薬の効率はすこぶる悪く、同一薬量をもちいる普通砲にくらべて、初速ははるかに小さい。しかし反動がないから、砲架は簡単で軽くなり、小口径のものは砲身を直接手にもって射撃することができる。

この砲の特徴と、前記の成形炸薬の特性とを組みあわせて、対戦車無反動砲をつくった。近接戦闘兵器として、内径四〇ミリ、長さ約五十センチの鋼管をいわゆる砲身とし、頭部の大きな柄(え)のついた弾丸をもちい、この柄の部分を前方から押しこむ。柄の後部は薬莢となり、その後端面はベークライトの板とし、砲身内にもうけた段却(だんきゃく)に接触する。

この状態で砲身をにぎり、腰だめで戦車をねらって発射する。弾丸を前方に推進するとともに、火薬ガスはベークライトをやぶって後方に噴出するので、射撃する兵は反動を感じない。射程はわずか百メートルていどであるが、戦車に当たれば弾頭部の成形炸薬により甲鈑を貫通する。

また遠距離の戦車に対しては、口径七五ミリの無反動砲が研究された。これはふつうの薬莢の底面だけをベークライトとし、砲尾を閉鎖する閉鎖機体に孔をあけ、弾丸を発射すると火薬ガスがベークライトをやぶり、この孔から後方に噴出するので反動がなくなる。
これら無反動砲はだいたい研究をおわったときに終戦となり、実戦にもちいるにいたらなかった。

ロケット砲

昭和十八年、火薬ロケットの開発が実用兵器として登場した。各種の大きさのものが開発されたが、そのなかで、対戦車を目的としたものは口径七〇ミリおよび九〇ミリである。砲身(発射機)は薄肉のパイプで長さ一・五メートル、重さはそれぞれ八キロおよび十二キロである。

ロケット弾は自分で飛んでゆくので、もちろん反動はない。対戦車用として成形炸薬をていん実し、弾道の安定をうるため後端円周上に傾斜した六または八個のノズルを設けてロケットに旋動をあたえる。最大射程は七〇ミリが七五〇メートル、九〇ミリが一〇八〇メートルである。結局七〇ミリが採用され、あるていどつくられたが時すでに遅く、戦場で大きな効果をあげるにはいたらなかった。
これは戦後、自衛隊が米国から供与されたバズーカと原理においてまったく同じものである。

刺突タ弾

戦争末期になると、内地から兵器弾薬を補給することは不可能となった。そこで現地において戦車にたいする肉迫攻撃兵器として考案されたものがこれである。

竹または木の長い柄の先端に、成形炸薬を顚実した頭部をつけたものである。これを槍のように使い、戦車に近づいて甲鈑を刺突すると発火し、成形炸薬の爆発力で孔をあける。前記のように爆発ガスのジェットは主として前方にむかうので、使用者には大した危害を及ぼさないという考え方である。現地での実験で、多少の怪我人を出したと聞いているが、

このような一種の肉弾的特攻兵器が、果たして実用されたかどうかは不明である。

以上のべたように、成形炸薬弾の技術導入いらい、これを利用する対戦車兵器の研究開発にひたすら努力が集中された。しかし、時すでに遅く、一部開発を完了したものも、資材の不足、輸送の杜絶(とぜつ)などによって、ほとんど実戦にもちいられなかったのは残念であった。

永遠のシーソーゲーム

以上、わが国の対戦車砲（火器）についてその概要を述べた。

これでわかるように、戦車を撃滅する火砲には二つの流れがある。一つは弾丸のもつ運動エネルギーにより、装甲鈑を弾丸自体で貫通するもの、他は爆薬に特殊の形状をあたえ、その化学エネルギーにより装甲鈑に孔（弾丸の外径よりずっと小さい）をあけるものである。

現在でもこの思想にかわりはない。前者によるものは、大きな口径と大初速を必要とし重くなるので、戦車搭載砲にもちいられ、しかも貫通力を増加するため、比重が重くて硬い金属でつくった実体弾を中に入れ、これを弾殻でつつんだ弾丸を発射し、弾殻は途中で分解して硬身弾のみが飛んでゆくように構造が工夫されるなどの進歩はある。

後者は着速の大きい必要がなく、また望まないので、バズーカ、無反動砲または戦後生まれた対戦車誘導弾にもちいられている。

ただこのほかに、新しく現われたものに粘着弾がある。これは弾丸の炸薬に特殊の爆薬をつかい、戦車の装甲鈑に着弾したとき、これに粘着したような状態で爆発を起こし、衝撃波で甲鈑の裏面をはがし、衝撃および甲鈑の破片により損害をあたえるものである。

戦車が進歩するかぎり、これを攻撃する砲が、対抗的に発達することは昔も今もかわりがない。

世界に誇る九七式戦車の特長と魅力

九五式から九七式へ。国産戦車あれこれ

当時 三菱重工戦車設計技師　大高繁雄

九五式軽戦車は、日本の工業技術によって造られた第三番目の戦車であるが、八九式中戦車や九四式軽装甲車のように外国戦車の血をうけていない。すべてのものが新規の発案によってできている。

戦車といえば、九五と知らない者がないほどひろく親しまれ、支那事変においてこれほどめざましい活躍をし、重宝がられた戦車は、ほかに類がないであろう。

昭和九年に、いまの三菱日本で試作され、できばえは予想外によく、当の設計者自身もびっくりしたほどで、とくに故障がなく整備性がよい点が、軍の寵愛をうけるもととなったのである。

主なる諸元をあげると次のとおりで、支那事変においては英国製ビッカース一号戦車と対決し、優秀な戦果をあげたことを聞いているが、当時としては、世界水準にまさるとも劣ら

ない性能のものであったと思う。すなわち、

重量＝約七・五トン、エンジン＝一二〇馬力／空冷直列六気筒ディーゼルエンジン、最高速度四十キロ／時、武装三七ミリ、全長四・三〇メートル、全幅二・〇七メートル、全高二・二八メートル、旋回＝信地旋回（その場旋回）。

エンジンは八九式中戦車に搭載した空冷直列六気筒ディーゼルエンジンが採用され、クラッチ、トランスミッションはともに機械式、ステアリング装置もクラッチブレーキ式という、単純な方式が採用されている。

ファイナルドライブには、平歯車一段減速のこれまた何のヘンテツもない、ありふれたものが採用され、足まわりも鉄履帯にコイルばね使用の、平衡桿式四輪支持になっている。しかし、この何のヘンテツもないところに良さがあって、全体の大きさ、重力、エンジン馬力、速度などが理想的にまとまり、軽戦車の大ヒット版が生まれたものと思う。

抜けアナもある九五式戦車の設備

というわけで、とくに取り立てて披露するようなものもないが、記憶しているままに、九五式戦車の変わったことをしていると思われているような点について二、三、取り上げてみよう。

その一つは、車の後面に乗員の脱出口があることで、そのころの外国の戦車にはしきりに見うけるが、日本の軍人精神からすれば、必要のないことであったかもしれない。

死の直前まで愛車をまもり、最善をつくし、あたら敵弾にたおれる、これが大和魂であったと思うが、とにかくエンジンの横に通路があって、バッテリー、タンク等の上を這って、後方車外に出られるようになっていた。

また、冬季エンジン始動を容易にする目的で、エンジンを暖める火鉢をおくことを考慮してあった。しかし、実際には暖気運転といってエンジンがさめないうちに始動し、つねに始動可能な温度にたもっておく方法や、車体の下から暖める方法などがおこなわれていた。

その二は、車体の乗員室の上半部が、ちょうどスリバチをかぶせたような形状で、姿もよいし、避弾の点でもすぐれていた。これには実戦の証拠がある。

支那事変当時、戦利品や武勲をたてた兵器の陳列がはやった。この九五式軽戦車も銀座の松屋に飾られたことがあって、私も作業服に戦闘帽、巻きゲートル、地下足袋といういで立ちで、はるばる出かけていったことをおぼえている。

弾痕の数は数えきれないほどあって、くいこんだままになったものも相当あったが、スリバチ型の部分は弾痕も浅く、すべりあとがかなり多く、感心させられたことを記憶している。

最後に、国産の戦車に共通した問題であるが、搭載砲に威力がなかったことは、遠く上海事変、支那事変からノモンハン、そして大東亜戦争にいたるまで、いずれも同じような経験をしている。

これは戦車搭載用の、いわゆる戦車砲自体の開発研究が遅れていたためではなかろうかと思う。すくなくとも敵と同等ていどのものであれば、あとは精神力と日本人の器用さが、敵を制していたにちがいない。

花形スターの絢らん豪華なデビューぶり

支那事変の末期から大東亜戦争にかけて、かずかずの戦果をかかげ、一躍、陸戦の花となった九七式中戦車は、八九式中戦車にかわるべく、ちょうど支那事変の勃発した昭和十二年に、いまの三菱重工の大井工場で設計し試作された。

そのころ、上海事変の実戦や世界の情勢から新型中戦車の必要性が、強く叫ばれていたためもあって、期待も大きく各方面の注目をあびていた。開発の目標は、速度を上げること、姿勢を低くし避弾を考慮すること、砲は五七ミリ、重量は約十五トンていど、エンジンは空冷ディーゼルで、トン当たり十二～十三馬力であった。

このような要求に対して、エンジンをはじめ、トランスミッション、ステアリングから足まわりにいたるまで、すべてが日本独特の新型戦車を生み出そうとしたのであるから、当時としては、その意気込みたるや偉大なものがあった。さいわいにして一発で予期したものができ、わずかな改修で量産に移り、まもなく戦列にくわわったのである。

この新鋭中戦車については、戦前戦後を通じ、外観的な考察はくわえられ発表もされているが、この戦車の開発をし生産した当事者の苦労や、どのようにして生まれ、どんな性能のものか、ほとんど知られていない。

まずエンジンであるが、V型十二気筒空冷一七〇馬力ディーゼルエンジンという、当時、世界のどこにも例のないエンジンを試作し、この戦車に搭載したのである。

戦車用としてディーゼルエンジンを採用しはじめたのは、これより三年ほど前の昭和九年に八九式中戦車に採用を計画し、試験の結果は、関係者の予想したとおり、整備上はもちろんのこと、経済的にも有利であることが確認され、とくに寒冷地における実用性は他の比でなかったことは説明するまでもない。

八九式に採用されたのは、トラックに使用していたものを改造した直列六気筒の空冷ディーゼルエンジンであったが、これを一変してV型とし、直噴を予燃焼室式とするなど、その内容には隔世の感がある。

このほか、エンジン排気ガスを無色にし、敵から発見されないようにする消煙対策、また寒冷時の始動を容易にするため吸気をあたためる工夫や、燃料系統に空気がはいると出力が低下するので、補助燃料タンクを高い場所にもうけ、主タンクから吸い上げておき、重力でポンプに流しこむようにして空気の混入を防ぐなど、数かずの興味深い考案がすでに折りこまれ、それぞれ効果をあげ実用されていたのである。

なお、エンジンの試作では、三菱のほか某社が参加し、両社各一基を製作し、東京～大阪間の一千キロ走行試験の結果、三菱製が採用され、量産するようになった。

つぎに動力伝達系統であるが、これにはもっとも堅実で、取扱い容易な機械式のクラッチ、ミッション、ステアリング等が採用されている。

当時は今日のような、自動や半自動のものはほとんどなかったが、アメリカのM３戦車やドイツの一型戦車などでは、同期式のトランスミッションや二重差動機式のステアリングが使用されており、当時としては特異な存在であった。

中型の理想を貫いた九七式戦車

九七式中戦車では歯車選択式のトランスミッションが採用され、四段に高低速付きのつごう八段の型式で、不整地その他、地形の変化の多い戦場むけとしては有利であったと思うが、歯車選択式ではとうてい同期式にはおよばなかったことは言うまでもない。これを使いこなしていた軍人精神には、敬服のほかはない。

このなかで印象的なことは、ケース本体が型鍛造品と、鋼板との熔接組立式で、量産も終始一貫して、この型式でおしとおしていることだ。

ステアリング機構は、遊星歯車併用のクラッチブレーキ式で、これは取扱い、工作および整

昭和15年、皇紀2600年大観兵式において行進する九七式中戦車

備上もきわめて容易で、当時は大部分のものがこの型式を採用しており、ソ連では現在もなお使っているように、二重差動機式やメリットブラウン式、あるいはアメリカのクロスドライブ等にくらべれば、やぼったい感じがしないでもないが、捨てがたい一面がある。

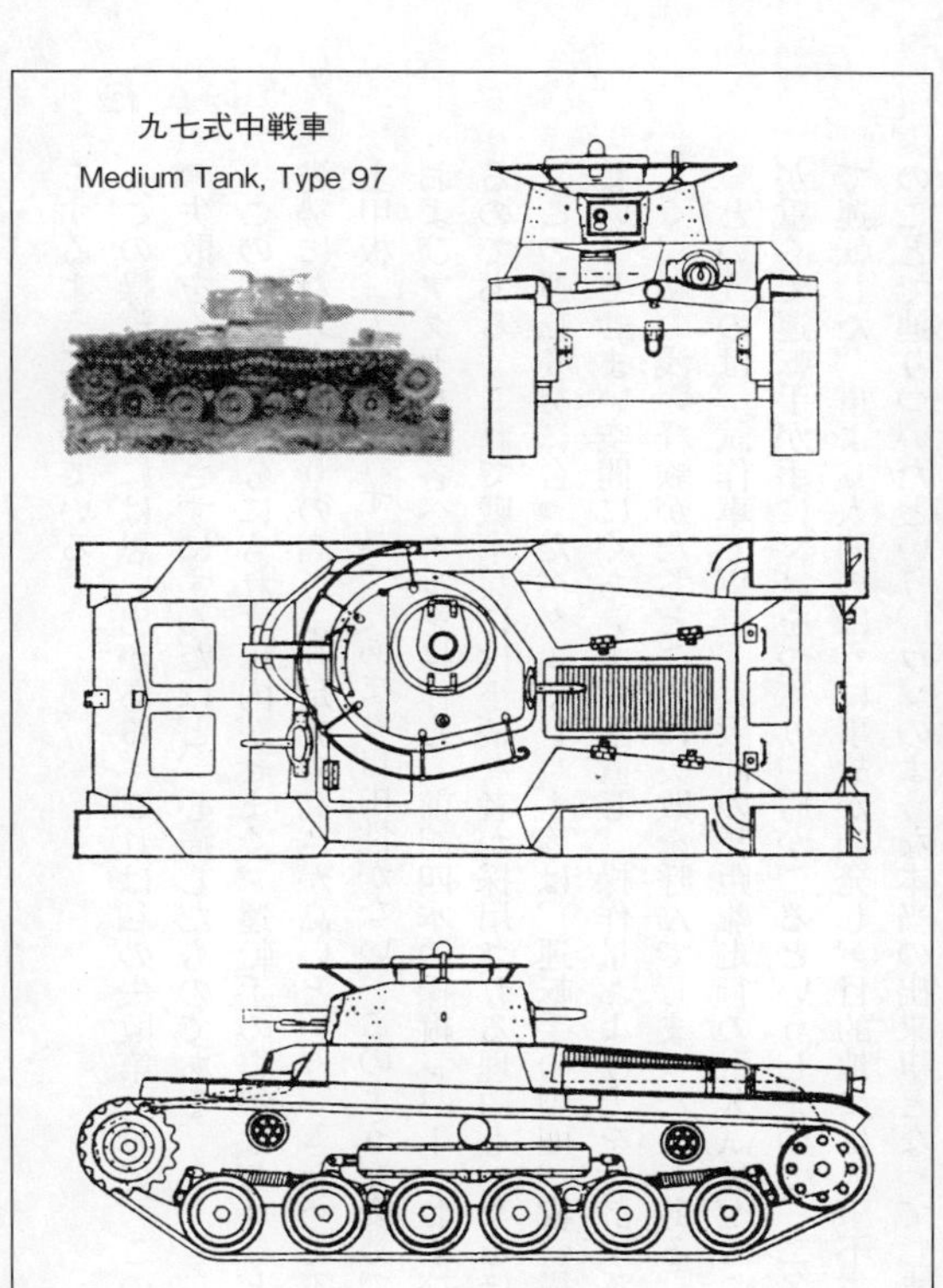

このステアリング機構に付随して操縦レバーがある。この型式ではレバーが左右二本ずつ四本で、内側の二本が信地旋回といって、レバーを引いた側のキャタピラを完全に停め、これを中心にして回り、外側の二本は緩旋回といってレバーを引いた側の、遊星歯車が作動して減速され、大回りの旋回

をするようになっている。

この操縦レバーには思い出がある。これは私の失敗第一号で、このときいらい二度と同種の失敗をくりかえさずにすんだほど、心痛したものである。

この戦車もご多分にもれず車内がせまく、運転手の姿勢はちょうど漕艇のエイトのような姿勢になり、おしりの高さより足先の高さが高いという、きわめて不自然な格好をし、頭は上甲板（天井）すれすれで、あまり自由性がない。このような姿勢でクラッチ、ブレーキ、およびアクセルの各ペダルを操作し、前記四本の操縦レバー、および変速レバー等を操作するのである。これで戦車兵には小柄な者が採用される理由も、なるほどとうなずける。

この運転姿勢に合ったペダルやレバー等は、運転手の周囲、縦、横、高さとも身動きできないほどせまい空間にぐあいよく配置し、操作量および力を設計することがきわめてむずかしく、私の浅い経験がたちどころに失敗を呼んでしまったのである。

というのは、試作車で東京～大阪間の長距離走行の耐久試験がおこなわれたさい、レバーが重くて運転手が手にマメをつくり、肩がこるというしまつで、二名の運転手が二時間交代で運転した。車より人間のほうに事故が頻発し、目的地には人事不省は大げさだが、やっとのことで辿りついたという、ウソのような本当の出来事となってしまったのである。

非の打ちどころのない完全戦車

つぎに見るべきものは懸架方式であるが、当時、陸軍のご自慢のもので、戦車のほとんど

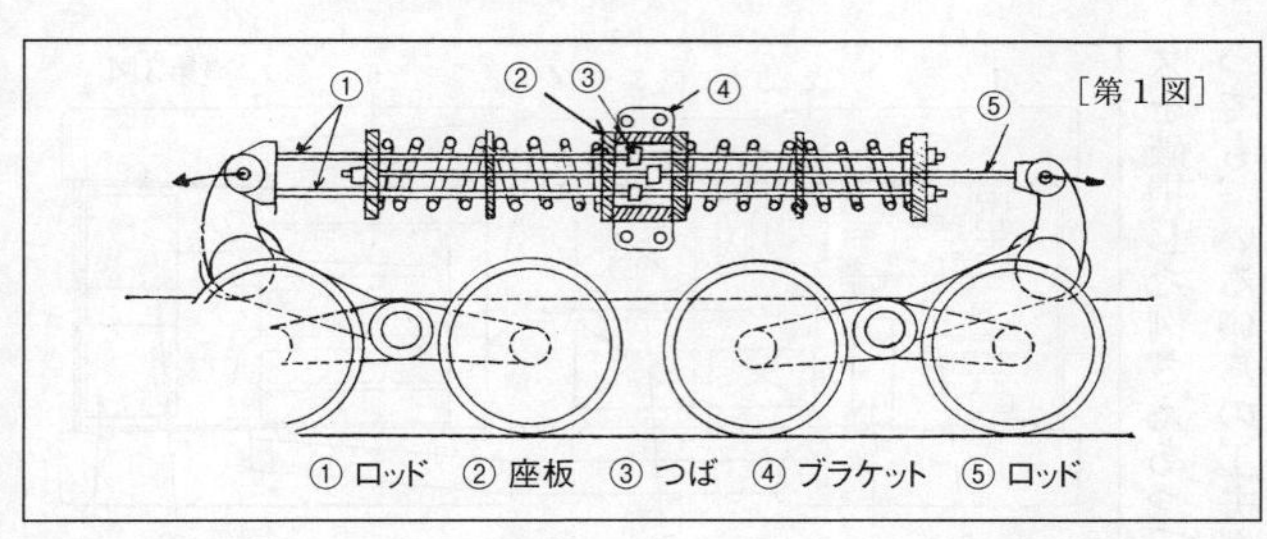

［第1図］

に採用されていた。

第1図に見られるように、四個のロードホィールをもって一組としている型式で、うち二個を一個の揺動するリンクに支持し、これに結合されるそれぞれの揺腕を介してコイルばねを圧縮し、車体を懸架するようになっている。四個のばねは二個が一組で、ふつうは各組のばねがはたらいて車の重量をささえている。

しかるに、地形の変化に応じてロードホィールが押し上げられ、ある限度を超えるときは、図中のつばが座板にあたって他の組のばねを圧縮し、力が倍加されるようになって懸架性をよくする。

戦車のなかで、もっとも困難視されていたのは、懸架ばねをふくむ足周りで、キャタピラをはじめスプロケットホィール、ロードホィール等が、何十トンもの車体をささえ、路上はもちろん、路外のどんなところでも自由自在に走り回るためには、想像以上の強度と耐久性が要求される。

その完成には、いくたの困難とその対策に窮することさえあった。

一例をあげれば、ロードホィールのゴ

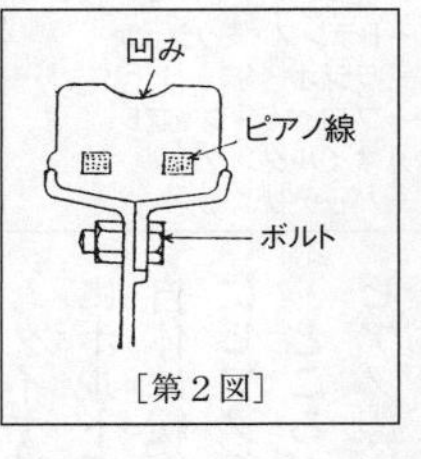

［第2図］

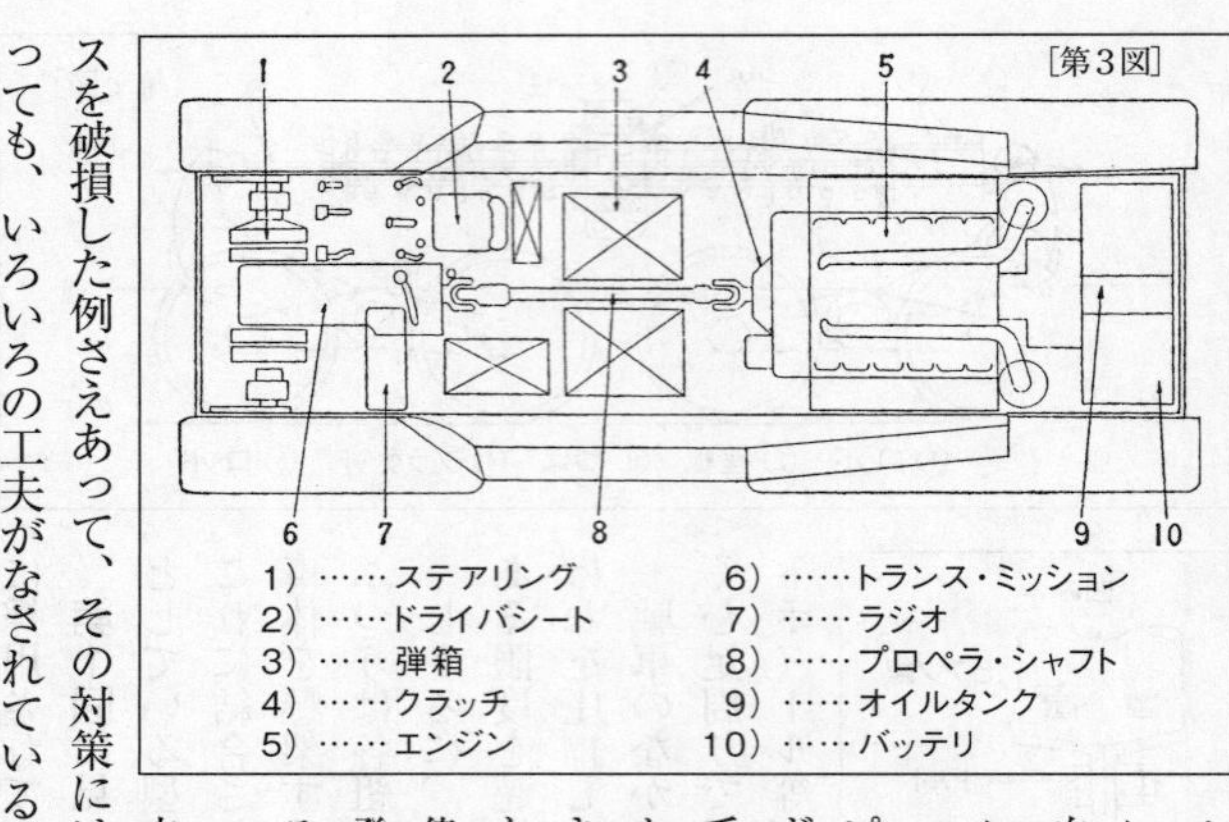

ムタイヤは、第2図にしめすように、鋼板製のリムにボルトでしめつけるようになったもので、タイヤ自体は緩衝性をよくするため、わりあい厚く、芯部（しんぶ）にピアノ線をまいた環状の補強がなされていた。

ところが走行中、芯部に熱がこもり、ゴムがとけ、ピアノ線が外部にほぐれ出て、ついにはタイヤがはずれてしまう事故が起こったものである。これには手をやき、タイヤの厚みやピアノ線の数やら、材質などを変え、あれこれと手を打ってみたが、解決できず困ったものだ。結局タイヤの転動面にヘコみをもうけることが問題解決の糸口となり、これがまた偉大な発見で、以後各種の戦車に採用され、戦車の発達に貢献した最大のものといっても過言ではなかろう。

また、このタイヤを締めつけているボルトの頭が、走行中、根本から切れ飛んで建物にあたり、窓ガラスを破損した例さえあって、その対策には苦労したものである。車体その他、付属装置にあっても、いろいろの工夫がなされているが（いちいち取り上げる余裕はないが）、外見的にも、八九式中戦車にくらべ容相が一変し、姿勢も低く正面の面積が小さくなって、防御性が向上し、前面強化（前面鈑の厚みを必要に応じて厚くする）など、実戦に即応した処置がとられていた。

この新鋭戦車のもっている各種の特長は枚挙にいとまないが、エンジンをはじめ、トランスミッション、ステアリング装置、その他各部に最高の技術と全勢力を投入して設計し、第3図にしめすように、これまた理想的前輪駆動方式に配列され、重心位置も理想的なきわめて安定した戦車にまとめられ、スタイルといい、まことに申し分のない車であったと思う。

しかしながら、読者の方々もご存じかと思うが、ノモンハンやバターン半島等において、この新鋭戦車であるべき九七式中戦車が、なぜ苦汁をなめなければならなかったのか。

これは私の範囲外で、ここでは説明をさけるが、中途で搭載砲が換装されたことや、バターン半島作戦に対しては、さらに強力なものに変える応急処置を徹夜徹夜の突貫作業で完成し、戦場に送ったことを記憶している。そしてまもなく難攻不落のバターン半島も、かんたんに落ちてしまったと聞いている。

要は敵にまさるという点にあると思う。それにはつねに相手を知るということである。

しかし、今日のものは、明日へのものではなく、過去のものである。したがって、つねに明日にそなえ、しかも即座に生み出せる体勢になければならない。これが勝利の鉄則であろう。ことに戦争の場合、敵も必死に、われに対抗しようとしているのだ。科学兵器にとって、驕慢こそ最大の強敵と化すことを銘記すべきだろう。

動く要塞 幻の一〇〇トン戦車開発秘話

巨体なるがゆえに昭和十九年には解体スクラップとなった驚異の戦車

当時 三菱重工戦車設計技師 大高繁雄

私がここでいまさらのように、陸軍の超重戦車について云々するまでもなく、すでにその試作過程については何人かの方々が発表されている。したがって私としては、この一〇〇トン戦車の設計に直接関係した者としての記憶をよびもどし、陸軍の超重戦車を私なりにまとめてみようと思う。

一〇〇トン戦車は当時、第四技術研究本部の車輌課長であった村田大佐のもとで極秘裡に計画されたもので、動力装置、足周り、車体外鈑などは加工図に近いものまでできていた。

そして、技術本部側の関係者としては、若手将校の桜井中尉および河野雇員のほか一名という、まことに少ない人数であった。これらが

動く要塞、未完の100トン重戦車（オイ車）

大久保のかつての木造バラック建ての第四技術本部に、名ばかりの秘密室にカンヅメになっていて、私も数回案内されたことがあった。

そこは当時の野口所長直轄で、私と数名の人たちが選抜され、所長室前の応接室に陣取り、いっさいの箝口令(かんこうれい)をしかれ、技本の図面にみがきをかけるための試作設計をスタートしたのである。

いよいよ図面が現場に出る段になって、一般の人たちに感づかれぬため、組立図は出さない工夫をした。部品図もバラバラにして取りあつかい、加工はできるだけ広い範囲に分散しておこなうなど、できるだけの努力がはらわれた。

組立図は、外部からは絶対に見えない二重戸の隔離室に監視をおき、その監視人さえ、室内では何をやっているのかわからぬように気を配るほどであった。結局、何がなんだかわからないが、何か大きなものを造っているという噂が立った程度のうちに、完成にこぎつけたのである。

また軍部においても、実際に関係した数名の者以外は、ぜんぜん気がつかなかったと言われるほどであるから、この機密保持がいかに徹底していたか想像できよう。

これほど機密保持に神経をつかったという理由については種々あるが、その最大の原因は、どうやら莫大な金額を費やしながらも、できあがるものに大きな不安があったためのようだ。つまり、うまく動くだろうか、実際に使いものになるだろうかという不安である。しかし反面、うまくいったら感状ものという具合で、立案者としては不安ながらもひそかな期待があ

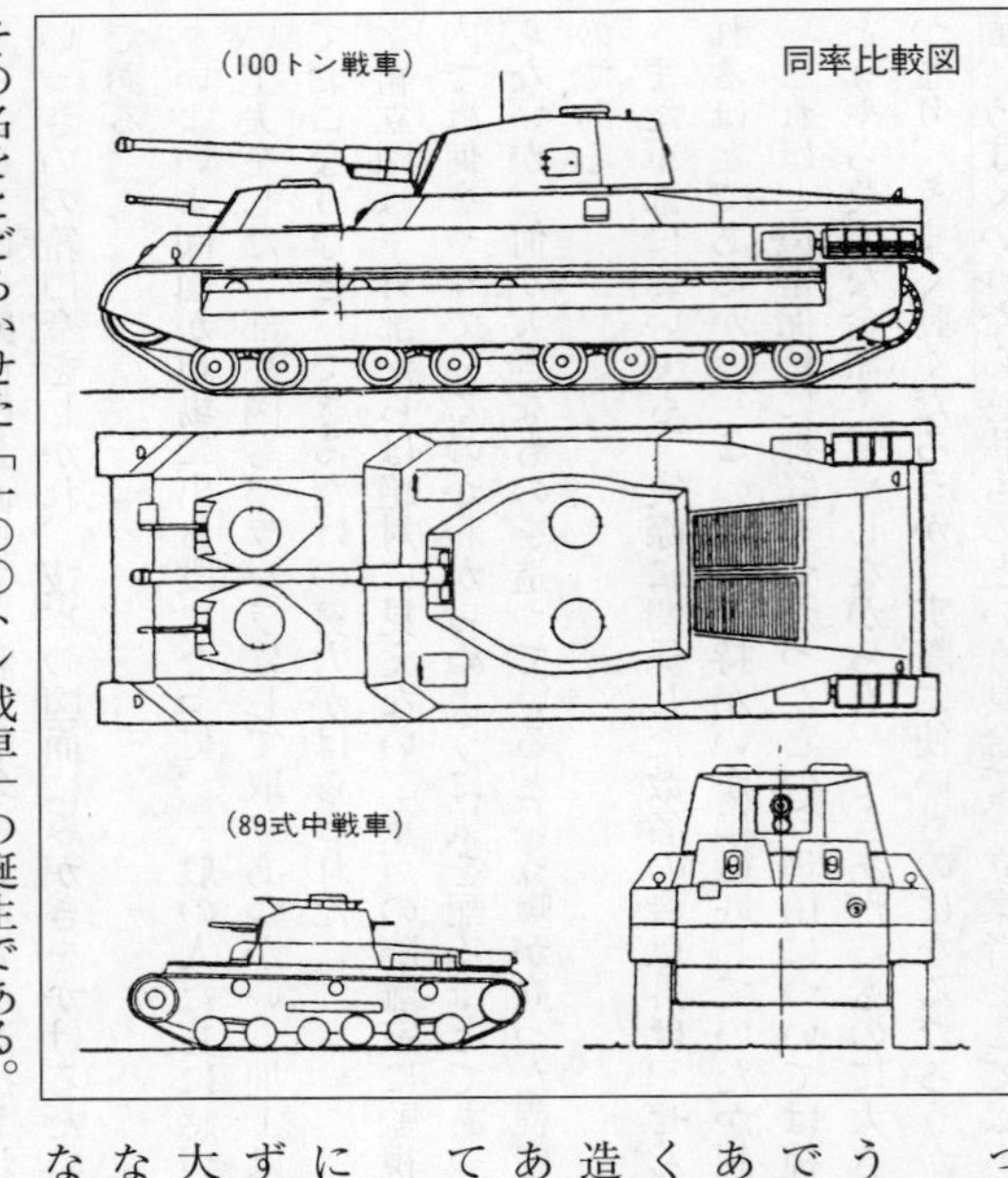

ったわけである。
われわれとしても、輸送をどうするのかと心配していたが、できあがったものを見て、そのあまりにも大きいのにまずびっくりした。実際、裏門や塀を改造しなければならなかったのであるから、その大きさを想像していただきたい。
動く要塞――この呼称がまさにぴったりで、見る者をしてまず瞠目させると同時に、そこに大きな安心感をあたえるに十分な雄姿ぶりであった。これがすなわち、後世に世界最大としてその名をとどろかせた「一〇〇トン戦車」の誕生である。

日本の頭脳を結集して

この「動く要塞」の構造をくわしく述べて、参考に供したいのであるが、いかんせん軍事機密と戦後十数年の時日のために、十分な資料が発見できない。

そのため記憶だけでたどる結果になるが、主な要目は、だいたい次のとおりである。

全長一〇メートル、全幅四・二メートル、全高四メートル、履帯幅九〇〇ミリ、前面板厚七五ミリ＋α、側面板厚三五ミリ×二、発動機＝水冷航空用ガソリン五五〇馬力、リングギア直径二メートル、最大速度二十五キロ／時。そして呼称は、軍側ではオイ車（大きいイ号車の意味）、三菱ではミト車（三菱・東京のイニシャル）。

ついで、この大型戦車の内部構造について紹介しておこう。

動力関係

エンジンには航空用ガソリン水冷式五五〇馬力を二基、車体の後部に縦むきに平行におき五個の電動ギアにより直結しているが、左右のエンジンが同期のため、用法としては不利である。

伝動機の中央ギアからカップリングにより、クラッチおよび変速機につらなり、さらに、歯車で操向変速機につながっている。クラッチは機械式の多板クラッチで、一般的な構造である。

変速機は九七式中戦車（チハ車）とおなじ形式で、高低速付五段変速機ギア選択摺動式のため、変速は重く、レバーは運転手の前中央で両手で操作するようになっている。

操向変速機は遊星歯車式で、緩旋回および信地旋回のできる九七式中戦車と同型のものである。

これらの動力装置が、エンジンとともに、第1図のごとく車体後部にもうけられ、後輪駆動方式が採用された。

懸架関係

キャタピラは一体鋳造型で、バネは第2図にしめすような仕組みのもので、これが三組十二個の下部輪でささえられ、誘導輪や上部転輪と同じく、鋳造の鉄輪でゴムなしのきわめて粗末なものであった。駆動スプロケットは、大人の身のたけほどもある一体鋳造、歯幅は約一〇〇ミリ、そのほかの肉厚は四〇〜五〇ミリはあったと思う。

車筐

外板は全部軟鋼板がつかわれ、前面は七五ミリの厚みで、さらに七五ミリの板を張れるようになっていた。側面は三五ミリであるが、最外側、つまり履帯の外側に、さらに三五ミリの垂れ下がり板をもうけ、実質的には七〇ミリの板厚効果をねらっていると同時に、足周りの防護もかねている。袖部は第3図のごとく、最外側の垂れ下がり板まで延び、燃料タンクの置き場になっていた。

車内はらくに立って歩け、左右に通路がもうけられていたし、また運転室、中央戦闘室、後部エンジン室の三つにわかれ、一六ミリの鉄板の隔壁でしきられていた。また車内から中央砲塔室にのぼるには、踏み台をおいて昇降し、上甲板上はちょっとした屋上といった感じがしたものである。

付属装置

付属装置としては、エンジン関係のマフラーやタンク、吸気および冷却装置のほかは、操縦用油圧サーボ装置ぐらいのものので、車が走るのに必要最小限にとどめられた。

ドライバー席は車体前方の中央にもうけ、前窓がなく、潜望鏡を設置し、操作部は変速レバーおよびアクセルペダル以外は油圧サーボによっているため、きわめて容易で

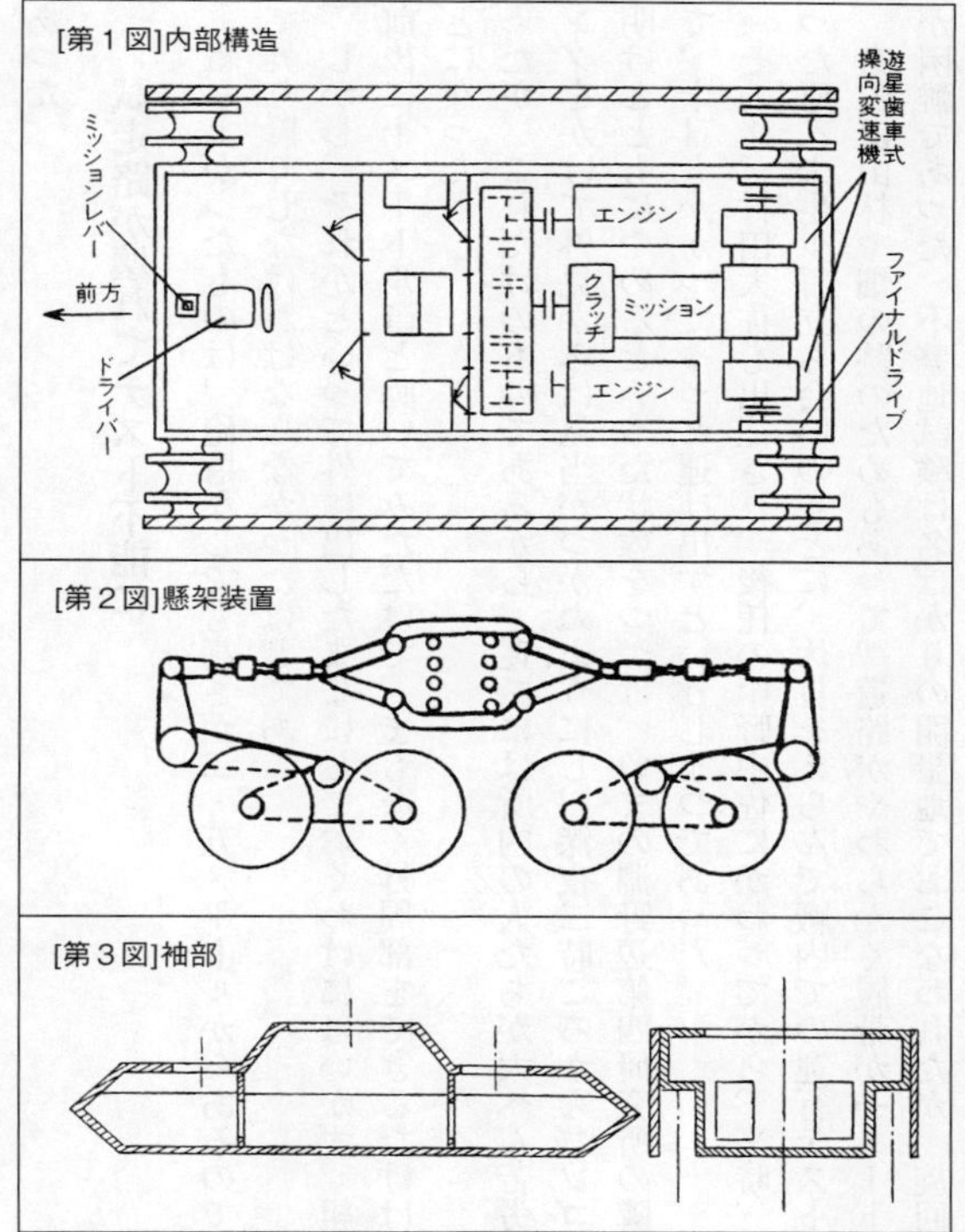

[第1図]内部構造

[第2図]懸架装置

[第3図]袖部

あった。

試走路が壊れてテスト不能に

組み上がったものは、砲塔なしでも高さが二・五メートルからあるので、ハシゴを利用して昇り降りしなければならなかったほどである。

しかし、それかといって外に出したままにしておくわけにはいかず、組み立てたその場で前後に十メートルほど動いてみただけで、まもなく外周部をできるだけはずして運び出すことになった。

だが、これだけのものであるから、運搬には所内の人たちが大へん苦労され、昼はオーニングをかけて外見からは見当がつかぬようにし、深夜二時ごろからゴソゴソと動かしては夜明けとともにやめるといった状態をつづけ、いまの淵野辺第四研究所の隣りの相模造兵廠まで、十日もかかってやっと運び出すというしまつであった。

その後、村田大佐も出征され、後任の中野中佐にかわってから、当時、相模造兵廠長であった原乙未生(はらとみお)少将立ち会いのもとに、休日をえらんで廠内での運行テストが実施された。

廠内は山林や畑の跡のためもあって、道路がやわらかく履帯が一メートルも沈下して走行が困難であった。不整地試験は名ばかりの開墾地でおこなわれたが、旋回するたびに車が沈み、おなかがつかえるようになるので、わずかな断続的旋回でないと行動がとれなかった。

懸架バネのクッションがかたいためか、走行中、下部転輪がつぎつぎに脱落し、ついに試験は中止することになったが、コンクリートの舗装路では履帯が路幅両端からハミ出たため、コンクリートが割れ沈下して、走ったあとはみるも無残に荒されてしまったほどである。

このため、翌日の廠内には噂が噂をよび、泰山鳴動するという大さわぎを起こした。そして、原廠長みずから営繕課長に平身低頭してケリがついたというエピソードまで伝えられている。

このように、テストは土質の関係上、悲惨な結末となってしまったが、その後、廠内倉庫にオーニングをかけたまま、しばらくは放置され、昭和十九年には寸断解体され、ついにスクラップとなってしまった。

しかし、このときすでに最新鋭の四式中戦車（チト車）が完成し、きわめて優秀な成績をしめし、さっそく量産体制に入りつつあったから、超重一〇〇トン戦車の末路は、あわれだったといっても、関係者をいつまでも悲しませてはいなかった。

設計者が語る日本戦車の秘密

一〇〇トン戦車&世界一のディーゼル戦車製造の舞台裏

三菱設計技術陣

大正七年の東京市街にはじめて戦車が走ったとき、物見だかいお江戸の市民は沿道に鈴なりで、押し合いへし合いの混雑ぶりを示し、タンクと呼ばれるこの鉄の怪物にドギモをぬかれ、しばし呆然。へえーと感心したっきり、ただわけもなく「すげえ」「すげえ」を連発したという。その日から日本技術陣のあくなき苦心と努力の年月が流れた。戦車のメッカ三菱設計陣の松岡秀夫、中尾充夫、栄森伝治、新庄正久、大川博氏に、当時を回想しつつ苦闘の道程を語っていただいた。

サンプル車上陸す

新潟丸から下ろされる英国ビッカースⅣ型

本誌（「丸」編集部）今日は日本の戦車を設計し製作されていたみなさんから、当時の思い出やら苦心談をお聞きしたいと思います。戦車といえば「走る小型要塞」として、非常に重圧感をもつ兵器なのですが、戦車が現在までにいたる移り変わりをお話しねがいたいと思います。

栄森　変遷といっても、戦車そのものは画期的なといわれるほどの変遷はないんです。いわば戦車そのものは完成された兵器とみていいんじゃないか。ただ種類が多いんですね。

本誌　すると当初からもう。

栄森　そうです。もっとも戦車の歴史としての日も浅かったこともありますが。

新庄　そう、大正七年ごろからでしょう。

中尾　どこかに汐留（しおどめ）から世田谷まで運ぶのに三日かかったという話があったね。

新庄　そうです。イギリスからサンプルを買って、新潟丸でしたか、クレーンで下ろしたそうですね。

本誌　さきほど種類が多かったというお話でしたが。

栄森　ええ、数十種になるでしょうね。大別しただけでも——それらを全部秘匿名称でよんで、イロハ、ニはなくてホでしたか。また、それを組み合わせてチイとかチハとか、またローマ字二字をとってSSとか、FBとか。

本誌　SSとかFBというのは何なのです？

栄森　SSは装甲作業車ですね。

栄森伝治技師

新庄正久技師

大川博技師

松岡秀夫技師

新庄　FBが速射砲、装甲機動車でしたな。海軍のものをカとつけたり。

本誌　海軍のもの(?)ですか。

新庄　ええ、海軍も使ったんですよ、陸戦隊とか、水陸両用車で。

中尾　ずいぶん色々あったものね。これが戦車かと思うようなものまで戦車のなかにあったし。(笑声)

本誌　水陸両用車というのは泳ぐんですか(笑声)、もぐるんですか。

栄森　両方あるんです。泳ぐのと(笑声)、海底なんかを走るやつと。

大川　モグラ戦車。(笑声)

本誌　それはどうなんです。うまくいったんですか。

栄森　あまり役に立たなかったらしいですね。実際にその必要がなかったんですよ。ただ浮かぶやつは活躍したようですよ。

新庄　そう、新聞なんかで、上陸地点に波を切って突っ走っているのがよく出てたものね。

中尾　ああ、あれは俺がつくったヤツだなんてね。(笑声)

本誌　アメリカあたりでもやはり使っていたんですかね。

栄森　彼らにはその必要がなかったんじゃないですか、大きい上陸用舟艇が発達していたし。

血統をほこる国産戦車

本誌　そのアメリカばかりでなく、当時、外国戦車との差などお感じになりましたか。
栄森　どうかね。
新庄　うん、別に感じなかったですね。
栄森　外国の資料は皆無でしたしね。原乙未生先生あたりになって、模倣からしだいに独自性が出てきたんですね。一つの信念というか、それが貫ぬかれて現代にも通ずるものが作られてきたんですね。だから外国とくらべて劣勢だなどとは思いませんでした。
新庄　だいたいアメリカの戦車そのものが、それほど優秀じゃなかったからね。
（松岡氏出席）
松岡　作戦目的がはっきりしていたんですよ。戦車を使用するのは大陸戦線だというようにね。たとえばディーゼルエンジンは日本が最初に採用したんですが、これも大陸戦線、ことに北方などの作戦の場合に、空冷の方がいいというような……これが現代の自動車工業をひじょうに進歩させていますね。やはり兵器は近代工業技術を開発するといっていいですね。

ドイツに惚れられたチハ車

栄森　チハ車ですが、いわゆる九七式戦車の二四〇空冷車をドイツが惚(ほ)れこんで、交換したいといってきましたね。あの交換条件は忘れましたが。

大川　ディーゼルエンジンの採用はたしかに大革命でしたね。

本誌　世界に冠たるニッポン戦車（笑声）というところですね。ところでエンジンの革命とともに他の部分はいかがでした。

栄森　装甲はどうだった？

新庄　ちょっとウスかったけどね（笑声）。いや、ウスくともいいんですよ。厚いだけといっても限度がありますからね。

中尾　甲鈑は熔接だったかな。

新庄　ええ、最初はリベットだったんですが、熔接になったんです。

本誌　その装甲がウスい、ウスくないの（笑声）話ですが、そこを説明してください。

新庄　防弾のために戦争中は表面を硬くした板を考えたわけですが、ただ硬いということには無理がありましてね。割れが多いんです。この割れをどうしてなくするかの問題が、当時の設計陣の頭をいためました。

本誌　割れるということは、硬さのためのモロさということですね。

新庄　そうです。そこで、そのモロさをなくそうと弾力性をもたせる工夫をやりました。つまり、粘（ねば）りですね。

本誌　そこにもまた画期的なものがあったんですね。

新庄　画期的といえるかどうか、とにかく甲鈑と甲鈑のあいだに軟鉄のような弾力板をはさむ方法をとったりしました。

本誌　それで完璧な戦車となった。（笑声）

栄森　いやあ、戦車というのは攻撃も防禦も、機動力でおぎなうものなんです。だから、いかに機動力があるか、ということが優秀戦車の第一資格なんですね。というのは、いかに装甲が進歩したといっても、弾丸の進歩の方が早いんですよ。だから、その弾丸を受けてもいかに防禦力によって、最少限度の被害ですませるかが問題なんですね。

だからどうしても砲塔を低くして、敵から狙われないようにするとか。あるいは装甲にしても、弾丸がカスるように流線型にするとか工夫するわけです。この弾丸にはこの装甲をというような完全防禦はないし、またできても弾丸はより進歩するし。

中尾　ホコとタテ、やはり矛盾ということだな。（笑声）

戦車にあった泣きどころ

本誌　いろいろお話をうかがったんですが、そうしますと戦車の弱点というのは、どこになりますか。技術者の見たモロさとなるところは。

栄森　そうですね。攻撃力をぬいた防禦力と機動力になるわけですから。

大川　けっきょくキャタピラが切れることでしょうね。

本誌　あれは簡単に切れるものですか。よく火焔ビンを投げつけたり、棒をもって戦車に飛びかかったりしますが。

大川　簡単ですよ。ある意味では戦車の泣きどころでしょうね。丸太一本をはさむだけで、もう動けませんからね。

本誌　なるほどそんなものですか。外に出ているところだから、強くなっているのかと思いました。

栄森　それに防禦では後部と下部ですね。ことに風の取入口や吐出口の窓、ここは弱いですね。

新庄　よく地雷が戦車の強敵となって登場しますが、けっきょく下部のうすい部分をやられるんです。

本誌　戦車も下部が急所。（笑声）

大川　後部が弱いということは射角の関係もありますね。

栄森　そう、ことに自走車などは射角がかぎられていますし、戦車そのものの攻撃を主目的にしていますから。

松岡　敵にウシロを見せるなってわけだな。

新庄　どうしてもそうなりますね。軍艦にしろ、戦車にしろ、日本の防禦甲鈑はだいたいがうすいようです。だから、ビルマあたりから現われたバズーカ砲などに狙われると、もう二進も三進もいかなかった――というより一発で終わりなんですね。

本誌　戦車の場合の射角はどうなんです。

栄森　戦車は三六〇度回転しますが、ただ上下の射角はちょっと問題がありましたね。

日本戦車の袖珍型

本誌　さきほど水陸両用車という話が出たんですが、そういう特殊車をお話しねがえませんか。
栄森　ええ、さっき付けくわえようと思ったんですが、水上を走るといっても限度がありましてね。そんなに長い距離を走るわけじゃないんです。たいていは潜水艦の艦首上にしばりつけて遠距離を運ぶわけです。で、目標に近づいたときに切って放すわけです。
本誌　そうするとスクリューかなんか。
栄森　そうです。水上で約十ノットは出ますね。
本誌　さっきモグラ戦車（笑声）の話が出ましたが、これはどうなんです。
栄森　水中ですか、陸地ですか。
本誌　というと陸地のモグラもあるんですか。
栄森　ええあります。
本誌　へえーこれは驚きですね。（笑声）
栄森　なにしろ考えられることは全部やっています。日本の戦車設計陣は（笑声）。水中はけっきょく気密室の問題もありますしね。あんまり成果はなかったはずです。
本誌　さきほどの潜水艦上にしばりつける水陸両用車の場合、乗員は中に乗っているままですか。

栄森　そうです。基地を出るときから、戦車のなかです。

本誌　モグラにこだわるようですが（笑声）陸地のモグラとはどんなのです。

新庄　モグラといっても、土中にそのまま突っ込むのでなく、たとえば攻撃をされる場合、どうしても腰が高いのは不利でしょう。だから崖（がけ）や窪地のかげに入って、自分であるていど穴を大きくするとか、土の遮蔽（しゃへい）をすることなんです。

中尾　土遁の術だな。（笑声）

大川　それから、ホラあれがありましたね、空を飛ぶヤツ。

栄森　ええ、空飛ぶタンクも作りました。

本誌　やはり翼をつけたんですか。

栄森　そうです。しかしこれは残念ながら設計だけでした。

本誌　無線操縦車が、ドイツの戦線でちょっと出てきましたが、日本はいかがですか。

中尾　小さなヤツでしょう、トランクぐらいの。爆薬を運んでいって、こちらでボタンを押す。

本誌　そうでしたか、とにかく小さなものです。

新庄　もちろん、考えていました。ただ製作命令がなければ、われわれは作れませんからね。

闇に消えたマンモス戦車

松岡　もう一つあるな、ほら一〇〇トン車さ。
栄森　ええ、一〇〇トン戦車は試作車もありました。
本誌　一〇〇トンですか。
栄森　そうです。すごくでっかいものですよ。まず世界第一の大きさでしょうね。
松岡　砲塔が二連になってましてね、速力がたしか毎時四十キロ、装甲は一〇〇ミリはあったな。
本誌　馬力はどうです。
松岡　五五〇馬力を二基、飛行機エンジンを使用しました。とにかくマンモスというか、モンスターというか、すごいものでした。
本誌　その写真はありませんか。
松岡　一枚も残っていません。当時は秘密、秘密で必要以上に軍部は神経質だったようですから。
本誌　体長はどのくらいでしたか？
松岡　そう、この室一ぱいぐらいだったでしょう。どうかね。
新庄　そうですね。こんなもの（約十メートル）でしょうね。
本誌　まったく今日はおどかされどうしなんですが、なぜそれほどに優秀だった戦車が、あまり戦果をあげなかったのか、みなさんの意見をひとつ。
新庄　いま申し上げたように、技術的にはわれわれは少しも遜色（そんしょく）はなかった、と考えています。

ではなぜということになると、けっきょくは数量的に生産がいかなかったということ、それに補給部隊との連繫がまずかったんじゃないか、と思いますね。

松岡　さきほど戦車の体長をきかれましたが、これは極秘でしてね。ぜったいに発表してはならないと軍命令がありました。

本誌　体長だけとくにですか。

松岡　ええ、というのは戦車壕の関係ですね。幅何メートルの戦車壕と掘るということは、対戦車作戦の要訣ですからね。

栄森　結論的に戦車は使う人に信頼されるものでなければならないと思うんです。故障とか、弱点のハッキリわかるものでは乗員を不安にするし、十分なはたらきはできないわけです。

その点で設計者としても、たとえば戦車は重いものという観念をくつがえして、だからより軽くすることが重要なんだとか、あるいは戦車内部は窮屈だという

三菱戦車工場で生産中の47ミリ砲塔付九七式中戦車改。昭和19年初頭公表の写真

常識にはむかって、なんとか居住性をらくにできるようとか、複雑性を単純化するような苦心がありましたね。

本誌　どうやら結論が出たようです。ではこのへんで。

戦車設計と日本の極秘技術

日本戦車の誕生と技術の全貌

元 陸軍第四研究所長・陸軍中将 原 乙未生

第一次大戦に戦車が初めてあらわれたとき、世界は奇襲兵器の登場におどろいた。だが、奇襲効果だけをねらう兵器であれば、対抗手段を考えだされると、その効用はどんどん失われることは当然である。

ところがその後も、戦車の価値はますます高まり、第二次大戦においては、主兵力として欠かせないものとなった。しかし二つの大戦を見ると、戦車の運用の方法はまったく違っていることに気がつく。

第一次大戦では、もっぱら陣地の攻防につかわれたのであるが、第二次大戦では、緒戦のポーランドやフランスに対するドイツの電撃作戦や、北アフリカにおける独伊軍対英軍の機甲戦、また終末期のノルマンジーとイタリアの上陸戦などに見るように、快速力を利用した

原乙未生中将

機動戦闘において、その威力が最高度に発揮されたのである。

これは初期の「牛」の歩みのごとき戦車が、装甲自動車と同じ運動能力を持つようになった技術の進歩のたまものであって、技術が戦略戦術の革命をもたらしたよい例である。

第二次大戦中にロケットがあらわれ、核兵器が登場し、戦後の研究によって誘導弾やジェット飛行機と、画期的に進歩した。そのため戦車は旧式兵器の部類となったが、それでも列強が競って戦車の改良進歩につとめているのは、将来もますますその必要をみとめているのにほかならない。

世界があげて戦争を放棄し、平和な共存共栄につとめることが、もっとも望ましいことだが、遺憾ながら世界は軍備の均衡によって、平和がたもたれているのが現状である。もし戦争がおこった場合、敵の戦力を叩きつぶし、戦意をくじくためにあらゆる手段をつくすのであるが、終局には国土の攻防となる。

遠距離爆撃で焦土と化しても、地上に実兵を進めないかぎり、敵を降伏させたことにならない。すなわち、防衛力には歩兵を欠くことはできないのだ。

ところで、核兵器が炸裂する戦場のありさまを考えると、歩兵が無防備で活動することは不可能である。

一方、その爆発の損害をさけて戦闘するには、広い地域に兵力をちらばしておき、チャンスをつかんで攻撃する、いわゆる集散離合が戦闘の原則であり、そのためには機動力が必要となってくる。

また進攻してくる敵を撃退するには、攻撃する火力を持たなければならぬ。したがって防護力と機動力と火力とを持つ戦車は、将来も、もっとも有効な兵器であって、歩兵があるかぎりこれを支援する戦車はなくならない。

イギリス陸軍の主力戦車は、センチュリオンという名称を持っているが、それは一台の戦車が一〇〇人の歩兵にあたるという意味であり、将来の戦場では、戦車はそれにもまさる威力を持つこととなるであろう。

わが国の戦車も、終戦時まで列強に肩をならべるにふさわしき技術の実績を持っていたのだから、今後の進歩のために、その沿革をふりかえって、研究の出発点を前進させる資料に供したいと思う。

背水の陣で出発した国産戦車生産の夢

第一次大戦につかわれた英仏の戦車は戦後、参考品としてわが国も買い入れ、研究にあたった。私は青山練兵場の一角で、その運転を見学したが、怪異な姿を呈し（装甲の強さは銃弾には絶対安全であった）路外を闊歩（かっぽ）して銃砲火をあびせながら攻撃するのに初めてぶつかった敵が、キモを冷やしたのは当然であると思った。

しかし、くわしく構造を研究してみると、当時の戦車は自動車としてはかなり無理な設計であって、これに生命をたくして敵陣に突進するには、攻めるものにしても、大きな勇気が必要であると思われた。

たとえば英国の主力であった三十トン菱形戦車は二台のエンジンを持ち、方向操縦のためには二人の機関手の助けによって、左右エンジンの回転数を調整する必要があり、その操作はなみたいていではなかった。また燃料消費量が多く、貯蔵量だけでは長時間の戦闘行動をすることはできず、速度も一時間六キロで、歩兵の歩度とあまりちがわなかった。

英国製の中型ホイッペット戦車は、重量が十四トンで時速十二キロ。当時もっとも速い戦車であったが、これも左右各一台のエンジンが、キャタピラを別々に起動する構造は菱形戦車とおなじであり、方向をかえるために一方のエンジンを絞るので馬力が低下する不利があった。また武装は四梃のMG（機銃）を持っているが、固定しているので射界がせまかった。

フランス製のルノー型戦車は、外形の小さいのが自慢であり、回転砲塔を持ち、乗員はわずかに二名で、当時としてはすぐれた設計であったが、時速は最大八キロにすぎなかった。

このような第一次大戦型戦車の性能では、将来の戦場に大きな期待をかけえないように思われた。

三トン牽引車から出発した国産戦車

大正十二年に、わが国初めての機械化砲兵連隊がおかれ、一〇センチ加農砲の牽引用として、米国製のキャタピラ五トン牽引車が輸入された。この牽引車はもともと農耕用のもので、軍用としては物足らぬ点が多かったので、国産の牽引車を試作することになった。

技術本部で設計し、大阪工廠において製造した三トン牽引車が、わが国で無限軌道式の自動車をつくった最初の経験であった。設計にはルノー戦車の構造が大いに参考となったので、戦車技術のスタートともいえる。

三トン牽引車の性能は、火砲をひいて時速十四キロを出したので、ルノー戦車の八キロよりもいちだんと進歩をとげた。ただ、初めての経験であったために、製造技術の上でいろいろ困難にあい、完璧のものといえなかったので、この制式は長つづきせず、つぎに開発された五十馬力牽引車に役目をゆずった。

たまたま大正十四年に、陸軍では四個師団の常備兵力を削減し、そのかわり新兵器を採用して質を向上する、いわゆる兵備改変計画が実行にうつされ、その一環として戦車隊が創設されるにいたった。だがそのころはまだ、戦車の開発研究をはじめていなかったので、これから着手するのでは時機を失するということになり、まず外国製戦車を輸入する方針がさだめられ、購買団が派遣された。

当時、諸外国では大戦にひきつづき戦車への関心が高く、新様式の研究がすすめられていて、アメリカのクリスチー、イギリスのビッカースなどの製品には、技術躍進のきざしが明らかにあらわれ、とくにビ社の高速度戦車は時速三十五キロ、装輪式自動車とおなじで世界の耳目(じもく)をそばだたせ、将来の戦車用法を示唆するものがあった。

ただいずれの製品もいまだ試作の域を出ず、商取引の対象とはならなかった。ただ一つ提供の申し出があったのは、フランスの大戦型ルノー戦車の在庫品だけであった。すでに述べてきたように、高速度戦車の曙光(しょこう)が見えて、兵術思想もかわろうとしているとき、時速八キロのルノー戦車をもって新誕生の戦車隊を装備することは、兵備の近代化にそむき、まことに遺憾であった。

ところがわが国は戦車には未着手だが、三トン牽引車によって無限軌道車の経験を持ち、そのすぐれた技術をすすめて、戦車を設計しうる自信をたかめていたので、技術本部は整備方針の再考をうながした。その結果、さいわいルノー戦車の輸入は訓練むきの最小限にとどめ、国産戦車の独自の開発をすすめることになったのである。

試作第一号にこめた技術陣の念願

試作のはじめにはさまざまの困難があったが、その第一は当時、自動車工業がまだ揺籃(ようらん)時代であり、とくに戦車むけの大型部分の製造に、民間の協力をもとめることが容易でなかったことである。そのため試作車の製造については、全面的に大阪工廠の計画にたよった。

第二の困難は、戦車隊はすでに設立され、戦車の支給を一日千秋の思いで待っているので、完成は大至急を要することであった。なおこの試作は、設計技術者にとっては試金石であり、失敗したからといってやり直しはゆるされず、国産不能の印象をあたえて外国依存に逆もどりすることは明らかである。まことに背水の陣の覚悟であった。

しかしながら技術本部にとっては、これこそふだん研鑽(けんさん)した能力を誇示する好機会であるから、真に近代戦にふさわしい優秀戦車を生む、積極的な抱負をもって設計計画を立案した。
(イ)主力戦車として陣地戦、機動戦ともに適すること。

18トンの巨体で時速20キロ、当時の英仏をしのぐ高性能をしめした試製一号戦車

(ロ)砲および銃の火力を、なるべく多く全周に集中しうるようにすること。そのため五七ミリ砲一門を主砲塔に、また前方と後方の旋回銃塔に各機銃一をつけ、側方には砲一と機銃二を集中射撃することができ、五七ミリ砲は爆裂威力が大で、歩兵を支援できること。

(ハ)装甲の厚さは当時各国で採用されていた対戦車砲(三七ミリ級)の射弾に耐えうるもの。

(ニ)路上の最高速度を二十五キロ/毎時とし、路外でも迅速に行動しうるようにする。当時の制式自動貨車の最高速度は二十四キロであったから、この戦車は装甲自動車と行動を共にすることができ、当時としては思いきった高速度であった。

(ホ)運転手一名で完全に操縦できるようにする。

(ヘ)以上の要件をみたすために、重量を約十六トンと予定する。

この計画をもって技術本部は大正十四年六月、設計に着手し、翌年五月に大阪工廠に試作注文を発したのであるから、大計画にもかかわらず、前例のない迅速な設計期間であった。

大阪工廠は神戸製鋼所、汽車会社など所在民間の工場の協力をえて部品をととのえ、翌昭和二年二月には早くも組立作業を完成した。設計着手から竣工まで一年九ヵ月、まことに画期的な成果というべきである。

旧型車より二倍の速度

完成した戦車を富士裾野（すその）の演習場にはこび、多くの関係者の前で各種の性能テストをおこなった。その成績はすこぶるよく、三分の二の急傾斜をやすやすと登り、堤防や塹壕（ざんごう）をのりこえ、不整地を闊歩するありさまは英仏戦車をもしのぎ、緩衝（かんしょう）機構の効果によって速度も速く、操縦は軽快であり安定感があった。

この戦車に初めて採用し、自慢にあたいする構造の一つは、操向の方式であって、左右の無限軌道の起動軸に、遊星歯車の変速装置とクラッチブレーキ装置とをあわせ挿入し、遊星歯車をつかってなめらかな定半径旋回をおこない、狭いところではクラッチブレーキによって、片方の軌道の中央点を軸に、その場旋回をおこない、左右の遊星歯車を同時にあやつって、非常減速をなしうる構造とした。

この方法は実用者からもほめられ、その後、終戦にいたるまで戦車、牽引車の標準操向方式として広くもちいられた。

だが、予定計画にはしかし、ただひとつ大きな誤算があった。それは設計の途上、いろいろの希望が追加されたために予定重量の十六トンがついに十八トンを超えたことである。したがって二十五キロの速度はむりで、二十キロていどにおちた。それでも旧式戦車の八〜十キロの鈍速にくらべ、十八トンの巨体が地ひびきをたてて驀進するありさまは壮観であった。

この試験の結果により、わが国の技術をもって優秀な戦車をつくりあげることが確認され、国産戦車の整備方針が定められたことは大きな成功であった。

そこで統帥部においては、あらためて要求性能を検討し、整備予定を一ヵ年のばして、第二次試験をおこなうこととなった。なおこの試作戦車は後日、さらに改修をほどこして完璧のものとし、備砲を七〇ミリ砲に改装し、火力支援戦車として制式兵器となり、九五式重戦車と名づけられた。

名門ルノーと八九戦車の技術レース

第二次試作のために要求された条件は、つぎの通りである。

▽重量約十トン。最高速度＝毎時二十五キロ、登坂能力⅔、超壕幅二メートル。武装三七ミリ砲一（旋回砲塔内）、機銃一以上。装甲＝主要部にて三七ミリ砲弾に抗堪。

なかでも重量の十トンは、作戦上から必須の条件とされたので、重量を軽くするため前後の銃塔を割愛し、車体の全長をちぢめざるをえなかった。しかし三七ミリ砲では威力がおちるので、武装の方法に考えをめぐらし旋回砲塔内に五七ミリ砲をそなえ、その後方にかんざし式に機銃一を、また戦闘室の前方に機銃一を固定装備するように設計した。

すでに第一次試作の経験があるので、設計は順調にすすみ、とくに重量はこまかに計算してあやまりなきを期した。試作はふたたび大阪工廠でおこない、昭和四年四月に竣工した。数回にわたる技術試験と長距離耐久運行をおこなった結果、予定どおりの性能を発揮し、耐久性においても十分信頼できるとみとめられたので、主力戦車として制定され、八九式軽戦車（のちに中戦車と改称）と名づけられ、量産にうつった。その量産を契機として、戦車の生産にはなるべく民間企業を利用する方針がとられ、三菱重工業会社に戦車専門工場の設立をみた。

八九式戦車の要目はつぎの通り。

▽重量九・八トン試作時（のちに実用部隊の要求をいれて数次の改修をおこなったので最後には十一・五トンとなった）。全長四・三メートル、幅二・一五メートル、高さ二・二メートル、地上高〇・三五メートル。エンジン＝ダイムラー六気筒水冷ガソリン航空エンジンを戦車に適するように改造して使用した。出力一〇〇馬力。装甲＝正面一七ミリ、そのほかはおおむね一五ミリ。最高速度＝毎時二十五キロ、超壕幅二・〇メートル（のちに尾体をつけて二・五メートルを超えるように改正した）、登坂能力⅔長坂路、旋回＝四・六メートルの定半径および信地（しんち）旋回（その場旋回）。乗員四名。

国産八九式戦車の戦例

昭和六年に満州事変がおこり、ひきつづき支那事変、大東亜戦争と、長い戦争状態がつづいたのであるが、その前に八九式戦車ができていたことはさいわいであった。この戦車は各方面、各時期において活躍し、国産戦車の威力を発揮したので、様相の異なった戦例のいくつかについて述べてみよう。

二次にわたる上海事変は典型的な陣地戦であって、クリーク地帯を利用して堅固に築いた陣地は、第一次大戦中にも前例のすくないほど困難な戦場であったが、八九式戦車はよく克服し、攻撃する歩兵と直接協同して勝利をみちびいた。

ちょうど第一次事変のときは、フランス製の新型ルノー戦車と八九式戦車との、実戦における比較試験をおこなう結果となった。

その成績は火砲威力、地形踏破性能などにおいて、だんぜん八九式戦車がすぐれているばかりでなく、輸入戦車はエンジンが過熱したり、懸架装置の具合が悪くなったり、機械的な故障が続出して、むしろ厄介視されるようになり、これに反して国産戦車の信頼性はますます高まった。

ルノー乙型戦車（新様式）の要目。

▽原名ルノーNC戦車。重量七・九トン（懸架装置を改修して八・六となった）。武装三七ミリ砲一または機銃一を旋回砲塔内に装備することは大戦型ルノーにおなじ、装甲二〇〜三〇ミリ。寸法＝長さ四・五五メートル、幅一・八メートル、高さ二・二メートル。超壕幅一・五メートル、最高速度＝毎時十八キロ。乗員二名。

この戦車は新様式といっても、大戦型ルノー戦車にくらべて速度をやや増加したほかは、大きな特長はなかったので、使用をとりやめた。

昭和八年、熱河作戦において、川原侃少将のひきいる戦車をふくむ機械化混成団の挺進作戦は、規模こそ小さかったが、ドイツ軍の電撃作戦にさきがけて機動戦の前例をしめしたものであった。熱河省は山岳が重なりあう嶮しい地形で、鉄道が利用できず、長距離にわたる機動戦であった。

八九式戦車は装輪式の自動車と行動をともにして、いつも先陣となり、戦車の速度は全般の作戦をすすめる速度となった。すなわち国産戦車の機動運用の価値が、立派に証明されたのである。

ついで、昭和十二年に支那事変がおこり、戦車は京漢線沿線の進撃につかわれた。わが車は破竹の進撃をつづけ、十日たらずで敵を黄河河畔に圧迫し、北支全域を鎮定したのであるが、その先頭にはつねに八九式戦車があった。

この作戦では、戦車はまず盧溝橋畔の永定河をわたって進撃したのであるが、その河底の底知れぬ泥土をよくのりこえ、その後は雨季の泥濘にぶつかって難渋をきわめ、走行装置の故障が多発した。

ついで戦場が中支にうつり、徐州平野の作戦期は風塵季で、もうもうたる砂塵の中を進撃して、エンジン内部の摩滅が多かった。しかし部隊はよくつくろい、よく進み、よく戦力をたもって任務を達成したのである。

機械化部隊の戦闘は、機械的な故障がおこるのは当然であって、また整備によってそれを回復することも容易である。そのため機械化部隊には、整備と部品および燃料の補給が、いちばん大切であるとの教訓をえた。

私は昭和十四年、北支において部隊長として戦車隊を指揮し、みずから研究開発した八九式戦車を親しく戦場で運用する無上の幸運を得、その威力をためすとともに技術上にかぎりない教訓を体験することができた。

世界に先がけてディーゼルエンジンを装備

戦車は戦場において、敵弾雨下の中に戦うのであるから、燃えやすい燃料を携行していることは非常に危険で、ことにガソリンは甚だしい。そのためガソリンよりも発火しにくい重油や軽油をつかうディーゼルエンジンをもちいることが望ましい。

なお、ディーゼル燃料は運搬貯蔵にも安全であり、ディーゼルエンジンは熱効率がよく消費量がすくないから、戦車の行動距離をまし、燃料を補給する後方車輌の数をへらすことができる。

これらの利点に目をつけ、昭和七年、ディーゼルエンジンの研究に着手した。また戦車用としては、不毛地や厳冬の作戦を考えると、冷却用に水をつかうことに大きな不安をともなうので、思いきって空冷方式を採用することにした。

このエンジンの設計製造には三菱重工業の研究に負うところ多く、昭和八年末に試作ができあがり、各種の試験をおこなった結果、優秀な成績をえたので、昭和十一年に八九式戦車の制式装備として採用された。その後、第一線部隊においてディーゼルエンジンの特長をみとめ、戦車のみならず戦闘車輌のすべてにつけることを望んだので、牽引車、付随自動貨車にいたるまで、前線でつかう軍用車にたいして全面的にとりつけることになった。

そのため、その後に開発された戦車は標準としてディーゼルエンジンを装備し、そのうえエンジンの種類の増加につれて体系化し、部品の製造および補給を容易にするため、標準規格を定めて統制エンジンを制定した。一〇〇式エンジンの系列がこれである。

今日、ディーゼル自動車は高い地位を占め、トラックやバスなどに広く使用されているばかりでなく、海外にむかって市場をひろげ好評を博しているのであるが、その技術は陸軍の戦闘車輌のディーゼル化の遺産が、民間産業に貢献している好適例のひとつである。

また、復員帰郷した兵員の多くに、この取扱い経験者がいて全国にゆきわたったことが、ディーゼル自動車普及のためにつくしたとみとめられるのである。

諸外国においてはソ連およびイタリアの戦車が、すでに戦時中からディーゼルエンジンを採用し、その行動距離の大きいことを誇っているが、いずれも水冷式であって、空冷にまで踏みきってはいない。

アメリカにおいても戦時中に戦車用ディーゼルをこころみたが、成功にいたらなかった。最近になって新式戦車に空冷ディーゼルエンジンを装備し、その優秀性を宣伝しているが、わが国はすでに米軍よりも二十五年以前に先鞭をつけていたかと思うと、今さらながら誇りを感ずるのである。
ヨーロッパの自由諸国においても、最近ではディーゼルの研究が大いにすすめられている。

高速を誇った九二式重装甲車

歩兵は軍の主兵として重きをなし、八九式戦車は歩兵を直接支援する任務をもって開発された。しかし歴史的に見ると、騎兵が乗馬襲撃によって戦闘の決をあたえた時代もあり、各国とも、乗馬の颯爽たる姿が軍人のあこがれのマトであった。

しかし時代がかわって、自動火器の発達した現代では、あの巨大な姿を敵前にさらしたのでは好目標となるばかりであるから、乗馬襲撃はすたれ、捜索、警戒、推進、迂廻というような機動戦闘が、騎兵の任務となった。

これらの任務を達成するために、支援火力の不足が訴えられ、そのため各国は、車輪式の装甲自動車を騎兵に配属するようになり、わが国でもその方針をとることになった。だが車輪式自動車は路上にかぎられ、乗馬騎兵と行動を共にしがたいことが多く、装軌式車輌の速度がました現代では、装甲車もまた装軌式とするのが賢明であるとみとめ、この開発にあった。

このような成りゆきから、名称は装甲車であっても、実質は戦車と異なることのないものが石川島自動車製作所に発注され、昭和七年に竣工して九二式重装甲車と名づけられた。その諸元はつぎの通りである。

▽型式＝全装軌式。重量三・五トン。乗員三名。武装は一三ミリ機関砲一を前方に固定し対空射撃もできるように特定の照準眼鏡を装置した。機銃一を旋回銃塔に装す。長さ四・五メートル。装甲六ミリ、機銃普通弾に安全に抗堪。超壕幅一・七メートル、速度＝毎時四十キロ、当時としては格段の高速度。エンジン＝空冷ガソリン四五馬力。

本車において初めて空冷式が採用された。また初めて装甲の位置に溶接をもちいたが、めずらしい試みであった。その後の各戦車にはみな、これを採用した。

本車は、まず在満の騎兵旅団にあてられ、ついで在満戦車隊にもそなえられた。両部隊ともに熱河作戦に参加して、めざましい活躍をみせた。

九五式という鉄馬に代わった騎兵

すでに述べたように、騎兵に装甲車を装備して戦力をましたことは結構であったが、九二式重装甲車

機銃２梃、時速40キロ、キャタピラを得て実質的には戦車だった九二式重装甲車

の一三ミリ機関砲の火力には満足しえず、また装甲は当時常用されるようになった機銃の徹甲弾にたえられないので、昭和八年、新たに騎兵用として軽戦車を開発することになった。また昭和九年、満州に諸兵連合の機械化旅団が常設され、その戦車は八九式をもって装備されたのであるが、これと協力する諸兵種のつかう自動車の速度がそのころ非常に速くなっていたので、時速二十五キロでは運用がむずかしくなり、兵団の真価をあらわしえなかった。ここでも軽戦車がのぞまれるにいたった。

昭和九年六月、試作戦車が竣工し、技術試験をおこなった結果、この戦車は軽快で四十五キロの速度を出し、騎兵用としても機械化兵団用としても、きわめてすぐれた性能をもつとみとめられた。九五式軽戦車として制定されたその諸元は、つぎの通り。

▽重量七・四トン。長さ四・三メートル。武装三七ミリ砲一、機銃一（旋回砲塔内）、機銃一固定、装甲一二ミリ（小銃徹甲弾に抗堪する）。速度＝毎時四十五キロ、超壕幅二・一メートル、登坂能力⅔。エンジン＝空冷ディーゼル一一〇馬力（八九式戦車用に同じ）。乗員三名。

この戦車を待望していた騎兵および機械化兵団は、すぐれた機動性に満足し、信頼にこたえた。なお太平洋戦争中、南方各地の作戦において、独立の軽戦車隊が活躍したことは周知のとおりである。

ヨーロッパ諸国は、騎兵の任務を達成するに、乗馬の速度と行動距離をもっては満足できず、全面的に機械化する傾向となったが、その結果、伝統を重んじて騎兵の名称を持つが、一頭の馬も持たない部隊が多い。また騎兵の誇りとした乗馬襲撃は、戦車の集団した打撃力によって代えられ、機動戦車隊は各国とも騎兵の伝統をうけついでいる。

機械化兵団は独立して作戦しうる戦略単位に発展し、戦車を中心に歩兵、騎兵、砲兵、工兵をすべて自動車にのせ、また牽引して編成するようになった。ドイツ軍の電撃作戦や北アフリカ作戦は、このような兵団によって戦われたのである。

わが国でも戦争中に、しだいに騎兵の乗馬編成をやめ、機甲兵にうつして独立の軽戦車隊となり、また新たに戦車師団が編成された。この師団に使用する戦車は軽戦車だけではなく、あとで述べる威力の大きい主力戦車があてられるようになった。

小型で軽快で威力をもつ軽装甲車

軽装甲車は日本独特の豆戦車で、わが国民性と東洋の地形にもっとも適し、各方面で大きな功績をたてた。その開発のいきさつは面白い。

敵前に展開して戦う歩兵の大きな悩みは、弾薬や糧食の補給であったので、安全にまた迅速に、その役目を果たすような自動車があればよいと思われていた。この車は地形や地物を利用し、敵の目からかくれて潜行するため、なるべく小型で軽快であり、路外を自由に行動するため装軌式の必要があり、敵火の下の危険な役目であるから、装甲によってまもられ、できることなら自衛力を持つことがのぞましい。

このような要求にそうものは、つまり戦車である。すなわち、できるかぎり形の小さい戦車のつもりで設計ができあがったのが九四式軽装甲車である。その諸元はつぎの通り。
▽重量二・六五トン。長さ三・一メートル、幅一・六二メートル、高さ一・五四メートル。武装＝軽機銃一を旋回銃塔内に収める、装甲一二ミリ。乗員二名。速度＝毎時四十五キロ、超壕幅一・五メートル、登坂力½。エンジン＝空冷ガソリン三二馬力。車体は全溶接構造となっている。

東京瓦斯電気工業株式会社において試作し、昭和八年に竣工した。軽快で走行抵抗が小さいので、予想以上の高速度がえられた。また小型であるから、地形を利用するのに便利で軽いため、クリークなどをわたるのにも簡単な架橋でまにあう。補給用につかう場合には小型の被牽引車(ひけんいんしゃ)をこの戦車で牽引する。

大戦型のルノー戦車も、二人乗りの小型という思想は似ているが、本車は重量はその半分以下で、速度は五・五倍である。そのすぐれた性能は、技術の進歩をあきらかにしめしている。したがって使用者側の好評を博し、ただちに量産にうつされた。

各師団にあらたに独立軽装甲車中隊が編成され、被牽引車とともに本車を配当して、補給任務にあたらせることにした。しかし普通の師団には編成内に戦車隊がなく、軽装甲車が自由につかえるただひとつの戦車なので、非常に重要視され、補給任務よりも、むしろ単車にて豆戦車としての用途が多く、歩兵の戦闘に直接協力したり偵察、連絡などの任務に服して大きな効果をあげ、いくたの赫々たる武勲をたてた。

また戦車隊の編制のなかにも、軽装甲車を配当されて補助戦車として指揮、連絡、偵察などの目的につかわれた。そして事変の後半には軽装甲車中隊を編成統合して、戦車連隊に昇格されるまでに発展した。

八九式戦車にディーゼルエンジンを採用したのにはじまり、戦闘車輌が全面的にディーゼル化され、軽装甲車もこれにならった。あわせてこの機会に馬力を高め、砲を装備しうるようにするなど威力の増強をはかった。

これが九七式軽装甲車であって、要目はつぎの通りである。

▽重量四・二五トン（砲を装備したもの）。長さ三・六六メートル、幅一・九メートル、高さ一・七七メートル。エンジン＝空冷ディーゼル六五馬力。最大速度＝毎時四十二キロ、超壕幅一・六メートル。武装三七ミリ砲一または機銃一を旋回砲塔内に装す、装甲一二ミリ。

一方、軽装甲車の本来の目的であった補給車輌としては、別に軽装甲車の車体を応用し、後方に装甲荷台をつけた装甲運搬車をつくった。

また軽装甲車および装甲運搬車の応用はひろく、砲兵の観測挺進車、化学兵器の撒車、滑車の牽引車、気球繋留車、有線通信の建築車など、その用途はきわめて多かった。

洗練されたシルエットの九七中戦車

第一次大戦後、年月とともに各国の戦車研究熱はさかんとなり、その進歩のありさまがわが国にもつたえられた。日本でも八九式戦車ののち各種の研究開発をかさね、技術に自信を持つにいたり、主力戦車の飛躍的な新構想が熟してきた。

戦車の高速度化にともなって、将来の戦車のおもなる運用法は、陣地戦より機動戦にうつることは必至であり、そのためには八九式戦車の時速二十五キロは遅きにすぎる。しかし東洋の悪い地形の条件にあうため、八九式戦車開発のさいに、統帥部よりしめされた重量制限の希望はかわらなかった。

したがって新しい構想は、重量を増さずに速度を高め、なお装甲を厚くし武装を強化して、戦闘能力を向上させようとするもので、技術的には非常な飛躍である。この方針にそって車体構造、懸架（けんか）方式などに新考案をめぐらして軽量化をはかり、成案をえたので二案をたてて設計をすすめ、試作することになった。その予定諸元は、

（第一案）速度＝毎時三十五キロ、超壕幅二・五メートル。重量十三・五トン。乗員四名。

　武装＝五七ミリ砲一、機銃二、装甲二五ミリ。

（第二案）速度＝毎時二十七キロ、超壕幅二・四メートル。重量十・〇トン。乗員三名。武
　装＝五七ミリ砲一、機銃一、装甲二〇ミリ。

このさい、武装を強化したいと思ったが、統帥部の戦車用法は歩兵直協の方針にかわりなく、五七ミリ砲をもって満足していたので、八九式のものと変更がなかった。

技術本部は昭和十一年、両案の設計に着手し、第一案は三菱重工業に、第二案は大阪工廠に試作を注文して、ともに翌年竣工した。竣工時の両案の諸元は、

（第一案）速度＝毎時三十八キロ、超壕幅二・五メートル。重量十三・五トン。乗員四名。

武装＝五七ミリ砲一、機銃二、装甲二五ミリ。長さ五・五五メートル。エンジン一七〇馬力。

（第二案）速度＝毎時三十キロ、超壕幅二・五メートル。重量九・八トン。乗員三名。武装＝五七ミリ砲一、機銃一、装甲二五ミリ。長さ五・二六メートル。エンジン一三五馬力。

両案ともに重量は正確に予定以内で完成し、速度は予定をうわまわっている。第二案の装甲は重量のゆるす範囲内において、二五ミリに増強することができた。また懸架装置の新考案によって、重量をいちじるしく軽減しえただけでなく、クッション作用は非常によく、高速度の不整地行動においても乗り心地は快適である。

外観の形態は八九式にくらべて、まったく面目一新し、洗練されたシルエットを持っている。戦後、各国でつくられた戦車の形態が、期せずしてこのときに実現したわが戦車のシルエットに類似するようになったのも、きわめて興味ぶかいことである。

各種の技術試験をおこなった結果、諸性能はすぐれており、また長距離運行による耐久試験も好成績をおさめ、信頼性が高く、ここにわが国は新式戦車として会心の作をえたのである。

両案をくらべると、ともに予定以上の成績であるが、第二案は速度がややおそく、砲塔内がせまいので戦闘動作にやや不便である。そのかわり重量が軽いことは大きな利点である。もともと第二案をたてた理由は、重量を軽くすれば生産費が低く、数量をますことができるという、平時予算による整備上の希望にもとづくのであって、戦闘行動の多少の不便は忍ぶべしということであった。そのため制式決定には、大いに議論の余地が残されていたのである。

ちょうど東京・大阪間の耐久運行試験の途上、日々の好調を喜びあっているとき、盧溝橋の銃声に平和の夢破れて、支那事変勃発の報をきいたのである。この有事に会心の戦車が完成したことは、まことに時機をえたものと、いちだんの喜びをくわえたのであった。

したがって両案の是非については、平時予算の考慮はなくなり、理想に近い第一案を採用することにきまり、九七式中戦車として制式決定をみたのである。その後、実用部隊の要望により、一部の装甲を五〇ミリに増強するなど、いろいろ改修をくわえて完璧のものとなり、最終的には重量十五・三トンとなった。

支那事変の中頃より、大東亜戦争の期間にわたって、戦車隊の装備はだんだん九七式中戦車に交換され、全戦域において大いに活躍した。

目白おしに並んだ精強戦車群

昭和十四年、第二次大戦が勃発し、ドイツ軍が機甲による電撃作戦に成功してから、戦車の用法は陣地戦における歩兵直協主義より脱却し、機動戦が主となった。その結果、戦車に対抗するには戦車をもちいるのが最良の手段となり、戦車対戦車の戦いがはなばなしく登場した。

ことに北アフリカの地中海沿岸二千キロの戦場に展開された、ロンメル元帥ひきいる独伊機甲軍と、英国モントゴメリー元帥の指揮する機甲軍との角逐は典型的な機甲戦となり、対戦車火器の威力が勝敗のカギとなって、作戦遂行の途上においても、しばしば戦車砲の装備替えがおこなわれた。

わが国もこの大勢に刺激され、またノモンハンや南方戦場において、新式装備の敵と対戦するにおよんで、身をもって体験し、戦車砲の対戦車能力の向上を講ずる必要を痛感した。

このため、まず戦車砲の初速を増すように改修し、つぎの段階には口径を大きくした。それには火砲に応ずるように車体を設計替えする必要もおこり、つぎつぎと新戦車が登場した。

八九式戦車の九〇式五七ミリ砲は初速は毎秒三五〇メートルであったが、その薬室を拡大し初速を四二〇メートルにまして、九七式とした。しかしこれでは満足できず、新火砲として四九口径・初速八三〇メートルの五七ミリ砲と、四八口径・初速八〇〇メートルの四七ミリ砲とを試作した。

さらに、口径の大きい七五ミリ砲も数種類、戦車砲として登場した。これらの火砲に応ずる戦車はつぎの通りである。

一式中戦車　四七ミリ砲を装備するために、九七式中戦車に多少の改修を必要としたが、九七式制定にあたり第一案を採用したのは幸いであって、砲塔が広かったので改修は容易であった。

重量十七・二トン。武装＝一式四七ミリ砲一、機銃二、装甲＝主要部五〇ミリ。長さ五・

七三メートル。エンジン＝一〇〇式空冷ディーゼル（統制型）二三〇馬力。速度＝毎時四十キロ。本体は九七式中戦車を基礎としたものである。

三式中戦車　一式中戦車の本体に、七五ミリ砲（九〇式野砲）級を載せかえたものである。重量十九・〇トン。

四式中戦車　昭和十八年、高射砲級の長砲身の七五ミリ砲を搭載して四式中戦車をつくった。

上より三式中戦車、四式中戦車（中）、五式中戦車

決定版といえる戦車であって、大いに威力を増したのであるが、時機すでに遅く、大量の装備ができなかった。

重量三十トン。武装＝四式七五ミリ砲（高射砲級）、機銃二、装甲＝主要部七五ミリ。速度＝毎時四十五キロ。エンジン＝空冷ディーゼル（統制型）四〇〇馬力。

五式中戦車　昭和十九年に五式中戦車を試作した。

重量三十七トン。武装＝四一式七五ミリ砲一、一式三七ミリ砲一、機銃二、装甲＝主要部七五ミリ。速度＝毎時四十五キロ。エンジン＝ＢＭＷ水冷ガソリン航空エンジン五五〇馬力。

大口径砲にたくす対戦車戦闘

戦車の用法が歩兵協力であっても、対戦車戦闘であっても、装備火砲の口径を大きくして威力をますことは、つねに望まれたことであるが、そのため必然的に重量をますことは前項の実例でもわかるのである。

そこで解決策として旋回砲塔を廃し、火砲を固定式とするとか、装甲を簡単にするとかの方法がとられた。それによって全周の射撃ができず、防護も正面や側面だけにとどまるなど不十分な点があって、完全な戦車とはいえないが、重量を大いに節約し、移動する火砲として、戦車や歩兵の戦闘を支援する砲兵の役割を果たすことができるのである。

一般に自走砲とよばれるが、用法によって砲戦車、あるいは突撃砲ともいわれる。わが国でつくられたこの種の車輌を例示すると、次のようなものがある。

三式砲戦車　武装＝七五ミリ野砲（九〇式、野砲身）。装甲＝砲身の前面および上面を装甲。車台＝九七式中戦車に同じ。重量十五・九トン。速度＝毎時三十八キロ。

一〇センチ加農砲戦車　武装＝一〇センチ加農砲（長砲身）固定。重量四十三トン。車体＝五式中戦車に同じ。

一〇センチ自走砲　武装＝一〇センチ榴弾砲（短砲身）固定。重量十六・三トン。車体＝九七式中戦車に同じ。

七五ミリ自走砲　武装＝七五ミリ野砲（九〇式長砲身）固定、無装甲。重量十五・九トン。車体＝九七式中戦車に同じ。

一五センチ自走砲　武装＝一五センチ榴弾砲（三八式）。重量十七・五トン。車体＝九七式中戦車に同じ。

10センチ榴弾自走砲（上）と三八式15センチ榴弾自走砲（下）

つぎつぎ生まれる新案車

軽戦車は騎兵の支援任務より出発し、ついに乗馬を全廃した全機械化騎兵に発展したことはすでに述べたが、このような部隊は、軽戦車を主体とした戦車隊と名称もかわり、軽戦車は補助車輌ではなく主戦力となったのである。

九七式戦車によって、技術の進歩をしめした結果、主戦力としての軽戦車もいっそう武装を強化し、速度をはやくすることがのぞましいので、新案をたてて一連の試作をくりかえした。

その結果、きわめて優秀な成果をえたのであるが、九五式軽戦車にたいする信頼が強く満足していたので、軽戦車隊の新軽戦車による装備改編は一部の新編部隊にとどまった。新様式軽戦車の例をあげると、次のようなものがある。

九八式軽戦車　重量七・二トン。武装＝一〇〇式三七ミリ砲（初速を増加したもの）、七・七ミリ機銃一、これを双連として旋回塔内に装備、装甲一六ミリ。エンジン＝一〇〇式空冷ディーゼル（統制型）一三〇馬力。速度＝毎時五十キロ。

二式軽戦車　九八式軽戦車の三七ミリ砲をさらに初速を増加した一式とおきかえた。

試製軽戦車（ケホ）　重量九トン。武装＝一式四七ミリ砲一（砲塔内）、機銃一（前面に固定）、装甲二〇ミリ。エンジン＝一〇〇式ディーゼルを過給して一五〇馬力に増力。速度＝毎時五十キロ。

単純化された新設計

以上、戦闘の主体をなす主力戦車、軽戦車、軽装甲車および自走砲の系列について、沿革のあらましを述べたのであるが、このほかに補助任務または特殊目的に応ずる戦車が、いろいろ研究開発された。

これらの特殊戦車は、車体構造よりも応用的性能あるいは搭載する付帯設備に特長があり、その多くはわが国独自の考案になるものであって、まさしく技術者の苦心の結晶である。しかし、その細部にわたって述べる紙数がないので、いくつかの例を簡単に説明する。

指揮戦車　上級指揮官の陣頭指揮のために座乗できる戦車であって、九七式戦車をつかって外観を同じくし、内部に展望、指揮、通信、連絡などの設備を完備したもの。

力作戦車　故障戦車の救援にあたる戦車であって、九七戦車の車体をつかい牽引装置、纒絡(てんらく)機(ウィンチ)、起重機などの力作器具を完備した。

装甲兵車　戦車師団の歩工兵をのせ、戦闘にあたる車輛であって、戦車とおなじ運動性を持ち、装甲により防護された。六輪自動車、全装軌車、半装軌車など、数種の様式をつぎつぎ開発してつかった。

鉄道牽引車　鉄道作戦に使用する小装甲列車の牽引車として開発され、レール用の車輪と無限軌道との相互転換ができ、レール上から地上にうつり、戦車と化して敵をおどろかした。

水陸戦車　湖沼、水流などの小規模な水の障害をのりこえて、偵察任務にあたる水陸両用の性能を持つもの。イギリス、ソ連、アメリカなどで研究され、ノルマンジー上陸作戦では大いにつかわれたが、わが国でも早くから数種類の水陸戦車を試作した。

陸軍では多く整備するにいたらなかった。しかし、のちに海軍の要望をうけて艦上より発進して、強行上陸する大型のものをいくつか開発した。海軍はこれを陸戦隊用としてそなえ、上陸作戦につかってしばしば奇効を奏した。

装甲作業車　敵陣にちかづき工兵のような攻撃作業を強行する特殊戦車であって、わが国独特の考案として誇りうるものである。

各種の型式を試作し、はじめは多種類の作業をおこなったのであるが、しだいに単能化された。その作業の種類をあげると火焰放射、戦車用超壕装置、爆薬投下、地雷掃除、撒・消毒、作壕、鉄条網掃除、地雷撒布、衝角などいろいろである。

そのほかの単能作業車　潜行掘鑿車、装薬運搬車、超壕車、伐開車、地雷処理車などがあった。いずれも堅固なる陣地の攻撃にそなえたもので、すぐれた性能をもっていたが、幸か不幸か実用する戦況はおこらなかった。

湿地車　底のやわらかな湿地を通過するため浮嚢式の無限軌道をもちいたもので、水深のあるところでは浮いて航行ができる。

雪上車　無限軌道の接地圧をへらして、やわらかい積雪上の行動に適するようにしたものである。

日本の戦車ものしり小百科

「丸」編集部

日本では戦車をどう区分したか

日本では最初、十トン以下を軽戦車、二十トン以上を重戦車、その中間を中戦車と呼んだ。外国の例をみると、その区分重量の規準はまちまちで、一定したものはない。たとえば二十トン以下を軽、三十トン以上を重とする国もあり、三十五トン以上を重とする例もある。現在では、このようなわずらわしさを避けるため、主力戦車、偵察戦車などとその用途別に呼んでいる場合が多い。

戦車の名称のつけ方

日本の兵器の型式名は紀元年数の末尾の二数字をとる場合と、年号をそのままとる場合がある。戦車は前者の方法で、たとえば二五九七年（昭和十二年）に制式化した中戦車が九七式中戦車であり、二六〇一年（昭和十六年）のものが一式中戦車である。

大正８年（1919年）、千葉県の陸軍歩兵学校内に戦車隊が誕生。
輸入戦車ルノー６輌、ホイペット３輌が並ぶ

自衛隊では紀元が西暦になっただけである。

外国では、その戦車の系列順に数をつけたり、開発グループごとに番号をつけたり、いろいろな方法がとられている。

外国からどんな戦車を輸入したか

日本は最初、戦車は国産しないで外国から輸入して戦車隊をつくる計画であったので、いろいろと検討された。大正七年、英国製Ⅳ号型三十トン戦車、ついでA型中戦車（ホイペット戦車）、仏国製ルノー六トン戦車などが到着した。試験の結果、とりあえずルノー戦車を最小限訓練用として輸入し、わが国独自の戦車を開発することになった。

戦車と自走砲との違い

戦車は、機動力と装甲防護力と火力の三条件を有機的にかね備えた戦闘車輌をいう。

自走砲とは、装甲防護力と機動力を犠牲にしても、強大な火力を発揮できるように設計され

た戦闘車輌で、名前が示すとおり、牽引車（けんいんしゃ）や馬で引かないで自分でエンジンを持って動ける火砲である。

その中間の砲戦車は、機動力を多少犠牲にして大火力をねらった戦車といえよう。

日本で最初につくられた戦車は

日本陸軍初の戦車は、大正十四年六月から設計開始、昭和二年三月竣工という急ピッチでつくられた。試製第一号戦車である。

なにしろ初めての経験なので、関係者の苦心は大変なものだった。一四〇馬力ガソリンエンジン、五七ミリ砲、装甲一五ミリという骨子で、テストの結果、重量十八トン、時速二十キロであった。

日本の戦車が最初に戦ったのは

時機は昭和六年の満州事変、上海事変である。満州事変の出動部隊は百武戦車隊で、その活躍ぶりは別項の「日本の戦車かく戦えり」（270ページ）を参照されたい。

上海方面に向かったのが重見戦車隊で、国産の八九式中戦車と仏国ルノーの新型で戦った。砲は三七ミリ狙撃砲であったが射撃は低調で、機関銃射撃が主であった。通信は無線がなく、もっぱら旗信号である。

太平洋戦争中の戦車の変遷

日米開戦時、中戦車は八九式と九七式であった。ぜんぶ九七式を使いたかったが、数が間に合わないので八九式を使ったのである。

間もなく一式四七ミリ戦車砲が開発され、とりあえず九七式の砲塔だけを変えて九七式改とした。その後、装甲厚を強化した一式の車体ができ、一式中戦車となった。

軽戦車ははじめから終わりまで九五式である。中、軽ともいろいろ新型ができたが、実戦には参加していない。

九七式中戦車の戦歴

砲塔に円型のハチマキ・アンテナをつけた九七式中戦車は、日本の戦車隊の主力戦車である。したがって、太平洋戦争中の主要な作戦にはほとんど参加しているといってさしつかえない。

マレー作戦をはじめとして、各戦場を暴れまわった。昭和十七年以降、その砲塔を改造して威力を増大、ただし、砲塔後部の突出した近代型となったのを機会に、ハチマキは姿を消してホイップ型アンテナに変わった。

九七式中戦車は全部で何台つくられたか

各年度別の生産台数は次のとおりである。

昭和十三年度＝二五台、昭和十四年度＝二〇二台、昭和十五年度＝三一五台、昭和十六年度＝五〇七台、昭和十七年度＝五三一台、昭和十八年度＝五四三台。計二一二三台。

中戦車はどんな隊形で戦闘したのか

まず各戦車が、どのていど近寄るかという問題では、近ければ近いほど指揮連絡が容易であるが、反面、敵の爆撃や砲撃で一度に被害をうけないためには、離れた方がいい。その妥協点が大体五十メートルとされている。
射撃をするときは、各車この間隔で横隊をつくる。行進するときは一列の縦隊になる。これが基本で、応用は指揮官車を頂点に三角隊形、左(または右)前梯形などの各種がある。

戦車の弾丸は何発つむか

戦車の種類によって、おのおの搭載弾薬の数は異なる。たとえば九七式中戦車の砲は、一一四発つめる。ところが改造型は砲塔を大きくしたので場所が少なくなり、一〇〇発である。徹甲弾、榴弾、発煙弾などの比率が問題であるが、これはふつう戦車部隊長が予想する戦況で、今日では徹甲弾五十、榴弾なになにというように、そのつど決めることが多い。現用戦車については、世界各国とも五十から六十発ていどである。

最新型の戦車砲弾薬

第二次世界大戦中の対戦車戦闘用弾薬は、大きな速度でかたい弾丸を撃ちつけて敵戦車の装甲鈑をやぶる徹甲弾と、弾頭を円錐型にくりぬいて火薬の爆発によりジェット噴流を出し、そのエネルギーでやぶる成形弾があった。戦後、粘着榴弾といって、敵戦車の装甲鈑にペタリとついて大爆発を起こし、その熱で戦車内部の裏側の装甲鈑を飛ばしてしまう特殊弾ができた。

日本の戦車砲の口径はどう変わったか

昭和四年、日本で最初につくった戦車は三七ミリ砲であったが、制式化された八九式中戦車には、九〇式五七ミリ戦車砲が装備されていた。つぎの九七式中戦車は九七式五七ミリ戦車砲。どちらも砲身長の短い榴弾砲である。これは当時の戦車が敵の機関銃射撃を主としていたためである。

ついで一式四七ミリ砲になった。これは一〇ミリ口径は小さいが、短カノン砲で威力はずっと大きかった。

戦車砲はどうやって撃つか

戦車砲を命中させるためには、弾薬の種類による射角の変化や、射撃をする距離に応じて、弾丸が自転するために生ずる偏差の修正や、そのほか各種の影響する条件を修正しなければならない。

昔は、これらを砲手のカンでやったが、現在では数個のコンピューターが作動し、自動的に砲身が修正されるようになっている。したがって操作さえ間違わなければ、初心者でもボタンを押すだけでだいたい初弾で命中する。

夜間でも射撃できるのか

昔はサーチライトを照らして昼間と同じように、目標を砲手の照準眼鏡のなかで捕捉して射撃をするか、相手戦車の射撃する火光をねらって射撃しなければならなかった。

今では赤外線応用の射撃装置が各国とも発達して、ちょうどサーチライトを照らしたように眼鏡のなかに、目標戦車が見えるようになっている。もちろん肉眼では何も見えない。いきなり闇の中から命中弾、これが現代戦である。

戦車の装甲はどのように決めるか

世界各国どの戦車でも、いちばん弾丸の当たる公算の多い砲塔、とくにその前面が一番厚い。車体の側面、後面、上面、底面としだいに薄くなる。なるべく重量を軽減して機動力を増したいためである。ついで避弾経始(けいし)、すなわち装甲鈑の湾曲度、傾斜角度が問題になる。表面を球形に近くすれば、弾丸はすべって貫徹しないからである。これらの条件と材質を考えて、予想する相手の弾丸が貫徹しないようにする。

装甲鈑の溶接、リベット、鋳造のちがい

戦車がいちばん最初にできたときは、リベットで鉄板をつらねた。ついで技術が進んで、溶接した方がリベットでつなぐより強度が強くなった。しかし、さらに形状的には鋳物で自由な避弾経始をとった方が有利である。ただ鋳物の欠点は、大量に一度につくれない。そこで戦時消耗の激しいとき計画を変更、同型の溶接で代用したこともある。

戦車に搭載したエンジン

最初のエンジンはガソリンであった。揮発油を燃料とするので、敵弾による火災、エンジンの逆火による危険などがあった。そこでディーゼルの研究がはじまった。軽油を使用すれば消費量、単価、貯蔵、輸送などの点で利点があるからである。

日本では昭和十年の八九式戦車乙型いらい、全部ディーゼルである。とくにその空冷の技術は優秀で、戦時中ドイツから教えてほしいと要請されたほどである。

戦車は一回の燃料補給でどのくらい走れるのか

この問題は自動車とおなじように燃料一リットル当たり何キロ走れるか、というエンジンの規格がきまると、その国の作戦方針から、戦車は連続何キロ走るべきか、という数字から燃料タンクの容量が計算できる。

この三つの要素を相互に調整しながら、逐次、設計段階に持ち込む。その結果、第二次大戦中は二〇〇キロ、最近は三五〇キロというのが通常の数字である。

戦車のトン当たり馬力とは

戦車の全重量で、エンジンの出力を割った数をトン当たり馬力という。これはその戦車の機動性をしめす一つの指標で、数が多いほど、その戦車の動きが軽快だということになる。たとえば九五式軽戦車は、重量六・七トンで一二〇馬力であるから約十八。九七式中戦車は十四・三トンに対し一七〇馬力で約十二。したがって九五式の方がはるかに軽快に動くことを、この数字が示している。

騎兵が持っていた戦車は何か

騎兵は師団のための捜索警戒をする師団騎兵と、戦略捜索を実施する旅団騎兵にわかれていた。師団騎兵のなかで捜索隊といわれる部隊には、九四式または九七式軽装甲車が装備されていた。一部の捜索隊には九五式軽戦車が配置された。

旅団騎兵には戦車隊という編成があり、普通の戦車中隊ていどの規模であった。車種は最初が九二式重装甲車、ついで九五式軽戦車に変わった。

戦車はどんな無線機を持っていたか

戦車用の無線機は大別して二種類あった。その一つは、戦車小隊内の通信に使うもので、短波を用いていた。目視距離五百メートル程度の無線電話である。

いま一つは、戦車中隊長と戦車連隊長間の指揮連絡に使ったもので、電話で十〜十五キロ、電信で二十五〜三十キロ、中波を用いていた。

べつに戦車の車内の乗員相互のための無線があり、戦車の中、小隊長は一つのレシーバーで三つの声をききわけた。

戦車用無線の電源は

昔の戦車は、戦車用無線のバッテリー二個を積みこんだが、現在の戦車は車輛用のバッテリーに直結している。したがって、戦車のエンジンを停止して無線通信を実施すると、バッテリーが放電してしまうので、たとえ車輛を動かす予定がなくても、通信実施中はエンジンをかけるか、補助の充電装置を作動させるのが通常である。

戦車用無線機で電信するときとは

戦車相互間の通信は、無線電話を使用するのが

九七式軽装甲車。37ミリ砲または機銃１梃、ディーゼルエンジン搭載の万能車

原則である。ただ電話は敵に簡単に傍受される欠点がある。そこで隠語といって、たとえば敵戦車のことを「トラ」などといいかえるが、それも限度がある。

電信はモールス符号なので敵が聞いてもすぐにはわからない。また、電波の特性上、電話よりも通常二倍以上の距離を通達する性質がある。そこで通信状況の悪いとき、秘密のときなどに用いた。

九七式中戦車の製作費はどのくらいか

普通の自動車と同じように、試作などの製造台数の少ない段階ではコストは高く、大量生産すれば下がるし、原材料の値上がりの影響もうける。各年度別一台あたりの製造価格は左のとおり。

昭和十三年＝一七〇万円、昭和十四年＝一四六万円、昭和十五年＝一四七万円、昭和十六年～十八年＝一四五万円、昭和十九年＝一六三万円。

九五式軽戦車、八九式中戦車、三式中戦車の製作費

九五式軽戦車も昭和十一年の頃は二十八万円くらいでできたが、大量生産時期でだいたい七十三万円平均である。もっとも年度によっては九十五万円とアップした年もある。

八九式中戦車は、まだ物価も低い時代なので、平均八万円である。三式中戦車は昭和二十年の製造価格で、一六四万円である。車体も砲も充実しているので値段は高い。

戦車はどのような所でつくられたか

陸軍の相模造兵廠を中心として、次のような各民間会社が戦車を製造していた。三菱重工

業丸子工場、日野重工業、神戸製鋼新神戸工場、久保田鉄工所、日立製作所亀有工場、池貝自動車会社、新潟鉄工浦和工場、小松製作所、その他。
製造工場のうち一番大きなものは
東京都三菱重工業丸子工場で、戦車や装甲車など戦闘車輌を全面的に製作していた。
戦争中につくられた全戦闘車輌の約三五パーセントを、この工場が担当した。この数字のなかには中戦車の七五パーセント、軽戦車の五〇パーセントを含んでいるのであるから、いかに大工場であったかわかる。工場の床面積は九十万五千平方フィート、工作機械の総数は一七〇〇台であった。

戦車の中の広さ

戦車は全体の形状をなるべく小さくするため、戦闘室も極力機能的にして空間を少なくしてある。弾薬や通信機、エンジン、伝導機関係の所要部分が配置され、乗員席があり一杯である。
乗員数は戦車の種類によって異なり、軽装甲車は二名、戦車は車長、砲手、操縦手、前方銃手（通信手）、装填手などの任務を持った三から四名の人員が乗車するので、ほとんど余席がない。

車外員とは何か

戦車隊には戦車乗員のほかに段列要員（だんれつ）がいて、各戦車あたり数名ずつ、整備、補給などのときに支援するように考えられていた。これを車外員という。

数字的にみると、旧陸軍の戦車隊は戦車一台あたり五から六、六から七名ていどの要員があるよう編成されていた。夜間の進路の警戒、障害物の除去など、これら車外員が活躍をしたのである。

千葉陸軍戦車学校（千戦校）と四平陸軍戦車学校（四戦校）とどう違うのか

千戦校は昭和十一年に開校され、戦車の研究教育の中心になったが、その後、戦車部隊の発展にともない、昭和十五年に四戦校（最初は公主嶺にあったので公戦校）が開設された。

両校の任務は時期によって違うが、特徴的には千戦校が戦車の基本研究と通信、四戦校が戦法研究と射撃が主体といえる。学生はどちらも将校、下士官である。

日本に空挺戦車隊があったか

挺進戦車隊という名称で、空挺作戦のための戦車隊があった。本部、戦車中隊、自動車中隊、材料廠などからなり、戦車はいちばん新しい二式の軽戦車を装備していた。

宮崎県の川南村に位置し、初代の隊長が面高俊秀少佐、二代目が田中賢一少佐である。

少年戦車兵学校の制度はいつでき、場所はどこか

昭和十四年に少年戦車兵の制度ができて、千戦校内で十二月からその教育がはじまった。少年戦車兵とは、戦車関係の現役兵科下士官となることを志願して、召募試験に合格した者をいい、そのため必要な教育を実施したのである。

昭和十七年、富士山西麓上井出村に新校舎をつくり、八月一日移駐した。学校本部、生徒隊、材料廠など生徒教育の組織が完備していた。

戦車連隊の編成

日本陸軍の戦車連隊の編成は、各連隊によりいろいろまちまちである。そこでいちばん標準的なものを述べると、次のとおりである。

軽戦車一個中隊＝軽戦車三輌×三小。中隊本部、軽一

中戦車三個中隊＝中戦車三輌×三小。中隊本部、中一、軽二

段列(整備中隊)＝救助、修理、補給の各小隊、予備戦車として中、軽、各数輌

連隊本部＝中戦車二、軽戦車一

日本でいちばん強力な戦車連隊の編成

本土決戦のため編成されたもので、戦車師団内の戦車連隊および独立戦車旅団内二個の戦車連隊のうち、いずれか一個の戦車連隊の編成で、中戦車中隊二個、砲戦車中隊二個、自走砲中隊一個、作業中隊一個、整備中隊一個と連隊本部からなるもので、人員だけで一一九八名という大世帯で、装甲車輌の合計八十八輌というものである。

戦車第一師団の戦車連隊と戦車第四師団の戦車連隊との差違

おなじ戦車師団でも、第四師団は本土決戦のため編成された部隊なので、第一師団とちがう。一番の相違点は、機動歩兵連隊などが第一師団では独立しているのに対して、第四師団では連隊内に歩兵中隊、砲兵中隊、作業中隊として、分割して組み込んである点である。これは内地の地形が流動的な戦況でなく、ほぼ作戦場を予想できるため、最初から独立性を付与したのである。

戦車の戦闘による損耗はどのくらい出るものか

この問題も状況により、大変差違のあるものである。まずノモンハン事件の例をあげよう。中戦車は出動車輛数二十八のうち損傷二十一、廃品七。軽戦車は出動車輛数十五のうち損傷十、廃品なしであった。

北支の陣地攻撃では、中戦車の出動車輛数三十八のうち損傷二十一、廃品四。軽戦車は出動三十五のうち損傷二十、廃品四であった。

損傷した戦車はどうするのか

軽易なものは連隊の整備中隊、師団の整備隊などで修理、重いものは工廠などに後送する。その比率の一例を北支方面でみると、次のとおりである。

戦場修理＝全車の二三パーセント、戦場外修理＝全車の一三パーセント、廃車となったもの＝全車の一一パーセント。以上を合計すると、全車の四七パーセントが何らかのかたちで損傷している。

損耗の内訳はどうか

上海周辺の戦闘から南京に向かう追撃を八九式中戦車三十九台が実施した。その三十九台の損耗内訳は、敵弾によるもの＝十三台、機能上の故障＝二台、クリーク没入＝三台、地雷触接なし、破損衰損＝二台。合計二十台、全車に対して五〇パーセントの比である。

一作戦で戦車はどのくらい走るのか

これも作戦によって千差万別であるが、中、北支作戦の実数を示そう。

満州の広野で猛訓練に明け暮れる戦車５連隊の昭和19年秋季演習のひとこま。
行軍の途中、九七式戦車の車上でしばしの休憩をとる戦車兵たち

上海〜南京追撃戦＝一五〇〇キロ。徐州会戦＝二五〇〇キロ。武漢攻略戦＝三五〇〇キロ。南昌作戦＝四千キロ。

以上の数字からみて、戦車の走行距離は単なる地図上の距離より、はるかに長大になることがわかるであろう。

戦車小隊は何台の戦車編成か

戦車小隊の戦車は、日本陸軍では通常三輌、陸上自衛隊では四輌、米陸軍は五輌というふうにいろいろある。ソ連は三輌である。

三輌編成の小隊は、小隊長の指揮が軽快にいくし、行進、戦闘などの場合もまとまりやすい長所がある反面、一輌でも落伍すると中隊の戦力が二輌となり、ガタ落ちになる欠点がある。数が増えると、その長所、短所が逆になる。

戦車の乗員

これも時期によってちがうが、戦時中の戦車中隊の例について述べると、中戦車中隊の階級構成は次のようであった。

中隊長＝大尉。小隊長＝中尉または少尉。車長＝軍曹または伍長。他の乗員＝伍長または一、二等兵。総計中隊本部の人員を入れてちょうど一〇〇名。

したがって、普通の中隊長車、小隊長車以外の戦車は、車長が下士官、砲手、操縦手、前方砲手が兵ということになる。

歩兵戦車と巡航戦車との差は何か

歩兵戦車とは歩兵に直協し、これを支援しながら敵陣を突破することを目的とした戦車で、速力を重視せず、装甲を厚くするなど、防御に重点がある。巡航戦車は機動力に重点をおいて設計されたもので、速度が重視されている。

ただし、この区分はイギリスで行なわれたものだが、現在は逐次この区分をなくし、主力戦車一本にまとめる傾向がある。

戦車食というのはあるか

航空食との関連からでたものと思われるが、日本には特別に戦車食というものはない。ただ密閉した戦車内の戦闘動作は、一般の地上の動作より、いちじるしく体力を消耗することが医学的な実験で明らかなので、陸上自衛隊では、戦車隊員に一般食にプラスして栄養食を給養しているそうである。

戦車の履帯は何からできているのか

第一次世界大戦で、戦場の弾痕地帯を通過できるようにということで履帯（キャタピラ）がつけられ、敵の弾丸に対して強度を持たせるため、最初から鉄製であった。

しかし、鉄は結氷地帯では滑るうえに、大きな音響をたてる欠点がある。そこで、第二次大戦中に接地部分をゴムでくるむ考案が生まれて現在にいたっている。

戦車眼鏡の効果とは何か

満州事変、支那事変当時の戦車隊員は、密閉した車内から視察するため、小さなのぞき窓から車外を見る。そのとき敵の弾丸がその窓に当たると、貫通はしないが、弾丸の鉛粉が車内に飛び込む。その鉛粉が眼に入って失明する者が多かった。戦車眼鏡はその鉛粉を防止する目的でつくられた。一般の砂ぼこりなどにたいしても、防じん眼鏡としてもちろん使用できる。

戦車兵の服装

戦車の車内は、弾薬や各種計器などがいっぱい配置されているので、普通の服装で入ると、上衣の端をはさんだり、ポケットをひっかけたりして危険である。そこで上衣とズボンのつながった戦車服ができた。

同様に戦車帽ができ、少しばかり頭をぶつけても平気になった。一般の軍靴のように鋲が多く、かつ紐を使うと、車内では滑ったりして危険なので、戦車靴は別につくられたものである。

寒冷地の作戦は特別の戦車を使うのか

世界各国、寒冷地用の特別の戦車をつくっているという情報はない。ただ酷寒地ではエンジンの保温とバッテリーの電圧低下が問題になるので、技術的にはいろいろの着想が具体化している。

第二次大戦中の日本の戦車は、零下三〇度くらいの場合は、一時間おきに暖気運転をしたり、エンジンの下にコンロをおいて暖めたりなど、いろいろ苦労をした。

「戦車の英雄」はいないのか

戦車の戦闘は、乗員相互のチームワークと、各戦車の集団としての戦闘力で戦うものなので、戦闘機乗りのような個人の英雄ができることは、きわめて少ない。

したがって、その働きぶりは戦車第六連隊の馬田戦車中隊、戦車第一連隊の久保田戦車中隊などと、その指揮官の名前を冠して、部隊の戦功を語る場合が多い。

戦車将校の特性は何か

戦車の戦闘は非常にスピーディである場合が多い。そこで戦車将校は、その戦況の推移に遅れないような迅速、果断な判断力を要求される。歩兵の強靱な戦闘からくる特性と対照的である。

また戦車はエンジンといい、射撃装置といい、メカニックの面が多いので、これを使いこなすための技術知識が要求される。

この相反する二つの特性を総合するところに、戦車将校の修錬があった。

戦車第一師団長 戦車に生きた半生の回顧

誕生から終焉まで日本戦車発展の歩み

元 戦車第一師団長・陸軍中将 細見惟雄

田舎に引っ込んで、過去一切を忘れようとしてきた私、とくに現役にあるころから、戦争の話はとかく自慢話になる危険があると考えていた私に、戦争のころの思い出を語れという。

私の記憶はきわめて朦朧としているし、ことに私の経験などはなはだ貧弱で、何の興味もないから、一応お断りしたが、是非とのことで、要求の焦点も摑むことができないままに引き受けてしまった。

期日もせまっているので、まず上海戦の思い出を綴り、ついで日本戦車隊の草創時代から終戦までの戦車発展の歩みを、自分を中心とした小範囲内で朧げながらたどってみた。

戦車5大隊長・細見惟雄大佐

さて、上海の戦車戦闘はきわめて地味で、おまけに幼稚で、小供の遊びに似て馬鹿らしいようにも見えるが、協同した部隊の将兵からは、つねに厚き感謝と愛情をいただき、部隊将兵にいただいた感状賞詞も十一におよんだ。

損害も将校だけ見ても、出征時の三十一名中、戦死負傷したもの（一人で数度の負傷もある）二十七名であった。児戯に類するように見える戦争も、本人どもは終始本気であったのである。

ここにさらに一言したい。大東亜戦争に参加した戦車隊員は、敗色濃き戦場において想像もつかない苛烈な戦争に従事し、しかも酬いられることなく、比島・硫黄島をはじめ、その他の戦場において戦傷死された人が多かった。その前で、上海戦の思い出などを語ることはまことに心苦しいことである。

敗軍の将、兵を語らずというが、私はさいわいに勇敢な部下をもち、戦えば必ず勝つという勝ち戦をつづけた。古来、敗戦の指揮は最も困難とされるのだが、その苦い経験をもたない私は、つねに「勝軍の将、兵を語らず」を今日までの信条とし、戒めとしていた。私の妻子すら何も知らない。

なお参考までに、上海戦の特質をまとめておこう。

編成＝本部、中隊三、段列（整備補給修理に任ずる隊）一。

戦車＝八九式乙中戦車、十四トン、五七ミリ砲一、七・七ミリ軽機関銃二。装甲—前面お軽装甲車＝六トン半、軽機二。

乗員＝戦車―四、車長（隊長以下下士官）、操縦手一、機関銃手一、砲手一。軽装甲車―四・五トン、車長一、軽機関銃手一。

素質―幹部は大部分が現役。予備将校以下、戦車の教育を受けないものが多い。

教育＝隊長以下操縦、砲・銃撃は全員ができた。戦法は前兵随伴（機動行動は当時研究中であった）。人車一体、乗員一身同体、小中大隊おのおの一団主義。

通信＝無線なく旗記号、軽装甲車利用。

視察＝戦車の数ヵ所の展望孔（のぞき孔。長さ四十五センチ、幅三十四ミリ。ここから敵弾が入る）。

地形陣地＝潮の干満に左右される大小縦横無数のクリーク、点在する竹藪村落はトーチカまたは掩蓋陣地が多く、その他の畑地は泥土、十重二十重の陣地をもって相互に連繋していた。

敵素質＝蔣介石の徹底抗戦がよく徹底していた。軍隊は強烈な抗戦意識を持ち強靱な抵抗をこころみた。

各所に若い女兵を見た。爽溝の浮虜の中の二十四、五歳の女兵士は、訊問に答えず、筆答して曰く「日本軍に下らんより死を選ぶ」と。優秀な東洋民族である。

対戦車火器＝対戦車砲、対戦車機関砲、地雷等があったが、みな劣弱だった。

敵陣蹂躙戦

昭和十二年十月二十一日、張家桜、家屯（大場鎮西北方）の戦闘に参加した戦車中隊（中隊長代理西住小次郎中尉）の最左翼にあって、左翼に協力した戦車小隊は前日来、歩兵攻撃が頓坐していたこの村落の東南側の敵にたいして戦闘加入、二、三十メートルに近接して射撃を開始したが、敵は戦車にたいし機関銃の射撃を集中し、たちまち砲の照準防弾ガラスは破壊され、戦闘は困難となった。

小隊長は負傷し、前方機関銃は破壊された。敵弾はますます戦車に集中し、砲手も傷を負った。同時に砲が破壊されてしまった。万策つき、小隊長は全員に拳銃戦闘を、操縦手には敵蹂躙（ふみつぶす）を命じた。

この瞬間、敵弾が車内に炸裂し、小隊長は再度の傷を負った。しかしいささかもひるまず、

「この敵を歩兵の後方に廻すな」

と連呼したが、ついに力つきて昏倒してしまった。

砲手はただちに車長にかわり、命に従って操縦手にすみやかに蹂躙を命じ、逆襲部隊に突入し、蝟集する敵を軌道下に蹂躙おい廻す。少しでも停止すれば敵は勇敢に戦車によじ登ってきたが、そのたび隣りの戦車からの射撃でころげ落ちていった。またある者は戦車に手榴弾を投げつけ、それがはね返って自らの弾丸で傷つくものもあった。

この戦闘は前後数時間にわたった。中隊主力の方面にも同じような場面があった。ここは

敵前のクリークのため、歩兵の突撃がなかなかできないので、西住中尉は一小隊をひきいて隣り陣地の敵を突破し、この集落の後方に進出して戦況の進展を早めた。

雨中の苦戦

王丸場の陣地は劉家行の外廓陣地の一重要拠点であった。僅々百メートルくらいの数軒の集落であったが、竹藪におおわれ、クリークに囲まれ、全戸ことごとく家屋にトーチカ式掩蔽部があった。名古屋師団の部隊が、雨天をおかして再三突撃を敢行したが、死傷を増すばかりで効果がない。そこで戦車の協力が要請された。

当隊としても兵力がなかったので、予備戦車一小隊を参加させた。

連日の雨でほとんど戦車の動かぬ地形であったので、図上研究なら当然断ってもいいところであるが、戦場ではそう簡単に割り切れない。部下や戦車は惜しくても、何はともあれ友軍の危急に際してはどんな無理しても救援しなければならない。これが戦場心理とでもいうべきだろうか。

小隊は、戦場までいくつかのクリークの通過に時間を要し、ようやく戦場に到着、敵前十数メートルに達したときには、先兵中隊の残存兵は二、三十名で、幹部はほとんど死傷し、伍長が中隊の指揮をとっている始末であった。

すでに前進中から射撃して近接したが、敵はビクともしない。

ようやく左翼の一軒の家は占領できたが、ほかは駄目である。日はすでに没し、戦車の戦

江湾鎮方面へ出撃すべく上海市政府前で準備を急ぐ細見戦車隊八九式中戦車乙型

闘は不可能になった。敵の曳光弾が飛来する中をかろうじて戦場離脱したが、あいにく各クリークは海上満潮時にあたり、水かさが増して通過に時間を要し、夜明けになってやっと集結した。

翌日、歩兵はどうしても今日は奪取せねばならぬというので、ふたたび戦車の協力を要求してきた。この陣地は砲兵で徹底的にたたき、つぎに工兵の協力を得、その上で歩兵の突撃兵力を増加せねば無理なのであるが、当時は各方面が同じような状況で、とても意のままにはならない。

戦車はふたたび同一条件のもとに参加することになった。戦場は昨日と変わらない。なお昨日苦労して占領した陣地は、すでに敵に奪い返されていた。戦車は敵前二十メートルくらいの地点で歩兵の突撃を要請したが、それが出来ない。

そうこうするうちに戦車二台が敵砲弾に破壊されてしまった。乗組員はついに戦車搭載機関銃をとりはずし、ある者は歩兵戦死者の銃を持ち、歩兵とともに突撃をした。この戦闘は最も困難だったもので、上海戦の一般の特徴をはっきりさせる例である。

大場鎮攻撃の失敗

大場鎮は上海の北方三里にある外廓最大の拠点であった。陣地は走馬塘クリークに沿い、東西に広がる戦車は翌日の総攻撃に先立ち、西方走馬塘クリークの敵陣地攻撃に協力を命ぜられた。ただちに大隊の全力をあげて、広い畑を前進した。

途中に待っていた工兵は、急造梯を引きずって戦車の後についてきた。クリークに到着して一斉射撃を敢行、敵を制圧したころ、工兵は梯をひいて川に飛び込んだ。無腰の者も上衣を脱いでいる者もある。工兵は梯を逐次つづって彼岸に達し、二、三人は首だけ水上に出して梯をかついでいる。歩兵の通過に沈まないためである。

橋ができると同時に抜刀した兵を先頭に、歩兵はヨロメキながら梯を渡り、敵陣に突入して、切り込み突っ込み、逐次に陣地を占領している。私たちは甚だのんきで申し訳ないのだが、かんじんの射撃ができないので、ただ手をこまねいて戦車から眺めていた。

まことに勇壮、みごとな戦いであった。

その夜半、工兵の造ってくれた土壌通過点をとおって、夜明け前、全隊、大場鎮から南翔道へと進出した。十月二十六日の夜明けとともに大隊は直角左旋回、大場鎮の背後に向かい、進路の敵は目もくれず、十時ごろ背後に出た。ここでただちに右に折れ、真茹に向かった。前進本道の両側の陣地には勇敢な守兵がいて、近距離から射撃してきた。さらに左方から対戦車砲の射撃をうけ、左に展開掩護を命じたが通じない。

そうこうするうち味方の砲兵が射程の延伸をするのを見、大場鎮の陥落を判断したが、たちまち味方の砲弾が周囲に落下しはじめ、すでにわれわれの先頭は弾幕の中に入っている。弾幕をのがれようとして急進中、突然、大音響とともに私は戦車の大動揺を感じた。地雷にやられたと直感したが、戦車はいぜん動いている。砲兵に連絡がとれず、軽装甲車（品川好信大尉）を連路に返す。

やがて真茹無電台に達した。ここに一時集結したが、全隊に異状のないことを知り、ただちに真茹戦に突進した。

約三万メートル前進したところに大クリークがあり、高さ十メートルほどの木橋がかかっていた。戦車の連続通過にたえるかどうか怪しいので、偵察を命じようとして後方を見ると、驚いたことにつづく戦車は一台もない。急遽反転、引き返してみると、副官の戦車がクリークに陥没して、続行戦車の進出ができないのである。

ただちに私の戦車で本道に引き上げたが、このとき私の戦車の右転輪がフッ飛んでしまってないことに気がついた。また私の顔から血が流れているといわれて、はじめて自分の負傷を知った。転輪は地雷によってではなく、味方の砲弾が命中したものらしかった。しかし、自分の鼻柱から頬への弾痕は、いまだにどこでやられたのかわからない。

軍一般の情況が少しもわからないので、一時反転して連絡することに決し、後退した。歩兵はすでに大場鎮の南に進出し、部隊の整理中であった。大隊は歩兵の前方に位置して警戒に任じ、一部を残敵陣地の攻撃に協力させて夜に入った。

この戦闘は、上海戦の一つの山であった。戦車としては予想に反して楽な戦争であり、したがって貢献なき戦闘であったことはお恥ずかしいしだいである。

劉家行の敵陣地縦断の奇襲戦闘といい、大場鎮の戦闘といい、通信連絡機関の不備は大隊として致命的打撃で、大きな失敗であった。また陣地戦においては、諸兵の協同、とくに歩兵のともなわない戦闘は全く効果のないものであることを身をもって味わったのである。

西住大尉を想う

西住小次郎大尉は徐州戦において戦死した。思慮周密、戦闘経験ゆたかな彼が、なぜあんなところで戦死したのか、全く、運命というほかはない。彼が戦死せねばならぬような激戦は、上海戦においては無数にある。彼は数度負傷し、彼の愛車は弾痕じつに一三〇〇を数え、それ以上は重複して数えられない（99ページ写真参照）。

羅店鎮、馬路湾、張家桜、家屯等々ことごとく激戦であった。これらの戦闘については、当時、菊池寛先生（伊原宇三郎画）によって毎日新聞に連載されたものである。また野田高悟脚色、吉村公三郎監督で松竹が映画化していることも周知の通りである。

これらの事業は、いずれも陸軍省報道部の企画で、私の関するところではない。ただ相談には乗った。とくに当時いわれた「軍神」の文字は、各新聞社の勝手な命名であって、故人こそ迷惑したことであろう。私も当時の部隊長として、他の部下やもろもろの将兵に対して、心苦しく思っている。

ただ西住が軍人らしい青年であって、苦しい戦争やいやな戦闘は、つねにこれを買って出たことは注目に価する。また一度負傷したり感状などいただけば、爾後の戦闘には弱くなるというわゆる戦場心理は、西住には通用しなかった。いくたびかの負傷をかえりみもせず、功を語らず、終始一貫ますます経験を生かして強くなり、戦闘も上手になっていった。

戦闘はつねに機によって常識（戦理）をはたらかせ、その冷静な判断と沈着な勇断さとは、まれに見る本当に強い兵隊であった。平素はまったく別人のようで、温厚篤実、友情厚く、部下や避難民にたいしては深い理解と愛情をもち、つねにユーモアを巻き散らして雰囲気を明るくするような人柄で、その豊かな人間性にはいまでも私は感じいっているのである。

日本戦車の発展

第一次大戦の中ごろ、当時、膠着（こうちゃく）状態にあった英独戦線に、英国軍のタンク（水タンクと偽称、当時の邦訳は装甲自動車）が奇襲的に出てドイツ軍陣地を突破し、戦機に一大転換をもたらした。これが、実戦における〝戦車〟の誕生であった。

下って大正九年の春、まだうら若い歩兵中尉だった私は、シベリア事変に参加した。そしてたまたま、当時シベリアに出征中のフランス軍の本国への引揚部隊とウラジオ埠頭で合宿した。この時はじめて、それまでは写真でしか見たことのなかったタンクというものの実物に接したのだった。

人の好いフランスの下士官の好意で、私はこのタンク（内地に帰ってこれがルノー戦車だったと知った）に乗せてもらったのであるが、考えてみれば、これが私の運命の分岐点であったかもしれない。

胎動期

この年の五月に、英国製ウイッテットの二銃装甲自動車二台が、ウラジオ派遣軍に送られてきた。私は偶然にもこの小隊長として、操法戦闘法などの研究を命ぜられ、機関銃隊長三原鼎大尉と研究につとめ、ついにそうとう部厚な装甲車使用方案なるものを作り上げた。

このころ内地では、英国から四号型戦車一台、A型（ホイペット戦車）二台、仏国からルノー戦車数台を買い入れて、歩兵学校と自動車学校で研究をはじめていたらしい。

大正十一年、私は内地帰還後、歩兵学校に転任した。そのころ同校には、A型二、ルノー三台があったが、私は戦車修業のため、自動車学校に派遣され、四号戦車の教育をうけた。教官一人に学生一人というわけである。

四号型戦車は、のちに靖国神社の遊就館の前に陳列されていた。稜型をして機関銃三梃を

ウラジオ派遣軍に配備された英国製ウイッテット２銃装甲自動車

そなえた馬鹿デカイ怪物で、四人乗りであった。中央にエンジンがあって、その周囲は立って自由に歩けた。おもしろいことに、車長が操縦手に左右の前進方向を指示するのに、左右の側板をカンカン叩いた。時速は二キロだった。

私は三ヵ月の修業を終わって帰校し、三橋・石井両大尉の指導のもとに戦車係となり、学生の教練には戦車小隊長として参加したが、演習場まで五台の戦車が無事に行くことはまれで、一、二台は故障を生じて落伍するか、遅れてしまった。この小隊の編成は、A型二、ルノー三、将校一、下士官五、兵二十であった。これが国軍戦車の胎動時代であった。

大正十二年八月、高田師団が関山の演習場で大規模な陣地攻防演習を実施し、前記の歩兵学校から私が小隊長として戦車五台をもって参加した。この演習には、当時、赤倉に滞在中の皇后陛下が御成婚の年（?）で、良子女王殿下として御一家お揃いで見学になるというので、将兵の緊張は一通りではなかった。

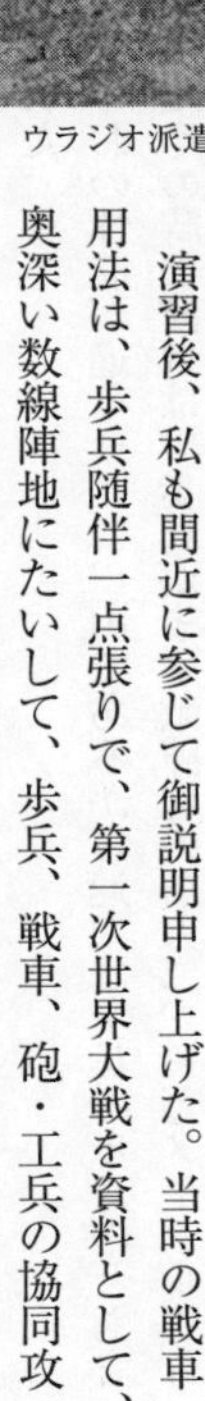

演習後、私も間近に参じて御説明申し上げた。当時の戦車用法は、歩兵随伴一点張りで、第一次世界大戦を資料として、奥深い数線陣地にたいして、歩兵、戦車、砲・工兵の協同攻

撃の研究がしばしばなされた。

戦車は大小二種類、おのおの性能が違ううえに、山であるから速力は歩兵の歩くのとあまり変わらない。したがってその時の演習は、歩兵がまず敵陣地の前方二、三百メートルくらいに前進し、その線付近に歩・工兵が戦車のかくれる大きな穴を掘る。そして戦車は、歩兵のおこなう夜間鉄条網破壊作業の掩護射撃をしながら、この穴まで静粛に近接して穴に入る。翌朝、砲兵の突撃準備射撃中に穴からノコノコ出て、歩兵をともなって鉄条網を踏破し、敵陣地に突入したのである。

いまから思えば、まことに奇妙な演習であったが、これでも演習効果は満点であった。これが、戦車が大規模な演習に堂々参加したはじめである。

大正十三年ころ、宇垣一成陸相の軍縮問題がやかましく、歩兵師団を減じてなお戦力を保持するため、国軍に戦車採用の可否が論ぜられ、審議会などで、戦車の採用は日本武士道を減殺するものであるというような意見もあったとか当時聞いたが、本当とすれば面白い昔話になるであろう。

戦車隊の隆盛期

大正十四年五月一日、国軍に戦車二隊ができた。これが日本軍戦車隊のはじめである。それは千葉歩兵学校戦車隊（隊長三橋済少佐）と久留米第一戦車隊（隊長大谷亀蔵中佐）であって、おのおの戦車は十二、三台くらいであった。

この年夏、私は教育総監部に転じ、菊池慎之助大将の副官となり、その秋には摂政宮殿下御統監の北九州大演習の陪観に随行した。

このとき参加した久留米第一戦車隊が、天覧所を中心に間近く山を登ってくる壮観な光景を見て、私は大いに驚嘆し、うれしさで一杯になったものだった。これが、戦車隊の初の大演習参加なのであった。

昭和に入り、私は数年間、陸軍士官学校に奉職した。この間に、歩兵学校研究部および第二戦車隊（学校から離れて）練習部の渋谷中佐、矢崎少佐らによって戦車操典の前身ができ、教育訓練は大いに進歩し、戦車もまた国産の八九式戦車を使うようになった。

昭和七年五月には、例の五・一五事件が起こった。昭和六、七年にいたり、あいついで満州事変や上海事変が起こり、第二戦車隊からは百武俊吉大尉の一中隊が満州に、第一戦車隊からは重見伊三雄大尉の一中隊が上海にそれぞれ出動し、ともに赫々の武勲をたて、戦車の価値を実証した。これが国軍戦車の実戦参加のはじめであった。

昭和八年八月一日、両戦車隊は各三中隊の連隊となった（初代第一浅野大佐、第二関本大佐）。私は五・一五事件において、生徒教育の不行届のゆえをもって宇都宮に追放されていたが、この四月に久留米に転任になり、連隊拡張のため将校以下の速成教育に任ぜられた。

昭和八、九年ごろ、あいついで戦車第三、第四連隊（井上大佐）が満州公主嶺にでき、つづいてこの戦車を中心に、乗車の歩砲・工兵部隊ができ、これを集めて独立混成旅団（藤田進少将）が同地に誕生した。これが機甲師団の前身である。このころは九二式重装甲車、八

軽装甲車は弾薬等の運搬牽引用に発想されたが、実戦場では豆戦車として使用

九式中戦車と、あたらしくできた軽装甲車の混合連隊であったと思う。

昭和十年の暮れ、私は公主嶺戦車第四連隊に赴任した。年を越えて、各戦車混合の戦車中隊が、寒地試験行軍のため、ソ満国境（タウラン）方面にいき、とつぜんソ連戦車と衝突して戦闘をひき起こし、死傷者を生じた。偶然にも各戦車の実戦的試験ができたのだった。

隊長渋谷大佐は本部をともない、善後処置のため現地に駐留した。ために、私は留守隊長に任ぜられたが、その間には二・二六事件が起こり、また九五式新戦車の委託試験をおこなった。

昭和十一年八月、陸軍戦車学校（初代安岡正臣少将）が千葉に創立され、私は教導隊長として赴任した。同年十二月、完成とともに操縦、射撃、通信、整備の学生教育

装軌式の運搬車を牽引しながら、中国戦線を南下、進撃する九四式軽装甲車隊。

を開始し、同時に下士官候補者隊の教育もはじまった。この年の暮れには、教官井上芳佐大佐が戦車研究のためドイツに派遣された。

昭和十二年夏、支那事変が勃発して戦火は上海に飛び、ただちに動員令が下った。私は戦車第五大隊長として上海方面に出動し、上海・徐州の戦闘に参加したが、十三年にはふたたび戦車学校の現職に復帰した。

この留守一年間に、学校は大いに充実活気をていし、少年戦車兵の教育も開始されていた。またドイツの視察旅行を終えて帰朝した井上大佐によって、戦車界には画期的新風が吹きこまれた。さらに、この年には逐次、戦闘参加者が帰還し、その経験を取り入れて、戦車操典射撃操縦教範の編纂に着手した。

昭和十四年八月、公主嶺に機甲綜合学校

（公主嶺学校という）が創設され、私は同校に転任、初代校長富永信政少将のもとに創立に従事、明くる年の三月、完成と同時に在満諸兵の大隊長級の教育を開始した。

昭和十四年夏、突如ノモンハン事件が起こり、まず戦車第四、ついで戦車第三連隊が出動してこの戦闘に参加し、初期には多大な成果をあげたが、中期の総攻撃にあたり、絶対的に優勢な敵戦車（主力ＢＴ）と優越した飛行機・砲兵・ピアノ線の防禦（同軍としては初の遭遇）等により、戦車第三連隊は潰滅的な打撃をうけ、隊長吉丸清武大佐以下、将校ほとんどが戦死、戦車もまた多数破壊され、爾後の戦力を失うにいたり、公主嶺に帰った。

私はソ連戦車の特性や運用などを調査研究するため、教官小林修治郎大尉とともに中央調査機関の一員としてノモンハンに派遣され、戦場を馳駆した。

たまたま野戦倉庫に収容してあった多数の鹵獲戦車の中に、一台きわめて優秀な新戦車を発見し、雀躍として細部にいたるまで研究のうえ、中央に報告したことがある。この頃、国産新戦車チハ車が、逐次各隊に支給されたのだったと思う。

昭和十五年十二月、私は千葉戦車学校の幹事として赴任した。この年の八月には、戦車操典射撃操縦教範が発布され、これが終戦時まで使用されたものである。

昭和十六年十月、私は陸軍自動車部学校幹事として転任。諸兵の車輌整備教育のための学校新設につき、準備を命ぜられた。同年、東京に機甲本部（初代吉田悳中将）ができて、全軍機甲関係の総元締となった。

最盛期から破局へ

さて、いよいよこの昭和十六年の十二月八日、大東亜戦争勃発、同月同日、自動車学校を改編大拡張し、淵野辺に大分校をつくることになった。

昭和十七年四月に工事は完成し、私は整備学校長代理（のち校長）として、全甲各兵種（戦・歩・工・砲・自動車・船舶等）機械化関係部隊の要員の速成整備教育をはじめた。

他方、日産三菱など生産大工場の工員も逐次召集され、さらに人員の不足をおぎなうために召集教育中の下士官以下を多数工場に派遣し、現地実物教育をなしつつ生産にはげんだ。

昭和十七年七月、満州に機甲軍司令部（初代吉田悳中将）戦車第一師団（寧安、初代星野利元中将）戦車第二師団（勃利、初代岡田資中将）ができた。この戦車師団は、戦車を中核とした乗車の諸兵の部隊である。

昭和十七年八月に富士に少年戦車兵学校ができて、戦車学校（初代玉田美郎大佐）でおこなっていたその教育は富士にうつった。

昭和十七年十二月には北支にあった騎兵集団が馬匹不足のため、逐次、戦車第三師団（包頭、初代西原一策中将）に改編された。翌年春、私は同師団戦車車輌急速整備援助のため、野崎准尉を同道、北支に派遣された。

昭和十八年十二月、戦車第一旅団長として満州寧安に赴任、十九年二月、硫黄島派遣戦車隊（隊長西竹一中佐）を送り、ついで八月、勃利において戦車第二師団（岩仲義治中将）を比島に送った。ともに後この両部隊は全滅または潰滅的打撃をうけた。

昭和十九年八月、私は独立混成（機甲）旅団編成のため勃利に赴任し、着任直後、駐屯地に反満抗日の運動が起こった。これは軍人をふくめた日本人の責任も大であったと思う。

昭和二十年春、戦車第四師団（名倉栞中将）ができた。この師団は房総一帯の張付部隊の直接協力部隊であった。

同年三月、戦車第一師団は内地の戦局に応ずるため内地に召致され、在満の戦車部隊は皆無にいたり、私の部隊は新京に移駐を命じられた。

移動の途中、急遽内地に召還され、ついで星野利元中将の後をうけて、戦車第一師団長となり、栃木市に赴任して敵上陸反撃作戦を準備した。

当時の師団は、司令部、戦車連隊二、歩兵連隊一、砲兵連隊一、工兵大隊一、速射砲一、整備隊一、通信隊一、段列一（以上全部乗車）、海上機動旅団（戦車を中心として着任後千島より転進）であって、海上部隊をのぞく各隊は満州において鋭意戦力を蓄積した将校以下現役が多く、物量もまた豊富で、当時、国軍随一の無疵の精鋭部隊と自称していた。

これらの部隊は群馬・茨城・栃木三県にわたって待機し、軍の作戦計画により九十九里浜に上陸を予想される敵にたいして師団の作戦をねり、一方、敵の相模湾上陸にそなえては原町田市一帯に前進拠点として一連の大規模な戦車はじめ各車輌の堅固な待機掩蔽部をつくった。

私はいずれにしても絶対制空権をもつ敵機の前に、制限された道路、大都市、大河川の横たわる地域を、戦機に間に合うように果たして進出できるやいなやに苦慮したのであった。戦って崩れるのは止むをえないが、戦場進出前に戦力の大部を失うようなことがあっては申し訳なく、個人としては万代の恥である。

しかし、その憂慮もむなしく、八月十五日はやって来た。万事休す！

終戦後、師団は解散、全兵器は米軍に引き渡すこととの命令をうけ、私は各隊に戦車から小銃にいたるまで、完全整備をするよう命じた。かくのごとく完全充実した兵器装備をもちつつ敵に降ることとは、ひとえに終戦が天皇の御命令によるものであることを米軍にしっかと示したかったからにほかならない。

漢口攻略戦 八九式戦車三五〇キロの突撃行

歩兵の尖兵として敵中ふかく潜入した中隊長の手記

当時 六師団戦車五大隊第二中隊長・陸軍大尉 高橋清伍

支那事変にかがやかしい戦勝の一ページをかざった漢口攻略戦は、ついに蔣介石政権を中原からおいだし、重慶にまで転落させた、事変中でも最もはげしい戦闘であった。昭和十三年の後半のことである。

大別山、赤壁の線は重畳(ちょうじょう)たる山岳に守られ、守りやすく攻めにくいばかりでなく、戦車の使用に適しなかった。そのため、山地にむかった戦車はその威力を発揮できなかった。しかし、長江北岸の比較的ひくい正面にむかった第六師団は、追撃ののち平地に出てから歩兵二個中隊、軽装甲車一個中隊、戦車一個中隊、工兵二個分隊をもって、数万の敵を叩きつぶし、火砲七十余門をぶんどる戦果をあげた。

それまでの軍の一般経過を説明すると、第十一軍は長江の北岸より第六師団を進め、南岸には第一〇一、第一〇六、第九師団をつぎつぎに展開し、第二軍は安慶ふきんより第十三、第十六、第三の各師団を進め、第十師団を早く信陽ふきんより敵のうしろにむかわせた。

ちょうど長江の増水期にあたり、そのうえ炎熱は万物を焼きつくさんばかり、また湿度も高く、補給もはなはだ困難な状態であった。しかし将兵の士気さかんで進展をおわり、やがて秋冷とともに戦機ようやく熟してきた。

第六師団は膠済東側の山また山の数線の陣地を黎明攻撃をもって一挙におとしいれ、昼間には歩砲協力して第二線に突入し、夕方には奇襲をかけて第三線陣地をもうばい、連日連夜、敵陣ふかくつきすすんだ。また歩兵第十三連隊などを支隊として、赤壁北岸の田家鎮要塞を背後から攻撃させた。支隊は一時、通信がとだえたが、独力よく夜襲に成功して要塞をおとし、派遣軍の作戦に糸口をつけたのである。

このころ戦車第五大隊の第二中隊は、第六師団の配属を命じられた。十月十一日、私は中隊をひきいて師団司令部についたが、参謀長は戦車の配属をあまり喜んでくれない。

その理由は、戦車がくると道路がズタズタに切られ砲兵の行動をさまたげるから、一個中隊ぐらいの戦車はいらない、というのである。そのうえ師団の正面には五十三個師の敵がいるから、姿を見せないように気をつけてくれと、注意された。

気負っていたわれわれは出鼻をくじかれ内心がっかりしたが、いまに真価を見せてやるぞと心に誓った。やがて十月二十日、師団は攻撃を再開した。昼ごろには、敵に戦略的退却のきざしがみえてきたので、二十一日には縦隊追撃にうつった。戦車はまだ待機の姿勢である。

明くる二十二日、本隊を追って進む。二十三日、ようやく歩兵二十三連隊長佐野大佐のひ

中国戦線を南下、進撃する
八九式中戦車の隊列

きいる追撃隊にくわえられた。午後二時、追撃隊主力に迫ると、佐野大佐は、「戦車、とまれ。前に出るな。只今、連隊は敵三百を湖水に圧迫殲滅したが、敗残兵に戦車を見られたら具合が悪い。明日、麻城方向より退却を予想される十数万の大敵との戦闘に戦車を使用するのであるから、十分にこちらの企図を秘匿せよ」と悠揚せまらず、はやる戦車隊の手綱をひきしめるのであった。そして兵站線を浠水にきりかえることになり、燃料二日分を補給してもらった。これが後に大いに役立った。

やがて藤本大尉のひきいる独立軽装甲車第九中隊も、追撃隊に配属された。

黄塵をあげて大軍にせまる

十月二十四日の夜明け、軽装甲車中隊の鈴木中尉は、部下小隊をひきい勇躍、麻城方向の敵情捜索に進発した。前衛は松崎少佐のひきいる第三大隊、九四式軽装甲車隊は前衛の配属となり、歩兵中隊と前衛のあいだを、八九式戦車は連隊直轄にて前衛のうしろを躍進した。十時ころ鈴木中尉から「麻城方向に敵を見ず」と報告してきたので、戦車隊もまた前衛へ配属となる。大隊長に申告すると、松崎少佐は笑顔で「また一緒になったね。よろしくたのむ」との一言でこたえた。両者の呼吸が、ピッタリ結合した一瞬である。

八〇〇メートルの梯隊間を一進一止する。戦車がとまっているとき、偵察機の川村大尉から通信筒がおとされ、約五千の敵が退却中であることを知った。これが下店ふきんの後衛陣地を占領して抵抗したが、軽い戦闘ののち退却したので、また一進一止をつづけた。

このとき偵察機の汾陽光文大尉（戦後、航空幕僚長）が通信筒をおとした。それには「砲を有する万を下らざる敵が、大縦隊で退却している」と図でしめしてあった。

梯隊間を一進一止しているとき、部下自動車のドラム缶が少なくなったのに気づき、汾陽報告の敵を捕捉するためには、この自動車に歩兵一個中隊くらいをのせ、戦車を支援しながら推進させる考えが、ふとうかんだのである。さっそく私は松崎少佐に意見具申、松崎少佐は佐野大佐に意見具申した。

追撃隊長はただちにこの案を採用し、「歩二三の第七中隊、軽装甲車中隊、戦車中隊は先任中隊長の指揮をもって快速隊となり、まず黄坡にむかい敵を急追すべし」との命令をくだした。ときに午後一時、先任たる私が快速隊の指揮をとることになった。

私はただちに「軽装甲車中隊、戦車春山小隊、戦車主力は出発、黄坡にむかい急追すべし、歩兵中隊は乗車後ただちに主力に急追すべし」と命令し、勇躍突進にうつった。

藤本大尉は、砲を装備している戦車といっしょなら百万の味方をえたほど力強い、と春山甚左衛門中尉とよろこびあい、戦車は軽装甲車の軽小快速を利用して、一体となって戦闘した。このときの車輌は軽装甲車二十一台、戦車十台であった。

三時ごろ敵の速射砲が繋架したまま退却しているのに追いつき、機銃をあびせる。春山小隊は敵の最後尾砲を五七ミリ戦車砲で粉砕、つぎの先頭砲車の輓馬をたおし、最後に中間砲にトドメを刺す。

対戦車砲をうちやぶって進むと敵歩兵の大縦隊はにわかに展開して応戦しようとしたが、

地形は大波状の畑地であり、また身体をかくすものがないため、機銃と戦車砲とに先制攻撃をかけられ、抵抗をあきらめて本道より遠くへちりぢりに逃げさった。

つぎの敵部隊は混乱におちいり、装具を投げすてて、これまた本道より遠くに遁走し、道路およびその近くは遺棄品でおおわれた。

漢口突入の大武勲

このような戦闘を八キロにわたってつづけ、敵砲兵に近づく。砲兵は松のまばらに生えた林にひそんで応戦したが、藤本軽装甲車中隊の突撃と、春山小隊の戦車砲の射撃に制圧され、軽装甲車が手元に飛びこむと、砲手は砲をすてて、陣地後方の凹地を南に逃げさった。

さらに突進すると、黄坡の東方高地が見えはじめた。ここは強大な敵がいるかもしれない地形だ。慎重を要する。また戦車も過熱しているので、冷却したいところであるが、敵に応対のいとまをあたえてはならじと、藤本大尉、春山中尉は一気に全速力をもって突っ走った。

このとき、友軍機が高地上を対地攻撃しているのが見えた。敵のいる証拠である。私の主力隊も全速力で突っこむ。季節はちょうど小春日和、連日の晴天に道路はかわき、乗車歩兵七台と補給車などあわせて二十七台が疾走したため、天日も暗くなるほど黄塵をまきあげる。まさに大機甲部隊の猛進に見えるのだ。万全の兵力を潰滅させられた敵の驚きは、このありさまを眺めてキモをつぶしたことであろう。

突進隊は、高地脚にあって橋梁爆破作業を掩護している敵を、射撃しつつ橋の裾（すそ）にとりつ

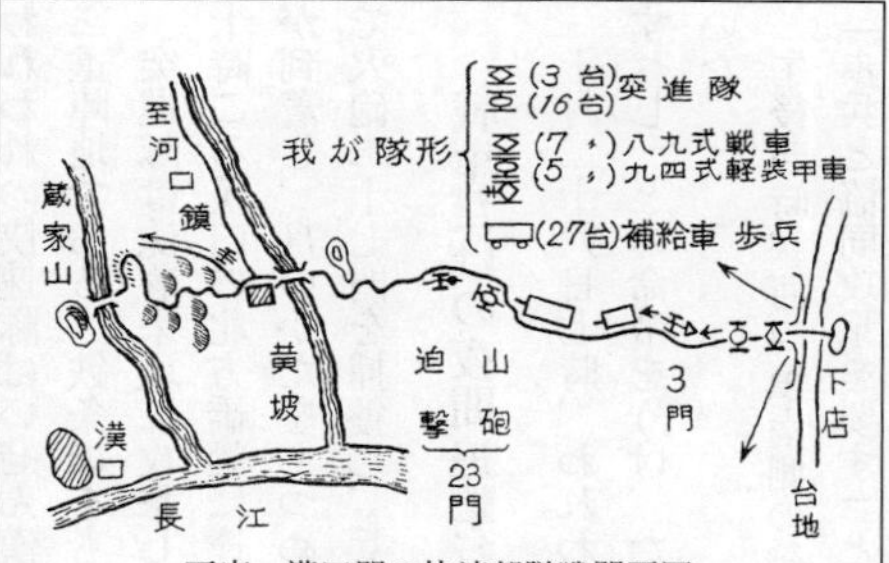

いた。橋は舟橋で、中央で破壊作業をおこなっている。春山中尉はひらりと飛びおり、橋上に四股をふみ、強度をはかった。やがて戦車の通過可能を確認して、軽装甲車は前進する。中尉も乗車してすすみ、突撃隊は対岸を占領した。黄坡城壁上には敵は見あたらず、快速隊はさらに前進した。

このとき肥後大尉の歩兵隊が追及してきたので、歩兵に黄坡城の攻撃を命じた。歩兵は脱兎のごとく橋をわたり、城内に突入した。まもなく城頭高く日章旗をふって合図し、万歳の唱和がこだましてきた。ついで城内を掃蕩して西側の城門に出て、春山中尉と連絡した。

この状況を見とどけた私は、軽装甲車二輛をもって追撃隊長に「黄坡城を占領し、橋梁を確保せり。諸兵の追撃に支障なし」と報告した。これをうけた隊長は単騎で快速隊にきて、さらに漢口にむかって追撃せよと命じた。

この間に春山中尉は、部下小隊のみにて突進、敵の重砲においついてこれを捕獲し、また高級車をぶんどった。調べてみると、これは第十軍司令官の張治忠将軍の乗用車であった。

下店～漢口間の快速部隊戦闘要図

十月二十五日一時、歩兵第四十五連隊も追撃隊となり、われわれの快速隊はいぜん漢口にむかって進撃を命じられた。黄坡より漢口への道はすべて二重陣地である。鉄条網をもつ陣地を数線もうけ、道路にはいたるところに軌条砦があった。

突進隊は沈着果敢に攻撃して、敵を長江の支流に叩いた。さらに堤防ぞいの道を前進し、十時ころ漢口の北方橋梁に達した。そこで対岸の蔵家山陣地と戦火をまじえたが、師団参謀が到着し、舟いかだをあつめ同夜、歩兵は渡河して、漢口に突入したのであった。この戦闘で火砲二十七門を捕獲し、兵員二万余を潰滅させた。

戦車だけの夜間追撃行

十月二十六日七時、われわれは「岩崎支隊に属し、河口鎮付近にいたり、敵の退路を遮断すべし」との命令をうけ、ただちに漢口を出発した。黄坡にあった小隊は、すでに北上していた。

午後四時、河口鎮南側の後山という山が見えた。さっそく岡野小隊を威力捜索に出すと「歩兵と協同攻撃を要す」と報告してきた。

二十七日の夜あけ前に、後山を夜襲したが敵はいない。また河口鎮の村にもいない。そして十時ころ第十六師団がやってきて、敵をにがしたことを知った。また支隊長の通報により第三師団は花園に、第十師団は徳安に進出したことを知ったので「支隊は快速隊をもって花園にむかい追撃せしむるを要す」と意見具申した。

岩崎大佐はただちに採用し、「高橋大尉は歩兵一個中隊、無線一個分隊、工兵二個分隊をあわせ指揮し、追撃隊を編成、まず花園にむかい追撃すべし」と私に命じた。昼すぎには漢口から春山戦車小隊も追いつき、一同ますますさかんなるものがあった。

配属された高尾軽装甲車小隊は歩兵となり、戦車は二、三、一小隊の順序で、午後二時、堂々と出陣した。速度のおそい歩兵には、急追を命じた。

午後三時、昨日来の雨はいよいよはげしくなり、視界はわずか一〇〇メートルくらい、道は急斜面のデコボコ道である。これでは対戦車砲一門で中隊全滅だが、豪雨のなか難所をきりぬけ、やっと平地へ出ることができた。

四時ごろ雨もやんだので、小休止していると、血迷った敗残兵が戦車に乗せてくれと近づいてきたので、いよいよ敵近しと、さらに警戒をきびしくしつつ前進をつづけた。午後五時、谷地のせまい出口に、後衛陣地にふさわしい小山が見えてきた。そのとたん敵の猛射をうけた。ただちに応戦、全力をもって瞬間猛火をあびせると、敵はあわてて退却したので、追撃前進にうつった。

道の右側に速射砲がおいてある。後方が池だ。砲をよく見ると鎖栓（後部の閉鎖機）がない。さらに池の上手に近く、また一門が置

戦車隊の尖兵として突撃する九四式軽装甲車隊

きざりにしてある。道の右側は池で、左側は戦車の登れない山である。ここをわれわれが通るとき、池の中の砲が先んじて陣地進入していれば、友軍の戦車のうち二台や三台がやられるところであった。

さらに迫撃砲が数門すててあった。前進を急いだが、九四式軽装甲車は泥濘のため過熱して前進不能となり、歩兵自動車もまたスリップして追及しえない。

あたりはツルベおとしの秋の夕暮れ、ぐずぐずしておれない。私は快速隊の責任者である。決断をせまられた。断乎、戦車のみで夜間追撃を断行、と決心した瞬間、天もまた一時パッと明るくなった。

機を失せず、前進を命じた。やがて数分ののち、あたりは暗黒にとざされる。路ばたに山砲があっても敵兵の姿はない。さらに進むと、家屋内で大焚火している。機銃で掃射しつつ進撃を急ぐ。

集落の外に出て一息ついたが、暗くて急進できず、前照灯をつけて驀進した。三十分ほど進んだところで、第三師団と会合、情報を交換しあった。ときに十時であった。

一蹴した重砲陣地

第三師団は漢口にむかった。われわれは漢口からきたので、花園、徳安の道に敵ありと判断し、独断にて徳安にむかうべく、工兵に橋梁を修理させて出発したが、篠つく寒雨に車行をはばまれ、一時追撃を中止した。

このとき歩兵は長沙方面へ転進のため、帰還を命ぜられた。だが私は全般の状況を考え、徳安への前進を再開した。

十月二十八日十時、岡野歩兵小隊は集落より小銃射撃をうけたが、まもなく駆逐した。集落をすぎようとすると、こんどは榴弾砲の放列である。砲手の南方へ遁走している姿が見える。私は付近を捜索して加農砲陣地を制圧させた。

さらに前進して、歩兵十八連隊が徳安から花園にむかってくるのにあった。ついで工兵は二十数メートルの橋梁を二時間で修理し、午後四時、戦車隊は徳安に達した。この間に捕獲した砲は二十三門をかぞえ、すべてソ連製であった。

二十九日九時、ふたたび前進、雲夢城壁には敵兵を見ず、威力捜索したが手応えがないので、城を迂回して東門と南門に展開し、段列兵（だんれつへい）および歩兵をもって東門より突入させた。その後、応城にむかい追撃をはかったが、舟いかだがなく一応おわりをつげた。

連続六昼夜、三五〇キロを走破したので戦車を整備し、戦場を整理して「支那軍陣没無名戦士之墓」を立てて弔った。土民はこれに野菜などをそなえた。師団はこのことをきき、「土民われに好意を有す、宣撫せよ」とただちに会報にのせて、隷下（れいか）部隊にくばった。

日本が負けたのか　ノモンハン戦車戦の真相

ホロンバイル草原に雷雨をついて敢行された夜襲戦車戦

当時・関東軍参謀・陸軍大佐　野口亀之助

ノモンハン事件といっても、ピンと来ない読者が多いであろう。しかしこの事件は種々の観点からして、重大な意味を持っている。なにしろ日本軍とソ連軍が日露戦争いらい三十五年ぶりで、おのおの取っておきの近代兵器を持ち出し、ホロンバイルの大平原を舞台に、食うか食われるかの大激戦を演じたのだから、そうとうな大問題であることに間違いない。

事件は昭和十四年の夏から秋にかけて起きた。真珠湾攻撃の二年前にあたり、日本の大軍は支那事変早期解決を目標に、中国本土の奥へ奥へと作戦を進展させていたときである。当時ソ連は独ソ開戦前で、きわめてフリーな立場にあり、中国大陸に力を出しつくしている日本軍の背後、満州国境にたいし、意地の悪い牽制(けんせい)を毎年くり返していたのである。

野口亀之助大佐

昭和十二年にはカンチャズ事件、同十三年には張鼓峯事件をしかけてきた。国際信義などわかる相手ではなく、実に図々しいものであった。しかし両事件とも関東軍および朝鮮軍の断乎たる処置で、一応はおさまった。山林や湿地に局限されて、ソ連得意の戦車が使いにくかったこともわれに幸いしたのである。

ところが昭和十四年のノモンハン事件になると、海のような平原で起こったため、日本軍もやむを得ず航空機、重砲、戦車など取っておきのものを出さざるをえなくなり、ついにわが国最初の近代戦を体験するにいたったのである。

「ノモンハンでは日本が負けたのか」

事件後から今日まで、そういう意味の質問を私は何十回となく受けた。当時、私は関東軍の参謀ではあったが、担当は機甲教育、編成関係で、作戦の枢機には参与しなかった。かつノモンハン事件の激戦時機には、戦車兵団配属の参謀となり、第一線に働く駒として参戦した。

したがって、この事件関係の作戦に関して論ずるときに、自分の負け惜しみにも申し訳にもならない気やすさがある。以下、私にもっとも関係の深い戦車部隊を中心に、当時の実相を記述して、勝負の判定は読者にお願いすることにする。

火砲の弱かった日本戦車

北アフリカ砂漠における戦車戦を主体とした映画は、戦後しばしば出たようであり、読者の多くは少なくともその二つ三つをご覧になったことと思う。ノモンハン事件の戦場やら戦況やらは、あれに類似するところがそうとうに多い。

森林も、村落も、耕地も、山もない。しかも、どこでも車輌の通過を許す戦場。こんな戦場では、戦車またはこれに類似する兵器が主役を演ずるのは当然のことである。

戦車を充分に活用し、一方、戦車を撃破する方法に心を砕く。これが本事件の最大特徴の一つである。

第二次大戦には、その開幕にあたって、飛行機と戦車をよく勉強していた国がまず陸戦の勝利を獲得した。ドイツ戦車兵団は、フランスをアッという間にひとなめにした。この無敵と見えたドイツ戦車を、後日ガッチリと食いとめ、押し返したのがソ連戦車である。この意味でソ連戦車は、世界的に「優」の位に入る。

それならわが日本戦車はどうであったか。第一次大戦後の軍縮軍縮の声に圧迫されながらも、戦車の創造にコツコツと努力をかさねてきた先輩の苦心は、みごとに結実していた。満州事変の初期から対支作戦を通じ、戦車は各地に偉功を立てていた。のちの南方大進軍のときにも、花形役者の観を呈した。この意味においては、日本戦車はお世辞ぬきに「優」である。

しかしながら、当時の日本戦車は一つの弱味を持っていた。見方によっては致命的なものである。

それは、歩兵と協力して敵地上軍を叩きつけるには向いているが、独立して戦車対戦車の撃ち合いをするには、きわめて不利な火砲を持っていたのである。本事件ではこの改善を待ついとまがなく、そのままソ連の「優」の戦車に決戦を挑んだことになった。この不利をカバーするには、精神的要素と訓練の成果に待つほかはなかったのである。何といっても苦しいことであった。

公主嶺の町は、新京と奉天の中間に位置する戦車関係諸部隊の巣窟という観を呈していた。ここにはわが国第一級の戦車将校、下士官兵が集団し、その意気はまさに天を衝くのおもむきがあった。彼らは一方にエンジニアとしての教養をそなえ、また一方では全軍のトップを切るファイトに燃えていた。新興兵種たる彼らは古い因襲からは脱皮し、新しい伝統を早くもうち立てていたのである。

安岡快速支隊の編成およびノモンハン出動が下令されたのは六月の末であった。その編成は、安岡戦車団（吉丸中戦車連隊、玉田軽戦車連隊よりなる）を主体とし、これに全員乗車した諸兵種（歩兵一大隊、機械化野砲三中隊、工兵、高射砲、自動車連隊等）を配属したもので、のちにできた戦車師団のひながたである。これらの諸隊は、主として在公主嶺の隣組部隊であった。私は、この支隊の配属参謀となった。

私がこの重要命令を懐にして、公主嶺飛行場におり立った翌朝の九時には、第一列車が国境駅ハロンアルシャンに向かって出発した。そして、そのあともなお、ぞくぞくと軍用列車はつづいた。

かくて、南方よりの突進兵団安岡（やすおか）快速支隊（第一戦車団長・安岡正臣中将指揮の戦車三連隊

なる戦車兵たち。中央正面には連隊長搭乗の九七式中戦車が見える

草原の戦場ノモンハンに展開した戦車３連隊の八九式中戦車のかたわらで車座に

と四連隊）は一夜のうちにできあがり、作戦行動に入ったのである。

雄渾なる作戦構想

当時ホロンバイル方面の防衛は、小松原道太郎中将の率いる第二十三師団が担当し、ハイラルに位置した。ハイラルは、大興安嶺を越えて一歩この大平原に踏み出した軍事拠点である。この師団はノモンハンの敵越境部隊殲滅のため、徒歩で南進を開始した。安岡支隊は遙か南方のハロンアルシャンに汽車をすて、爾後その快速を利して西北進し、敵の右側背を包囲して小松原兵団の作戦に呼応しようというのである。両兵団の当初の間隔は何百キロにもおよんだであろうか。雄渾なる作戦構想であった。

ハロンアルシャンへの鉄道輸送の順調さに満足した私は、一日行程前方（西方）のハンダガヤに戦車を走らせた。ここは大平原への出口にあたり、疎林、高地など大興安嶺の余波がわずかに残っている程度で、前面には大草原が大きく、かつゆるやかなうねりを見せて果てしなくつづいている。

先遣隊長玉田美郎大佐は、軽戦車第四連隊をもってこの地を占領し、安岡支隊の集中を掩護する一方、敵状地形の捜索に余念がない。主力部隊も逐次到着してくる。万事好調。私は思わずニヤリと安堵したが、とたんに、ハッと胸を衝かれた。

来るのも来るのもみな戦車で、自動車が一台も来ない。途中数キロにわたる徹底した悪道があって、トラックの通過を阻止していたのだった。迂闊（うかつ）だった。戦車燃料の輸送杜絶。これから私の一世一代の苦しみがはじまる。そのものようは、先遣隊長玉田大佐と私（野口）および戦車団高級参謀高沢中佐と私の次の会話でご賢察を請うことにする。

玉田大佐　野口参謀、燃料をどうします。○○中尉はそのために戦死した。

野口参謀　それは一体どういう意味です？

玉田大佐　戦車は燃料を食うから偵察には使えないのだ。斥候は蒙古軍の馬を借りている。戦車将校が乗馬で敵の戦車に追いまわされ、蹂躙される無念さ……。それを見ていて手も足も出ないわしの気持ち……。

二人とも、何もいえなくなった。

＊

高沢中佐　野口参謀、「ショウグンハ、イツマデアルシャンオンセンニツカッテイルノカ」という電報がきたそうですね。本当ですか？

野口参謀　デマですよ。

高沢中佐　支隊の名誉にかけても、今ある燃料のつづく限り行きましょうや。

野口参謀　貴方までそんなことをいい出されては、収拾がつきません。途中で油が切れたらどうにもなりませんよ。

高沢中佐　僕はそう思わんな。油がなくなったら機関銃をはずして担いで行く。任務に向かって全力を尽くす。何の迷いもないじゃないですか。ハッハッハッ！　そんなむつかしい顔せんと行きましょうや。

淡々と語る高沢中佐の温顔に、全戦車団の総意が神々しく輝いていた。

やがて全将兵の一念が通じてか、自動車が通りはじめた。練達の部隊長甲斐大佐の率いる自動車連隊は、神のような働きを示した。戦列部隊の自動車も一時、後方にまわって全力をあげて燃料集積につとめた。夜も昼もない。戦車団も臨時配属部隊も一体となって運んだ。

つぎには目前のハルハ河渡河材料の運搬がひかえているのであるが、燃料が先決である。最悪の場合には、貴重な戦車の一部を橋脚にしてでも渡河しようと、私はひそかに覚悟していた。

驀進また驀進

あと一息。作戦目標までの半分の燃料をつんだときである。ついに、決定的な事態が到来した。

「敵後続兵団東進を開始せり。小松原第二十三師団の会戦時期は近づきつつあり」

ついに前述した高沢中佐の意見実行のときが来てしまった。安岡支隊が進発する。徒歩戦闘を覚悟しての戦車団の前進である。何も知らない将兵は勇躍して進む。それを見て、兵団長、幕僚はかえって胸が痛んだ。

小松原兵団は、全国軍の犠牲的方面を担当しており、安岡支隊は、その小松原兵団の作戦の犠牲的方面である。自分の都合のよい戦いの場と時を選ぶことは許されない。燃料が半分でも、渡河材料が未着でも、何とか工夫して作戦の要求を満足させなければならないのである。

　先遣隊専門の玉田部隊は、ハルハ河岸に殺到した。私がこれに追いついたとき、北方より友軍機一機が近づくのを見た。しばらく旋回をつづけていたが、最後に通信筒を投下して飛び去った。

「安岡支隊は小松原兵団と近く作戦するため、まず将軍廟に向かい転進すべし」

　関東軍命令である。ヤレヤレ渡河する必要が消えた。残る心配は燃料だ。玉田大佐と私は頭を寄せあって次の行に目をそそぐ。

「燃料は転進途上××地点に空輸集積しあり」

　これで戦車兵が戦車で戦える。あたり前のことを喜んだものである。安岡支隊はよみがえった。数百の戦車、自動車は頭をふり立てて急進。途中、燃料の側面補給地では各隊ひさしぶりの満了、何ともいえぬいい心持ちで将軍廟に到着した。ハンダガヤ出発より四十八時間の連続機動である。

　機動第二日の大行軍は航海に似たものである。地上の

ノモンハンへ進撃する戦車第3連隊(吉丸清武連隊長戦死)の八九式中戦車と九四式軽装甲車

目標物と道路がないのだ。全速で驀進する大縦隊の先頭にあって、これを正しく誘導した将兵こそ、この日の殊勲者である。それは某私立大学出の若い予備役少尉であった。私は終始、彼の戦車に同乗していたが、彼の至誠無私、端然として前方を見つめている武者ぶりに神のような壮厳さを感じた。残念なことに彼の氏名を記憶していない。この日、安岡支隊長は偵察機で空路先行、小松原兵団長と文字どおりかたい握手をした。

小松原兵団のハルハ河渡河攻撃は今夜中に開始される。そのためにはこちら岸の敵をすぐ始末しなければならない。それが支隊の新任務となった。連続機動二十四時間後の大休止はただの二時間。ふたたび出発、さえぎるものもない大平原を、戦闘隊形にひらいて驀進（ばくしん）また驀進。敵はまだ地平線の向こうにある。

今から何のための戦闘隊形か。これこそ安岡支隊としての最初の訓練でもあり、また最後の検閲でもあったのである。自動車までも戦闘隊形だ。みごとな編隊だ。将も兵も自らの威容に快哉を叫ぶ。必勝の信念が理屈なしに湧いてくる。名将安岡正臣中将の快速部隊指揮の極意が、いよいよ本格的に表われてきたのだ。

前進中に編組の変更が命ぜられた。乗車歩兵大隊は燃料不足で徒歩追及中、そのかわりにY歩兵連隊が配属された。ついでわが機械化野砲は射程が大きいという理由で小松原兵団の渡河掩護部隊に編入され、そのかわりに輓馬（ばんば）砲兵連隊が配属された。

これで戦車以外の部隊は、全部、普通師団と同じものに変えられてしまった。そしてこれらの新配属部隊は、ハイラルからの長途の徒歩行軍で疲労ははなはだしかった。支隊としては、速度を主とすると、全支隊の綜合戦力の統一発揮ができず、また戦力の綜合を主とすると、時間的に任務の達成に間に合わない。考えているうちにも、部隊は小松原兵団諸隊をどんどん追い越していく。

攻撃開始

十五時。全車輌がピタッと停止した。最後の兵器整備である。全部隊長集合。展開命令下達。綜合戦力発揮よりも、時間的に拙速をとうとぶ支隊長の捨て身の決意がハッキリとした。全部隊長の間に、とっておきのサイダーが飲みまわされた。悟りきった智将勇将の生別。壮厳なる一瞬であった。

十五時三十分、攻撃開始。両戦車部隊は突進していく。Y歩兵連隊も歯をくいしばって前へ前へとひたすらに歩く。長途行軍のつづきである。士気旺盛なれど気息奄々(きそくえんえん)。私ももとは歩兵であった。その苦しさを知っていたから気の毒でたまらない。新配属の輓馬砲兵はどこにいるのだろう。この日は見つからなかった。水のとぼしいこの平原で、輓馬は果たして動けるのであろうか。

公主嶺から行動を共にした機械化砲兵は、ここまで来て前述のように、よその方を撃っている。貧乏世帯はつらい。犠牲的正面の中のそのまた犠牲的部隊の悪戦苦闘がこれからはじまるのである。これが昭和十四年七月二日の夕暮れのことであった。

天蓋と扉を閉めきって、戦闘姿勢にある戦車からは、夜の視界はゼロに近い。しかるに、智将・玉田美郎大佐の旺盛なる責任感のもとに、ほとんど無謀に近い戦車単独の夜襲を敢行した。

折りからのものすごい雷雨をついて、三十台の戦車が何ひとつの損害もなく、またたく間に敵陣の中へ入ってしまった。敵も味方も混乱の極に達したが、結局、敵は多数の兵器を残して逃走した。しかし、そのあとが大変だった。玉田大佐は全部下を見失い、自決寸前のところまで追いつめられたとのことである。このときにおける副官の処置は卓抜であった。竿竹に結びつけた天幕を戦車の上でうち振りうち振り敵陣内を走りまわり、ついに全連隊の集結に成功したのだという。

とにかくこの夜襲は大成功であった。その後、このとき獲った大きな火砲を、この部隊の小さな軽戦車がお尻につけて、威張ってひき廻していたのには、誰しも微笑をさそわれた。この夜襲の成功の原因としては、大雨で敵が油断していたこと、稲妻が適度の間隔で視界を助けてくれたこと等も見逃せないが、さらに決定的なことは、同部隊の平素の訓練で、指揮官車との連絡保持の徹底が習慣性にまでなっていたことと、玉田大佐にたいする全連隊の信頼を基調とする団結力が強かったことであったろうと思うのである。

連隊は、その後も最左翼にあってつねに勇敢に戦い、敵の反攻をしばしば撃摧（げきさい）し、偉功を立てていた。資材は軽戦車で、対ソ用としてはお粗末だったが、訓練は周到だった。

明くれば七月三日。快晴。小松原兵団は渡河に成功してハルハ河の対岸を南下している。同兵団の勇士に焼かれる敵戦車の黒煙は、幾条も幾条も南の方にその数を増していく。普通師団が敵戦車群の中を突進している姿を想像して、手を合わせたい気持ちになる。勇壮なる悲劇だ。

支隊は今日こそ歩兵、戦車、砲兵の綜合戦力発揮により、一挙にこちら岸の敵陣地を抜かねばならぬ。しかるに新配属の輓馬砲兵は、一体どこをさまよっているのかと心配しはじめたそのときである。砲兵連隊長伊勢大佐の現われたのは。水の不足と過労にあえぐ馬に野砲を曳かせて、大平原を突っ切り、一時は戦車連隊と同線にまで進出した。右に左に群らがりよる敵戦車を打ちはらっておられる伊勢部隊長の勇姿は、今でもハッキリ目に浮かぶ。

暴れだしたソ連戦車

「戦車第三連隊長吉丸大佐戦死。同隊戦列隊の基幹将校もことごとく後を追った。下士官兵もまた死傷多し」

私の腹の中は煮えくり返ったが、どうにもならぬ。この日、吉丸清武大佐は支隊配属歩兵連隊に二度までも連絡にいき、例の綜合戦力の発揮をはかった。私はかつて大佐の部下であったころ、戦車単独盲進をつねづね戒められていたことを思い出す。

大佐は精悍ではあるが、決して猪武者ではない。ただ対岸に悪戦苦闘をつづける小松原兵団主力にたいする安岡支隊の責任を支隊長の身になって考えられた結果、人事をつくしたうえの攻撃前進であった。後日、「東京から教訓を求めにきた人びとの中には、単に結果から想像して「歩、砲分離して戦い、損害を大ならしめた例」とか称して批難される向きもあったが、士の心のわからぬも甚だしい。だれが洒落や冗談で死地に飛び込めるものであろうか。それから二、三日後のことである。私は配置を勘違いして、敵味方の中間を、単身サイドカーで飛ばしていた。その時、敵戦車五台を発見して、さすがにギョッとしたが、折りよく前進してくるわが戦車部隊へ車を向けた。近づいて驚いたことには、この戦車部隊は全滅と思った吉丸戦車隊の残党であった。

隊長以下将校の大部を失ったが、段列（連隊の補給、修理機関）の老大尉を中心に、傷をつつみ、車を修理して小部隊を編成し、いましも弔い合戦に前進を起こしたところである。しかし誰に命令されたのでもなく、すべて自発的のものであった。「敵戦車五台炎上」これが彼らのその日の戦果であった。

敵の戦車はどうであったか。当初から活発に働いていたが、最初はわが戦車団、歩工兵の速射砲および肉薄攻撃、砲兵火力などのためにそうとうの損害をこうむった。

しかし、彼らも経験をつむにつれ、わが手に乗らなくなったのみならず、わが安岡戦車団引揚後はいよいよ横着をきわめ、わが両翼はつねに危険にさらされるようになった。「タトイ一ダイデモヨイ、センシャヨコセ」という現地の切実な要求により、編制改正中の戦車第五連隊を出動させるべく準備を急いだのも、そのためである。

戦車は最新の九七式に改めた。その輛数は、一個連隊で安岡戦車団に匹敵するくらいに増した。しかしこの部隊が戦場に到着する前に事態は悪化した。敵戦車を主体とする大部隊はわが小松原兵団の陣地に侵入し、大暴れに暴れたのである。「ノモンハンは結局負けたのですか」というような質問は、このときのことだけを考えると出てくるのである。

関東軍は即座に対応の策を講じた。在満諸師団の精鋭をホロンバイルに集中し、特別現地訓練をほどこし、新たに到着した戦車部隊もくわえて、一撃これに報いようとした。そこへ停戦と来た。後味の悪いことではあるが、これで関東軍としては中国大陸方面をふくむ大作戦中の持久正面兵団としての任務を達成し終わったのである。

結局ノモンハン事件は「中国本土の決戦」を勝たせるための「関東軍（在満軍）の持久戦」である。この持久戦だけをとらえて勝負を論ずるのがそもそもおかしい。

このノモンハン事件は、わが軍機甲界に革期的な大改善をうながした。機甲本部、機甲軍、戦車師団、機甲関係学校等の新設、改善、拡張等がそれである。

最後に私はこの拙文が、はるか北方の辺土に骨を埋めた多くの勇士たちへのたむけともならばと祈願して筆をおく。

知られざる紅顔の戦車兵誕生うらばなし

元 少年戦車兵一期生・陸軍曹長 藤原新吉

昭和十四年五月十一日から百余日にわたって、日満、ソ蒙の数万の大軍が、大興安嶺外のホロンバイルの草原を血で染めて戦ったノモンハン事件で、日本軍が予期しないほどの痛手をうけるという結果におわったのは、関東軍が敵を軽視したために判断をあやまり、作戦の計画指導の適切さを欠いていたからであった。そのうえ、わが軍の中央部がソ連の軍備と戦術の本質をふかく研究もせず、また当時の国際情勢の把握や分析がなされていなかったと思われる。

これを作戦にだけしぼってみても、ソ連は昭和三年からはじめた五ヵ年計画において、全国力をあげて建設した工業力を背景として軍備を充実し、消耗決戦思想を基調として軍の機械化、火力、戦車、航空の充実をはかり、その総合戦力を発揮して勝利にみちびくことにあったのである。

したがって狙撃、戦車（機甲）兵を決戦兵種とし、重要正面にはかならず両種兵団が使用された。しかも戦車兵団でもその固有編成内に車載狙撃機関銃大隊、その他の補助兵種の部隊があり、これらが戦闘のときには一体となって総合戦力を発揮した。

これに対して日本軍は、歩兵を軍の主兵とし、勝敗の決戦を白兵戦にもとめることを本旨とした。そして他との協同は簡単にすることを主眼とし、万事徹底した精神主義であった反面、物的威力を軽くみるという弊害が生じて、日露戦争時代の戦術思想と根本的に変化なく、わが国の国情その他いろいろな関係があったとはいえ、欧米、とくにソ連の軍備に対応できるものではなかった。

とくに満州、支那両事変により敵軽視の風潮を一層たかめたことも見落とせない点であった。したがってわが戦車隊の用法も、歩兵に直接協力し戦勝の途をひらくことを任務としたが、戦車は戦車としてつかうことを尊び、ソ連のような真に歩兵と戦車が一体となって戦闘することは考えられていなかった。

しかし、必要に応じて戦車を集結して堅陣を突破させ、または最後の決戦につかい、時としては臨時機械化部隊の中核として使用するという、きわめて経済的で便利な、一石三鳥的な用法を考えていたが、これは万能的で、戦車団と機甲兵団とでは、性能も平素の訓練もみずから異なることを考えなかった。

わが軍は満州、支那両事変で臨時機械化部隊を使用し、かっかくたる功を奏したが、多くは挺進隊的用法で、相手は名にしおう張学良軍、中国軍であり、機甲兵団同士がガップリ四つに組んで戦ったのは、ノモンハン事件が初めてであった。

わが軍は、せっかくつくった唯一の機械化旅団を、金ばかりかかって支那事変でなんの役にも立たなかったとして、その運用と補給に欠陥があったことはすこしも反省せず、これを戦車団に改編してしまったというまことに時代おくれの思想が大勢を支配していたのだから、欧米なみの機械化思想がめばえなかったのも無理はなかった。

ノモンハンが生んだ教訓

ともあれノモンハン事件では、ソ蒙軍のほとんどが砂漠戦に適した機械化兵団で、ゆったりした余裕をもっているのに対して、重装備のわが歩兵が熱砂のなかをアゴを出し、のどの渇きにあえぎながら行動していた。

そして対戦車戦法といえば、肉薄攻撃とガソリンが重視され、速射砲は射程がみじかく自走性がない。それに砲兵は旧式砲が多く、輓馬(ばんば)は全身に白いアワをふかせながら疲れはてて砲をひき、たのみとする戦車は備砲とスピードが劣り対戦車戦用にできていないうえ、数もすくなかった。

しかし、第一線の将兵たちは一死報国の念にもえて、この悪条件を克服し、悪戦苦闘のすえに敵に多くの損害をあたえ、ザバイカル州、その他の病院や西行の列車は負傷者でみちあふれていた。

ところで、事件は日本軍の敗北におわり、日本軍はもちろん国民にも大きな衝撃をあたえた。ことに関東軍と中央部の機甲関係幕僚間に強い反省がおこり、戦車十個師団整備計画案が立案されたが、いろいろな事情によって大勢を動かすにいたらず、また戦車の制式、編成、用法、教育、訓練にも見るべきほどの改善はくわえられなかった。

それにもかかわらず、昭和十五年五月十日にはじまったドイツ軍のマジノ電撃突破作戦に瞠目した陸軍は、急遽、山下軍事視察団を欧州に派遣したが、明けて十六年六月に帰国して提出した軍備刷新の意見により、軍機械化の機運がすすめられ、昭和十七年、満州に機甲軍（軍司令部、二戦車師団）北支に戦車一個師団がおかれた。

いっぽう幹部の資質向上のため諸施策がおこなわれたが、その一端として少年戦車兵制度がつくられ、ノモンハン事件後のその年（昭和十四年）の十二月、千葉陸軍戦車学校に生徒隊を設け、第一期生を迎えたのである。

そして、大東亜戦争開始直前の昭和十六年十二月一日——独立して陸軍少年戦車兵学校が設立され、玉田美郎少将が校長に、生駒林一大佐は生徒隊長、緒方休一郎中佐は学校本部付に、そのほか多くのノモンハン事件従軍者が生徒隊職員として迎えられ、もっぱら若獅子を教育訓練して、多くの卒業生を戦場におくり出したのであった。（玉田美郎『若獅子の誕生を促進したノモンハン事件の真相』）

スーパーマン的な戦車兵

ところで、少年戦車兵学校の概要はどんなものか、ということについて記してみる。

一日も早く立派な戦車兵に成長すべく九七式中戦車に搭乗し訓練する少年戦車兵

設立の趣旨

現代地上戦の華といわれる戦車は、機械化部隊の中心であって、空の航空機、海の艦艇とともに戦争の勝敗を決し、ひいては国家の運命に影響するようになってきた。もとより戦車は、近代科学の粋をあつめてつくった精巧な兵器であるから、その最大威力を発揮するためには、これを取り扱う者は精神も、性格も、体も、しかもまた取り扱い法も一般の人びとにくらべて断然すぐれていなければならない。

それは、短期間の教育でできるものではなかった。そこで陸軍少年戦車兵学校を設けて、動作も機敏な少年のときから、将来見込みのある優秀な人を選び、特種な施設と環境の中で教育して、戦車戦力の中堅である下級幹部を養成するようになったのである。

所在地

静岡県富士郡上井出村である。付近に曽我五郎、十郎の墓があり、さらに近くには白糸の滝もある。生徒たちはこの史蹟ゆたかにして景勝にめぐまれた清浄の地において、朝に霊峰富士をあおぎ、夕べにはるかなる駿河湾をのぞんで、ひたすら戦車魂をきたえることと、神技に達する戦技の錬磨にいそしんだ。

学校の組織

学校は本部、教授部、生徒隊、材料廠などからなっていた。教授部は学校教育（普通学と軍事学）と、これに関連する訓育をおこなうところであった。生徒隊は若干の中隊にわかれ、中隊では訓育および術科教育がおこなわれる。材料廠は車輛兵器の修理や生徒の実習をおこなうところであった。

さて、そこで戦車学校の教育方針なるものはどうであったのか。

まず戦車は、その偉大な機動力と攻撃力とを発揮して疾風のように敵中に突入し、全軍戦捷の途をひらくものであった。そこで学校の教育は、人車一体の力を発揮し、その本領をまっとうするような訓育を基調として、主として個人教育によって精神および徳操をきたえ、身体の鍛錬に学術科の錬磨に、とくに実行第一主義の精進をつづけ、もって将来の素地をつくるための基礎教育に重きをおいていた。

ということは言いかえれば、本校の教育は生徒の心と腕とをやしなうことにあって、これをつらぬくものは軍人精神であった。すなわち、第一は戦車兵精神のめばえであった。国体、建軍の本義をキモに深く銘じて、軍人精神をもとにして、剛胆にして沈着、周密にして確実、慧敏にして果断、しかも不屈不撓の意志力と、黙々としてあらゆる困難を克服していくという気概をやしなうということであった。

そして第二は、戦車に関する技術の教育である。戦車の本領を充分に発揮し、百戦必勝の戦士となるには、技術は理屈でなくて神技の域に達せねばならなかった。それゆえに学校では、その基礎である戦技（操縦、射撃、工術、通信など）をもっとも重視して、これと精神との一体化を期して訓練していた。

楽しみもあった校内生活

ところで、教育の内容はどうであったかというと、教育は訓練と学術科とにわかれていて、生徒は校内に起居し、兵営に準じた特種な環境のなかで育まれ、文武の関係職員は父兄ともなり教官ともなって、つねに青少年の心理と体力のことを考えていた。そして、起居のしつけから学術科の教育にいたるまで、合理的に順をおって無理のないように教育される。とくに中隊は生徒の家庭であり、中隊長以下が、父や母がわりとなって生徒の日常生活のいっさいの面倒をみていた。

学校の施設と校内生活はどんなであったか。

学校には学校本部、生徒舎、車廠、幹部の集会所、兵舎などのほか、射撃、通信、工術、一般等の講堂、炊事場、食堂、剣術場、入浴場、生徒集会所、酒保、運動場、射撃場、基本

日々汗と油とほこりにまみれて、訓練に愛車の整備に取り組む少年戦車兵たち

操縦場、遊泳プールなどが完備していた。とくに生徒集会所は三百畳をこえる大広間と大小数個の座敷があり、酒保とともに生徒の慰安に充分であった。

中隊は数個の区隊に、区隊は内務班にわかれ、自習室、寝室などがあって、学習に便利なように設備されていた。生徒は中隊に配属されて中隊長、区隊長（将校）、内務班長（下士官）、そのほかの准尉、下士官ら士官の指導にしたがって一致団結してなんの不安もなく、希望あふれる生活をし、真剣に学術科の訓練をうけていた。

そして中隊には各種の運動用具をそなえ、体育がなに不足なくおこなわれるようにしてあった。また医務室の設備も完備し、早期診断を奨励してからだの具合の悪い者に対しては、つねに特別の注意がはらわれていた。日曜日や祝祭日には校内で運動や娯楽に興じたり、外出してゆったりした気分にひたりながら、英気をやしなうのを楽しみにしていた。と同時に、一年を通じて三週間以内の休暇もゆるされていて、このさいには帰省や外泊も許されることになっていた。

つぎに、少年戦車兵学校の演習についてのべてみよう。

まず術科の教育は、校内における教練のすすむにしたがって、これを実践にうつし、野営演習などで実戦とおなじ演練がおこなわれ、人車一体の精神をみがきあげるのである。訓育は日常起居のあいだにおこなわれる。また校外訓育として神社仏閣に参拝したり、史蹟を探訪するなど、道徳性をやしなうため情操教育などに重点をおくような計画もされていた。

最後に、少年戦車兵は約二年間という学校教育をうけたのちに、各隊に配属され、兵長をおおむね一年ほどへたのち、陸軍伍長として任官した。これが戦車隊幹部としての第一歩であった。

陸軍少年戦車兵学校の歩み

参考までに、開校から終戦にいたるまでの陸軍少年戦車学校の入校者、卒業者数の変遷を記しておこう。まず昭和十四年十二月一日、千葉陸軍戦車学校に生徒隊が創設され、第一期生一五〇名が入校した。このときは志願者八二二九名のうちから厳選されたものであり、それ以後も合格者は平均五十人に一人の割合であった。

十五年十二月一日、同校に第二期生二五〇名が入校。

十六年五月、第一期生一年六ヵ月の履修で卒業。

十六年十二月一日、千葉陸軍戦車学校から独立して陸軍少年戦車兵学校となる。また同校に第三期生五〇〇名が入校。

十七年八月、静岡県の富士山麓に陸軍少年戦車兵学校を設立し、職員および二、三期生徒たちは転営する。

十七年十一月、第二期生新校舎より卒業。

十七年十二月、第四期生六〇〇名入校。

十八年十一月、第三期生卒業。

十八年十二月、第五期生九〇〇名入校。

十九年五月、第四期生卒業。

十九年六月、第六期生六八五名入校。

十九年十月、第五期生中、南方要員が卒業。

二十年二月、第五期生のうち南方要員以外が卒業。

二十年二月、陸軍少年戦車兵特別幹部候補の第一期生五一八名入校。

二十年三月、第七期生五一五名入校。

二十年六月、第六期生一部が本土決戦のため卒業。

二十年八月十七日、終戦により在校の六、七期および特幹生帰郷（復員）。

なお、少年戦車兵の修業年限は原則として二ヵ年間であったが、原則通りの二ヵ年を履修したものは二、三期生のみであった。また一期生から三期生までは将校養成を目的として教育訓練され、四期以下は、戦局の悪化にともない充分に履修されないまま、第一線部隊に配属された。

富士に響く爆音こそ少年戦車兵の子守唄

当時　陸軍少年戦車兵七期生　斎藤　実

太平洋戦争もたけなわの昭和十九年四月、旧制中学一年生をむかえた私は、たまたま陸軍少年戦車兵を主題にした劇映画『富士に誓ふ』を団体参観し、その勇姿に大いに感動した。そして、この時からひそかに戦車兵志願を心に誓っていた。

ついでその年の暮れ、全国主要都市で開催された陸軍少年兵大会の仙台市大会のとき、九七式中戦車の砲塔から茶褐色の戦車帽に、真っ白な防塵眼鏡帯をしめて上半身をあらわし、前進方向を直視した紅顔の少年戦車兵を目のあたりにして、さらにいっそう憧れはつよまり〝よし俺もなるぞ〟とファイトを燃やした。

斎藤実少年戦車兵

明くる二十年、中学二年生になったわれわれのクラスの中からは仙台陸軍幼年学校に九名、

操縦訓練を終えた後、八九式中戦車についた汚れをていねいに清掃する少年戦車兵たち

陸軍少年飛行学校へ二名、それぞれ皇国を護る情熱に燃えて、ぞくぞくと学窓をあとに巣立っていった。

そのころ私も念願の少年戦車兵学校（少戦校）の採用通知を電報でうけとり、数日をへて学友たちが円陣をつくって見送る中を、連隊区司令部からきていた陸軍曹長の引率で、同志二十数名とともに一路、富士山麓に向かって出発したのであった。

早春三月、私の故郷である東北地方の凍てついた大地とちがい、すでに麗峰富士山麓には春のけはいがただよっていた。そのなかを同志五百余名はそれぞれ期待に胸ふくらませて、上井出の憧れの陸軍少年戦車兵学校の校門をくぐっていった。

その三月五日は、めずらしく日本晴れで兵舎の裏には雪をいただいた富士が、われわれの晴れの入校を祝福するかのように見守ってくれている。その中を一装用の軍服に身をかため、帯剣をつり、整然と隊伍を組んで大講堂の入校式にのぞみ、正式に陸軍少年戦車兵学校第七期生を命ぜられたのだった。

私は第二中隊第一区隊に配属になり、中隊長に中村大尉（陸士五三期）、区隊長に鷲尾大尉（陸士五五期）があたり、翌日の三月六日からは、機甲部隊幹部としての第一期教育である歩兵教育が三ヵ月の予定で開始された。

すでに当時の戦況はまったくわが方に不利となりつつあり、そのため教育期間も二ヵ年の少年戦車兵教育課程も大幅に短縮となり、われわれ七期生の入校と入れちがいに卒業した五期生などは、わずか十一ヵ月の短期教育をへて卒業し、第一線の戦車連隊に配属になっていた。その中でも南方要員三百名の大半は、フィリピン上陸を目前に台湾沖およびバシー海峡にて敵潜水艦の魚雷攻撃で、平均年齢十七・五の若き生命を絶たれたのであった。

敵はすでに沖縄に上陸し、肉弾相打つ決戦の火ぶたが切られ、陸海の特攻隊が連日のように沖縄近海の敵機動部隊をもとめて飛び立っていた。陸上では歩兵どうしの白兵戦はもちろん、一式中戦車対シャーマン戦車の戦車戦もおこなわれ、われわれの先輩も下士官として大いに奮闘していた。

太平洋戦争緒戦におけるマレー半島縦断作戦、およびシンガポール攻略戦にはなばなしく活躍し、〝少年戦車兵ここに在り〟とその勇名を内外にとどろかせた一期生、南方各地および中国戦線で活躍した二、三期の生き残りの先輩たちも、少数ながら班長や中隊付として母校にもどってきており、その技やその精神を心血をそそいでわれわれ後輩の指導、育成にあたっていた。そしてわれわれは、これらの先輩たちの活躍に耳をかたむけ、一日も早く一人前の戦車兵になれるようにと、寸時もおしんでは日夜訓練に、勉学にはげんでいた。

ところが、入校早々にとなりの第一中隊（この中隊に落語の桂小金治氏こと田辺生徒がいたはず）で流行性脳膜炎が発生し、中隊全体が隔離されてしまい、兵舎からの外出はいっさい禁止され、もちろん屋外訓練も禁止ということになった。

その第一中隊を横目でながめながら、われわれ第二中隊の生徒は小銃教育で汗ダクのありさまであったが、それにもまして、われわれ第一区隊隊長の鷲尾大尉は満州四平戦車学校教官より赴任した射撃の名手で、その猛訓練はとかく定評があり、学校中に鳴りひびく猛大尉である。そのためか射撃にはとくにきびしく、毎日のように徹底的な反復訓練をおこなわされた。そのため区隊全員の技量はメキメキ向上し、晴れの実弾射撃では中隊随一の成績を披露したのであった。

フンドシ一本で小銃射撃訓練

五月の富士の裾野（すその）はまだ少し寒く、ときどき山岳地特有の雨が降りそそぐ。そんなときには軍服をかなぐりすてて、越中フンドシ一本という姿で基本操縦場のコンクリートの上に腹ばいになって、小銃射撃要領の会得だ。ふと気をゆるすと、とたんに区隊長のサーベルが鉄帽と腕に落下してくる。その間、休憩はたった一回だけ、この四時間のうちに腹はすっかり冷えきり、腕は鉛のようにだるくなり、まったくもってしんどい訓練であった。

この訓練の意図するところは、射撃を身体でおぼえるということがもちろん第一の目的であるが、忍耐強さと身体の持久力をつけるのも目的の一つだった。射撃も長時間にわたると精神、体力両面の忍耐力や持久力がものをいう。これがだんだん失われてゆくのは当たり前だが、こうなると命中率も低下する一方になる。帰隊後は全員がゲンナリとなってしまい、もちろん過半数が下痢状態である。ひっきりなしに厠のとびらが一晩中、バタンバタンと音をたてる。

このころになると、われわれもどうやら軍人らしくなり〝貴様と俺〟の言葉がかわされるようになったが、同時に全員は頬がこけ、目ばかりがギョロッギョロしてきた。

寝室をともにした二十数名の中で、とくに親しかった戦友では、私の両脇に寝ている福岡県香椎中学出身のひょうきん者の三上、宮城県石巻中学出身のまじめ一方な桑島、滋賀県彦根工業学校出身の射撃上手な目玉（目玉がとくに大きい）の青山、長野県松本中学出身の要領居士・小山などがいた。

いずれも十五、六歳の年少組で、おたがいに肝胆相照らし、区隊のモットーである〝切磋琢磨〟をあらゆる面で実行し、一日一日と充実した軍隊生活が送れるようになってきた。

こうして夢中ですごした三ヵ月だったが、歩兵としての課程も〝気を付け〟一時間（不動の姿勢）をもってぶじに終了した。この最後の一時間は、教官三名の厳重な監視のうちにおこなわれ、五十名の区隊員が整列する中を教官がたえずパトロールし、もし姿勢をくずせばもちろん、ちょっとでも目玉をギョロつかせれば、すかさずサーベルが飛んでくる、文字どおりの不動の姿勢である。

ともすれば肩は下がり呼吸が苦しくなるうちはまだよいが、そのうちに意識がもうろうとして全員の三分の一にあたる生徒が、まるで材木が倒れるようにバタバタと倒れるしまつ。

私も何度か気を失いかけたが、サーベルの風を切る音で意識をとりもどし、ぶじにこの難行を終えることができた。

車輌当番でエンジンかからず

やがて六月になると、待望の自動車訓練が開始された。午前中は学課、午後は実地、毎日のようにエンジンをバラバラに分解しては組立のくり返しである。作業服は油だらけ、身体中が軽油のにおいで充満し、食堂に入っても油のにおいが後を追ってくる。小銃教育はスピンドル油であったが、それが、こんどは軽油とグリースに変わった。

そのころから上級生の戦車操縦には一段とはげしさがくわわってきた。となると上級生の気も荒くなってくる。食堂の往き帰りに上級生に欠礼したという理由で、説教をうける同期生が数多く出るようになった。食堂（千五百人収容）から見える真正面に、いつしか宿敵シャーマンの実物大の絵が書かれ、まず朝飯を食う前にシャーマン戦車を食う。そして訓練に励むならわしが、われわれの間にひろまっていた。

われわれの自動車操縦訓練がきびしくなったのも、ちょうどこの頃からであった。なにしろ燃料に制限があるので、むだな失敗はゆるされない。転把（てんぱ）（ハンドル）を持つ手、変速槓（こう）桿（かん）（ギヤ）を持つ手には教官の鉄拳がとび、制動をふむ足には教官の軍靴が容赦なくとんでくるしまつで、一滴のガソリンの浪費もゆるされなくなった。そのようななかで基本操縦、応用操縦と、一式六輪の日野貨物自動車の操縦教育が毎日つづいたのであった。

それら戦友の中の年長組に及川某という操縦の上手な男がいた。宮城県の田舎の出で十八歳、私から見れば三つ年長の兄貴格で、身体も大きく五尺七寸くらいだったが、大変気のやさしい好人物であった。

それは私と及川が車輌当番にあたった時であった。車輌当番とは、訓練開始から二時間くらい前に起床し、当日の訓練がぶじにできるように使用車輌のエンジン調整をおこなう役目を持っていた。その当日、及川が四時に私を起こしにきたが、とてもねむくて起きられなかった。彼は私をあきらめ、一人すごすごと作業服を着て兵舎を出ていった。

外はまだ暗く段々畠のように並んでいる兵舎の屋根の向こうには、真っ黒な樹海があつくおおっていて、物音ひとつしない校内の坂道を軍靴の音をカタカタと鳴らして登っていった。

重い車廠の扉をあけると、広々とした内部には九七式中戦車、九五式軽戦車、トラックなど三十台くらいがぎっしりと並んでいて、まったく不気味な感じがしたことだろう（各中隊ごとに車輌があり、少戦校は全部で七個中隊）。

及川は年少の私を〝まったくしょうがない奴だ、まあいいや、一人でやる〟という気持でいたのだろう。以前にも、この及川と二人で車輌不寝番をやったときに、私はねむくて九五式軽戦車の天蓋をあけて操縦席に座りこみ、二時間の勤務時間を居睡りしたことがあったが、彼はなにも不平をいわなかった。その実績があるので、私も彼に甘えていたのだろうし、及川にしても最初から私をあてにしていなかったのだろう。

さて、訓練開始の時間が近づいたが、一向にエンジンがかからない。彼は一人であせって

左列の戦車に竹竿の補助アンテナがつけてあるので通信演習と思われる

演習出発を前に九七式中戦車(右列先頭は九五式軽戦車)を点検する少年戦車兵。

きた。やがて六時になり、全員が起床して舎前に整列した。まもなく点呼、体操、洗面、食事と一日の行動が開始され、週番生徒の引率のもと車廠前に整列、いよいよ操縦教育の時間がきた。

その直前に駆け足で車廠に到着した私は、汗もぬぐわず及川生徒といっしょになって、不発のエンジンの正面で廻し棒をつかってクランク始動を試みたが、一向にかかってくれない。なぜ、かからないのか、当時の技量では原因がつかめず、とうとう助教である林曹長の力を借りる破目になった。そんなことがあって、及川と私は区隊長から徹底的に油をしぼられ、その日の操縦訓練からはずされて、帰営せよ、ということになった。

及川にまったくすまなくて、私は彼に鉄拳制裁をくわえるように懇願したが、彼はまったく無言で日野一式六輪自動車の整備教本を読んでいた。私はそれいらい及川に頭が上がらず、といって彼の心痛をいやすすべも知らず、数日を経過した。

そんなことで悶々としていた私に、ある日突然に、浜田班長より呼び出しがあった。富士市まで公用でワイヤを積みに行くから、その往復を操縦するようにという命令である。私たち二人は、てっきりまた説教かと一瞬うんざりしたところだったので、小躍（こおど）りしてよろんだ。

上井出から富士宮市（当時は大宮市）を通りぬけ、富士市にいたる往復三時間の操縦で、私たち二人は大いに自信をつけた。私は給料三ヵ月分をはたいて及川にノート類のプレゼントをし、彼に報いたのだった。当時はすでに食物の売物は残念ながらまったくなかったのである。

われわれはお古、彼は新品

入校四ヵ月目に初めて外出の許可が出た。それまでは訓練以外には校内より外に出る機会がなく、まったくの缶詰教育を強いられた私たちには、一度に春が訪れたような気持ちだった。外出の前夜はおそくまで靴をみがく者、支給されたばかりの夏上装服の襟カラーを付ける者、全員が心うきうきとして外出の訪問場所の品さだめに話をさかせた。

そのとき突然、及川がニコニコ顔で肩をいからして寝室に入ってきた。そして〝俺の服を見ろ〟といって大きな声をはり上げた。彼の服とてわれわれのものとべつに変わったところもなく、真っ赤で星のない階級章、戦車の金バッジ、赤くふちどりしたグリーンの肩章、寸分たがわない陸軍少年戦車兵の制服そのものであった。

彼は口をひらくと「この服は新品で俺が初めて着るんだ。貴様らのものとちがうぞ」と、まったく威張った口ぶりである。われわれは初めてそのことに気がつき、全員はきそって彼の服に手をふれてみた。

当時、われわれ七期生は制服、運動服、作業服など、下着をのぞいたすべての衣類は、五期生のおさがりで装備されており、衣服の裏には先輩の名前が書き込まれていた。そしてわれわれは自分の着ている衣服の名前を見て、この先輩は今どこで活躍しているだろう、もしかすると戦死しているのではないか、と一人瞑想にふけってはファイトを出したものだった。

彼、及川は身長が大きいために支給された先輩の服が合わず、浜田班長に自分はこの服が着られないと文句をつけたらしく、それではということで班長は彼を連れて被服廠にいき、新品を受領して彼に支給したというのだ。なんともまあ、うらやましいことか。その時の全員の顔といったらなかった。

明けて日曜日、飯盒に昼食をつめ三々五々と校門を出て、めざす目的地〝白糸の滝〟へ嬉々として向かったのであった。

だがそのころの戦況は、ますます悪化の一途をたどり、沖縄戦も終盤の様相を呈してきていた。われわれにも生徒集会所の新聞を見たり、転隊の途中で母校に立ちよった先輩の話を聞いたりして、それがよくわかった。

戦車砲訓練に入ろうとしたその時に

そのころ、われわれも自動車教育を終え、いよいよ待望の戦車車載機関銃の基本射撃にとりかかろうとしていた。そんなある日、上級生である六期生に動員が下り、一部の生徒が先発隊として卒業することになった。

六期生七五〇名のうち操縦要員一五〇名、砲手要員五十名、計二百名の新米兵長殿が誕生し、在校生全員をふくめた尾頭つきの会食を最後に、懐かしの母校をあとにし、本土防衛のために九州各地の戦車連隊に配属されていった。

先輩を見送ったわれわれは連日連夜、機関銃射撃の練磨に精進し、メキメキ腕を上げていった。機関銃射撃は小銃のそれとちがい、青く光る眼鏡の十字点を見つめ、意識して引き金をひき、最初に散った弾道を肩で調節しながら一点に集中してゆく方法がとられていた。

このころになると、関東軍随一の名射手と定評のある鷲尾区隊長の目の色がかわり、射撃の途中で銃声よりも大きい声を張り上げて指導するという気の入れようであった。すこしでも気をゆるすと相も変わらずサーベルがとび、戦車帽をなぐるのでサーベルが変形してしまうしまつであった。校外の森林の中に横隊でならべられた五台ほどの移動式銃架に機銃を装着し、一台に生徒十名がむらがり、空砲を使用しての反復演習にもますます油が乗ってくるようになった。

及川も私も、おたがいに負けじと頑張り、訓練を終えた自習時間には彼のノートを整理し、不明のところはなっとくのいくまで話し合った。

そんなある晩、自習室に入った私は、書棚の中から一冊の教本が紛失していたことに端を発し、となりの席の鹿児島出身の福永生徒と取っ組み合いの喧嘩になり、自習室の中でドタンバタンと派手にやりはじめた。

お互いに〝俺の本だ、貴様のものでない〟といい合ったあげく、ついに結論も出ずにこのような喧嘩になってしまったのだが、そのとき仲裁に入ったのが及川生徒であった。

とにかく彼のでかい身体であっけなく幕切れになったのだったが、数分がすぎて班長が入室してきたときには、もとの静かな自習時間にもどって、双方ともなにくわぬ顔で本を読んでいたというしだいである。もし、これが班長の目にとまるようなことになれば区隊全員が、不動の姿勢一時間の罰則をもらうことは必定、全員は及川生徒に感謝しながら床に入ったものだった。

そんな生活のつづくある日、原因不明の下痢を起こした私は、軍医の診断で入室を命ぜされてしまった。もろん演習は禁止で、さらには上級生と同室の生活がはじまり、腹は減っても絶食を強いられ、たのみは及川が持参してくれる水筒の熱いお茶だけであった。身体はだるく、くわえて上級生の鉄拳も時には飛んでくる一週間がつづき、このときほど健康をありがたく思ったことはなかった。

そして毎晩、私のノートにその日の記録をしてくれ、兵舎からだいぶはなれたこの病室までノートと水筒を持参してくれる及川には、じつにすまない思いがした。しかしそれを口に出すと、きまって彼に叱られてしまうのだった。

幸い退室した私が、機関銃の実弾射撃の訓練に間に合い、つぎに五七ミリ戦車砲の基礎学習に入ろうとしたその時に、ついに終戦になってしまった。

全校生徒は校庭にならんで玉音を拝聴し、三日後にはそれぞれ支給品を肩にして、上井出より夜中歩きどおしで大宮（富士宮）の駅に到着した。

どういうものか私は、及川といっしょではなく、それぞれに故郷に帰ったのだったが、帰郷後二年がすぎたある日、彼からハガキが舞い込み、婚約したからいちど遊びにこいと連絡があった。当時、旧制中学五年生の私は、上級学校進学で暇がなかったのをものともせず、彼の住んでいる宮城県登米郡に彼をたずね、彼の婚約者をまじえて三人で徹夜で話した記憶がある。

その後、彼はどうしていることか。私と同様、人の子の父として毎日を過ごしていることだろう、と時どきは少年戦車兵当時の日々を思い浮かべる私である。

日本の戦車かく戦えり

戦史研究家　伊東駿一郎

日本陸軍戦車隊の初陣は、昭和六年九月にはじまった満州事変である。そのなかでも満鉄沿線の諸作戦は、一台から数台にわかれて各兵団に配属され戦闘しているが、熱河作戦のときに、戦車隊としてまとまって大活躍をした。正式の名称は、臨時派遣戦車第一中隊。本部、四小隊および段列(だんれつ)（補給、整備、修理等に任ずる隊）からなり、第一から第三小隊までは八九式戦車各三輌、第四小隊は九二式装甲自動車二輌。段列は八九式戦車二輌、装甲自動車一輌、自動貨車七輌、修理車一組および側車付自動二輪車一輌で、指揮官は百武俊吉大尉である。

昭和八年五月、百武戦車隊は第八師団に配属されて作戦していた。熱河省から北平平地に進出するための要点、新開嶺の占領を目的とし、五月二日、攻撃が開始された。ものすごい岩山の連続する敵陣地の地形を考えて、戦車隊主力は最初、師団の予備隊になった。

第一線歩兵部隊の攻撃のあいだ、戦車隊は山地の悪路を補修しつつ、一車ごとに進んだ。

上海事変で海軍陸戦隊が使用した英国ビッカース・クロスレイ25年式装甲自動車

そして十一日、ついに戦闘加入の師団命令がきた。

最初、一個小隊を歩兵第十六旅団（長・川原侃少将）に配属したが、戦況有利と見た百武隊長は戦車隊主力で残敵を突破して、後方の要点、石匣鎮を占領する決心をし、北平街道を突進した。

午後三時ごろ、敵の最後の陣地線に遭遇したが、機関銃と迫撃砲の猛射をうけ装甲自動車が行動不能になった。しかし戦車小隊はなお突進をつづけ、陣地の後端に出た。だが夕方になっても歩兵部隊はまだ進出しない。そこで戦車隊は故障車を真ん中にして車陣をつくり、夜を徹した。

夜が明けてからが大変だった。敵の砲兵が車陣を砲撃しはじめたのだ。これに対し、戦車は移動射撃で応戦した。この日の気温は三十二度の暑さで、戦車内の温度は射撃とエンジンの熱気でさらに高く、戦車兵は破壊された車の冷却水を飲んで、やっと息をついたという。

日没ころ、やっと歩兵部隊が追いついてきた。このときの各車の残弾はわずかに一発で、いかにも戦車兵らしい、みごとな初陣の戦闘ぶりである。

昭和七年二月、上海に事変が拡大するにしたがい、重見伊三雄大尉の指揮する独立戦車第二中隊が派遣された。戦車としてはクリークにさまたげられた苦難の戦闘であった。

快進撃の支那事変

支那事変ころになると、戦車も大隊と呼ばれるようになった。八九式戦車と九四式軽装甲車が主力である。一例として事変初期の保定会戦の戦車関係の配属区分を掲げる。

第五師団（板垣兵団）＝独立軽装甲車第五中隊
第二十師団（川岸兵団）＝戦車第一大隊
第六師団（谷兵団）＝独立軽装甲車第六中隊、戦車第二大隊
第十師団（磯谷兵団）＝独立軽装甲車第十中隊

戦車第一大隊長が馬場英夫大佐、戦車第二大隊長が今田俊夫大佐である。第一戦車大隊は主として第二十師団に配属されて戦った。揚子崗付近の警戒陣地の攻撃からはじまり、九月十五日の辛庄子陣地の攻撃では中国軍の三七ミリ速射砲、一〇ミリ機関砲の真っ只中を突進し、大隊長以下多数の死傷者を出したが、その活躍ぶりは目をみはるものがあった。

おくれて進出した第十四師団に配属された戦車第二大隊は、九月十四日午前九時ごろ、敵

退却の知らせにより、追撃にうつった。追撃は一刻をあらそう。午後、遭遇した永定河の障害に大隊は敢然として飛び込み、四輌陥没しただけで大隊全部が通過した。

明くる十五日には、揚家屯付近拒馬河の渡河点を確保して、師団主力の進出を援護するとともに、戦車挺進隊（戦車四輌、工兵四名、長・黒田弥一郎中尉）を派遣、十七日午前五時三十分、松林店駅付近で平漢線爆破に成功、敵軍の退路をみごと遮断した。

中支の上海方面には、戦車第五大隊（長・細見惟雄大佐）と、独立軽装甲車中隊の第二、第六、第七、第八中隊が出陣した。これらの部隊も北支と同じように、泥濘（でいねい）悪路との戦いでもあった。大場鎮北方の戦闘、また西方の走馬塘の攻撃など、中支の場合はそれにクリークの障害がくわわっていた。このような戦場では、軽装甲車の方が中戦車にくらべて軽いので、いくらか分（ぶ）がよかった。

北支から中支へと転進した、第六師団正面を見てみ

軽機関銃１梃の九四式軽装甲車。補給運搬用の牽引車だが、豆戦車としても活躍

よう。

この師団に独立軽装甲車第六中隊（長・井上直造中尉）が配属されていた。これに十二月五日、独立軽装甲車第二中隊（長・藤田実彦少佐）が増加され、首都南京にたいする包囲環を圧縮する、大追撃の時期である。

歩兵部隊と装甲車隊は競走で追撃していた。地形障害があると歩兵が健脚で追いぬき、橋を架け終わると装甲車が機動力で追い越した。南京城の外廓陣地の秣陵関では、歩兵部隊を超越して、午後四時ころから三十分間で装甲にものをいわせて突破してしまった。

八日からの東膳橋、牛首山の攻撃には、藤田少佐が装甲車部隊を統一指揮した。鉄心橋にむかう突破では、井上隊が猛火をおして歩兵部隊の先頭を突進した。十一日、安徳門の攻撃、十二日、中華門の攻撃と文字どおり歩兵部隊と一体となって、軽装甲車が活躍した。

南支でもおなじである。南支の独立軽装甲車中隊は、第十一（上田信夫少佐）、第五十一（小坂喜代二大尉）、第五十二（堤驥大尉）の三個中隊である。

上田隊と堤隊が、軍の主攻第十八師団の先頭を広東めざして突進した。その前進のあまりの速さに、広東市街に近づいたとき、中国軍の将校が友軍と間違えてサイドカーで乗りつけ、縦隊の先頭で停止して「敬礼」をしたという笑い話がある。

ノモンハン事件

昭和十四年のノモンハン事件には、日本ではじめての機械化兵団である独立混成第一旅団の後身の、第一戦車団（戦車第三、第四連隊基幹）に、第七師団歩兵第二十八連隊第二大隊（乗車歩兵）、独立野砲兵第一連隊（機動砲兵）を編合して、安岡正臣中将が指揮して出動した。

戦車第三連隊（長・吉丸清武大佐）は、八九式中戦車二個中隊二十五輌、九四式軽装甲車七輌。戦車第四連隊（長・玉田美郎大佐）は、八九式中戦車一個中隊七輌、九五式軽戦車三個中隊三十五輌、九四式軽装甲車十輌で編成されていた。

ノモンハンの地形は、ハルハ河西岸の制高地点をソ連軍が占領しているので、いつでもソ連砲兵の火制下で戦わなければならない運命にあった。相手の戦車はBT（中戦車）とT26（軽戦車）であった。これにくわえソ連軍は移動式ピアノ線鉄条網を使って、日本軍戦車の機動力をうばった。

攻撃第一日は第二線陣地まで突破したが、第三線陣地の直前でピアノ線障害に遭遇、かつソ軍戦車隊の大逆襲をうけた。そのため、戦車第三連隊は戦車の半数を失い、連隊長も戦死した。

戦車第四連隊はそれでも第三線陣地を突破し、砲兵陣地を攻撃した。だが、そのときすでに戦車の三分の一を喪失、涙をのんで後退した。

南方攻略作戦

南方攻略作戦の第一は、マレー進攻作戦である。マレーには第二十五軍隷下で第三戦車団

（長・長沼稔雄大佐）が出動した。部隊は戦車第一連隊（向田宗彦大佐）、戦車第六連隊（河村貞雄大佐）、戦車第十四連隊（上田信夫中佐）の三個連隊を基幹とするものである。

マレー半島は地形の関係上、道路に沿う戦闘が多く、戦車一個中隊の戦闘正面しかない。そこで戦車連隊主力は後方を躍進して、先頭を突進する中隊と逐次交代する戦法がとられた。戦車第一連隊第三中隊のチャンルン陣地の突破、戦車第六連隊第四中隊のスリム殲滅戦、戦車第十四連隊のパリットスロンの戦闘などがとくに有名である。

シンガポール要塞の攻撃には、戦車団主力が第五師団、その一部が第十八師団、戦車第十四連隊が近衛師団の戦闘に直接協力した。ブキテマ三叉路の攻防戦などは、日本の戦車戦史に輝く一頁を残した奮戦であった。

南方攻略作戦の第二弾は比島攻略作戦である。

比島には戦車第四連隊（長・熊谷庄治中佐）と戦車第七連隊（長・園田晟之助大佐）がむかった。前者が九五式軽戦車、後者が八九式中戦車乙型で編成された連隊で、九七式中戦車を主体としたマレー方面の戦車連隊とくらべると戦力は劣ったが、将兵は負けずに戦った。第四連隊は、まもなく蘭印作戦準備を命ぜられ、第七連隊が残ってバターン半島で奮闘した。最後のコレヒドール要塞の攻撃には、内地から到着したばかりの九七式中戦車を強行上陸させて健闘した。

南方攻略作戦の第三弾は蘭印攻略作戦である。

戦車第二連隊（長・品川好信大佐）と戦車第四連隊が参加した。戦車第二連隊は第二師団に、戦車第四連隊の主力は第四十八師団に、一中隊は東海林支隊とともに戦った。

南方攻略作戦の末期、マレー作戦を終えた戦車第一連隊と戦車第十四連隊、戦車第二連隊の軽戦車中隊が、ビルマに進攻した。この最初の段階で、戦車第二連隊の中隊が、ペグー付近で米国製Ｍ３軽戦車と対戦したが、またたく間に全滅するという悲運の事態が起こった。Ｍ３の前面装甲三七ミリは、九五式軽戦車の三七ミリ砲では貫徹できなかったのである。

だがこの問題は、一部の識者をのぞいてほとんど関心を示されなかった。最後は肉薄攻撃でやればいいという、戦車戦にたいする安易な判断が根底にあったのである。このため戦車兵は命をすりへらして、装甲のうすい敵戦車の側背をもとめて戦わなければならなくなった。

進攻作戦が一段落すると、戦車第一連隊はビルマを去って満州に転進した。

激突、離島の血戦

連合軍の反攻は昭和十七年八月、南太平洋の小島ガダルカナルではじまった。独立戦車第一中隊（九七式中戦車）が第十七軍隷下に入り、この島に揚陸された。ルンガ飛行場にたいする総攻撃の日、戦車は比較的機動が容易な海岸道を攻撃前進した。だが、この中隊は米軍の対戦車火網に捕捉され、一瞬のうちに潰滅した。

中部太平洋のギルバート諸島マキン、タラワには海軍第三特別根拠地隊に属する戦車中隊（九五式軽戦車）がいたが、昭和十八年十一月二十一日、米軍が両島に上陸、戦車中隊は守備隊とともに玉砕した。

主砲塔を破壊され、玉砕の島ペリリューに斃れた第14師団戦車隊の九五式軽戦車

マリアナ諸島の要衝サイパン島には、戦車第九連隊（長・五島正中佐）、テニアン島には歩兵第十八連隊戦車中隊（軽戦車九輌）が配置されていた。

サイパン島の米軍上陸は、昭和十九年六月十五日である。戦車第四中隊（長・吉村成夫大尉）が水際の戦闘に出撃した。激烈な戦闘の末、中隊長以下ほとんど戦死し、翌十六日早朝、三輌だけが集結地に帰った。

戦車連隊主力は、翌十六日夜に行なわれた日本軍総反撃の骨幹戦力となって出撃した。第一波が戦車部隊、歩兵部隊は第二波の戦車部隊とともに突入する必死の激戦であった。戦車の先端は米軍の指揮所、砲兵陣地の近くまで進出したが、戦車連隊は戦車の大部を失い、連隊長は戦死し、中隊長は第五中隊長一人だけになった。

米軍はこの攻撃を、太平洋作戦で米海兵隊

がうけた最初の大きな戦車攻撃である、といっている。

連合軍の進攻にともなって、太平洋戦争中最大の規模の戦車戦はフィリピンで行なわれた。昭和二十年一月六日のリンガエン米軍上陸前から、二月上旬にかけてである。

フィリピンには戦車第二師団（長・岩仲義治中将）主力が配置されていた。九七式中戦車改を主力とし約二四〇台の戦車が使用された。同師団戦車第三旅団長の重見伊三雄少将が、戦車第七連隊（長・前田孝夫大佐）主力を基幹に支隊をつくり、リンガエン海岸に直接防備陣地をかまえる第二十三師団に配属された。

重見支隊と米軍との交戦は、ビナロナン、ウルダネダ付近で行なわれた。相手は米軍のM4中戦車である。初速八一〇メートルの一式四七ミリ砲でも、七五ミリのM4の装甲は貫徹しなかった。二十三日以降、サンマニエルを死守、二十七日夜、支隊長以下全員出撃して玉砕した。

師団主力の戦車連隊は、戦車第六連隊（長・井田君平大佐）、戦車第十連隊（長・原田一夫中佐）である。師団の任務はマニラ～サンホセ道を確保し、軍主力のバギオ山系への転進を援護することにあった。戦車第六連隊はゴンザレス、戦車第十連隊はサラクサク峠よりのサンニコラスに第一線の拠点を占領した。これに対して米軍は三個師団約四〇〇輌の戦車を集中して攻撃してきた。

そして、一月下旬、米軍は戦車師団の南翼を包囲するように猛攻を開始した。激戦敢闘、一日に一万五千発の砲撃をうけながら二週間頑張って、戦車師団主力は二月五日までに潰滅した。

玉砕島の大戦車戦

米軍はフィリピンについで昭和二十年二月十九日、硫黄島に来攻した。硫黄島には戦車第二十六連隊(長・西竹一中佐)が配置されていた。小笠原兵団長栗林忠道中将の作戦指導は、対戦車防禦を重点とするものであった。これまでの戦法であった敵を水際に撃滅する方針で出撃する戦闘方式があらためられ、陣地は碁盤の目のような火網で構成された。三七ミリ級以上の対戦車威力を持つ火砲だけでも、五百門を超える強力なものである。戦車はそのなかの骨幹として、移動トーチカ式に運用されることになった。

この計画はみごと成功した。交戦約一ヵ月、撃破したM4戦車だけでも、じつに二七〇輛という驚異的な数字を示している。太平洋戦争における対戦車戦闘の圧巻である。戦車連隊は、三月十六日ごろまでにその大部が玉砕し、西連隊長は重傷を負い、三月二十一日払暁、銀明水付近で自決した。

硫黄島戦につづいて、昭和二十年四月一日から沖縄戦がはじまった。沖島本島には戦車第二十七連隊(長・村上乙中佐)主力が配備についていた。ただし第三中隊は主力から独立して宮古島を警備した。

九五式軽戦車一個中隊、九七式中戦車一個中隊、九〇式野砲一個中隊(四門)、歩兵一個中隊、機関銃一個中隊からなるこの戦車連隊は、過去の戦訓から、独立速射砲大隊(四七ミリ速射砲）などと密接に連繋して、M4戦車を邀撃する作戦をとった。強大な砲爆撃に支援された米軍戦車の進撃をくい止めるためには、巧妙な側背射撃しか成功の公算はなかった。それでも一陣地から三発以上射撃すると、たちまち米軍の集中砲火に見舞われたという。

軍主力の攻勢移転のとき、戦車連隊は第二十四師団長の指揮下にあった。任務は、はじめ左突進隊、ついで中突進隊の戦闘に協力というものであった。攻撃開始まで時間の余裕がなかった。

連隊長は五月三日の夜、運玉森南側の宮城付近から首里北側の石嶺付近の攻撃準備位置に連隊を推進させようとした。だが途中の地形が悪く、機動力のある軽戦車中隊だけが進出し、中戦車中隊はわずかに二輌だけが攻撃時機に間に合うという戦況だった。

連隊長は、中戦車の進出が困難ならば、搭載機関銃をはずして徒歩で戦闘に参加せよ、と命じるほど状況は緊迫していた。翌日の攻撃は厖大な米軍の弾量の前に、歩兵部隊の戦力は消耗していった。また戦車連隊も軽戦車の大部を破壊された。

やがて連隊は、命令により石嶺高地に後退、同高地を堅固に守備することになった。この陣地の戦闘は五月十七日からはじまった。

二十五日、第六十二師団が攻勢をとることになり、連隊は同師団に配属された。翌二十六日、連隊は石嶺陣地を撤退し長堂に集結したが、連日の激戦で動ける戦車はなかった。二十七日に連隊長は戦死し、部隊は生存者をあつめ徒歩部隊を編成した。そして六月中旬までに、その大部が玉砕した。

大陸の諸作戦

ビルマ戦線には、戦車第十四連隊だけが残っていた。そして昭和十九年三月、第十五軍のインパール作戦に参加した。最初は第三十三歩兵団長・山本募少将の指揮下に入り、テグノパール陣地攻撃に参加した。攻撃開始は四月二十一日のことであったが、五月上旬、第三十一、第十五師団正面の戦況が思わしくないので、第十五軍司令官は攻撃の重点を第三十三師団正面に変更した。

そこで戦車連隊は、カレミョウ、テイデイム経由でチュラチャンプール方面に転用されることになったが、長大な山地を戦車が機動するのは大変な苦労であり、戦車連隊の将兵は辛酸をなめた。だが、やっとの思いで進出したインパール平地には、さらに苛酷な運命が待っていた。

この時機に、戦車連隊長が井瀬清助大佐に交代した。連隊の任務は、インパール街道上の要点ニンソウコンを確保し、ビシエンプール方面にたいする攻撃を準備するというものであったが、連日の雨で付近の平地は水びたしになっていた。戦車は少し動けば水量をました河川にはまった。毎日行なわれる砲撃で、配属歩兵の戦力は、ほとんど消耗しつくしていた。

だが師団の命令は当面する英軍陣地を攻撃せよという。

五月下旬から行なわれたニンソウコンの戦闘で、戦車第十四連隊の将兵は、連隊長以下ほとんど戦死した。撤退開始は第三十三師団のどの部隊よりも遅く、七月十六日である。

おなじ大陸戦場でも、中国戦線の戦車部隊は作戦地の特性から厳然たる戦力を持っていた。その代表が戦車第三師団（長・山路秀男中将）である。戦車第六旅団（長・佐武勝司少将）を基幹とし、ほぼ完全に近いかたちで戦闘した戦車部隊で、昭和十九年四月からの京漢作戦、同年七月からの湘桂作戦など、その作戦規模の壮大なることは、戦車戦史の上で特筆すべきものである。

駐蒙軍の指揮下にあった戦車第三師団は四月五日、第十二軍の指揮下に入り同月二十二日夜、黄河を渡河し、まず鄭州東北方に集結した。部隊は戦車第十三、第十七連隊、機動歩兵第三連隊、機動砲兵第三連隊、師団捜索隊などである。

任務は「五月二日朝、新鄭、許昌ノ線ヲ出発シ、主力ヲモッテ許昌～襄城～臨汝道ニ、一部ヲモッテ禹県～郟県～臨汝道ニ沿フ地区ヲ臨汝平地ニ突進、該地付近ノ敵ヲ急襲撃破シ、爾後サラニ有力ナル一部ヲ伊河河谷ニ進メ、敵第十三軍ノ退路ヲ遮断スベシ」というものであった。いかにも戦車師団らしい任務である。

二日未明、師団はいっせいに突進を開始した。師団は両戦車連隊を基幹にし、左、右突進隊、師団捜索隊を中心に直轄挺進隊を部署していた。第五航空軍が空から協力し空陸一体の突進である。

敗走する重慶軍を追撃して、三日夕刻には早くも臨汝東側に進出した。四日、臨汝陣地を三時間余の強襲で突破した戦車師団は、引きつづき本道を急進し、右突進隊で伊河河谷の要点の竜門を攻略、左突進隊で嵩県方向に、直轄挺進隊に登封方向に攻撃を準備させた。

竜門攻撃の戦闘は四日夜半から開始されたが、先頭の戦車中隊が目標の手前一・五キロで、速射砲の射撃をうけたのである。主陣地に対する攻撃は五日午後三時開始、山頂奪取は七日未明という激戦であった。竜門高地を占領してみると、洛陽市街が望見され重慶軍が移動するのが見える。戦車師団の将兵は、一刻もはやく洛陽攻撃開始の命令のくることを、手をこまねいて待った。攻撃開始から要衝竜門まで一八〇キロの距離を突進し、これだけの戦果を上げることは、まず戦車師団でなければできない作戦である。

終戦と戦車部隊

まず千島方面から見よう。昭和二十年八月十八日、千島列島最北端の占守島(しゅむしゅとう)に、ソ連軍が上陸してきた。日本側の停戦交渉に応ぜず、しだいに地歩を拡大する。第九十一師団長は自衛のため、戦車第十一連隊(長・池田末男大佐)に反撃を命じた。

池田連隊長は勇躍先頭に立って突進し、攻撃を開始した。千島特有の濃霧のなかで激戦が展開され、ソ連軍を水際に撃滅する寸前、方面軍から「即時戦闘行動中止」の命令が入り、師団長は停戦命令を出した。この戦闘で池田大佐以下多数の戦車兵が戦死した。

満州の関東軍隷下の戦車連隊は、かつては十を越えたが、終戦時には昭和十九年に編成された戦車第三十四連隊(長・谷鉄馬中佐)、戦車第三十五連隊(長・長命稔大佐)と終戦一ヵ月前にできた戦車第五十一(長・堤驥少佐)、第五十二(長・中村正己少佐)連隊との四つし

昭和20年9月、マレーで名を馳せた戦車1連隊3中隊の解隊式。手前は一式中戦車

かなかった。

日ソ開戦になって第三十四連隊は奉天、第三十五連隊は新京の警備配置についた。東部国境をはじめ各国境警備部隊は、進攻するソ連軍と交戦、玉砕部隊も出たが、両連隊とも直接の戦闘はなく、奉天と公主嶺で武装解除をうけた。

つぎに本土決戦準備のための戦車部隊の配備状況を概観しよう。総括的には、戦車師団二個と独立戦車旅団七個、独立した戦車連隊六個が主として関東、九州地区に配置されていた。その編成は以下のとおりである。

戦車第一師団（細見惟雄中将）栃木

戦車第一連隊（中田吉穂中佐）、戦車第五連隊（杉本守衛大佐）

戦車第四師団（閑院宮春仁王少将）千葉

戦車第二十八連隊（井上直造少佐）、戦車第二十九連隊（島田一雄少佐）、戦車

第三十連隊（野口剛一少佐）

独立戦車第七旅団（三田村逸彦大佐）鹿島灘

戦車第三十八連隊（黒川直敬少佐）、戦車第三十九連隊（大浦正夫少佐）

独立戦車第三旅団（田畑与三郎大佐）九十九里

戦車第三十三連隊（貞国誠三少佐）、戦車第三十六連隊（石井隆臣大佐）

独立戦車第二旅団（佐伯静夫大佐）相模湾

戦車第二連隊（木川田庸夫大佐）、戦車第四十一連隊（小野寺孝男少佐）

独立戦車第八旅団（当山弘道中将）遠州灘

戦車第二十三連隊（黒田芳夫中佐）、戦車第二十四連隊（大原為一中佐）

独立第四旅団（生駒林一大佐）久留米

戦車第十九連隊（越智七五三次少佐）、戦車第四十二連隊（河原米作少佐）

独立戦車第五旅団（高沢英輝大佐）宮崎

戦車第十八連隊（島田豊作少佐）、戦車第四十三連隊（加藤巧少佐）

独立戦車第六旅団（松田哲人大佐）霧島

戦車第三十七連隊（大隅到少佐）、戦車第四十連隊（小野三郎八少佐）

戦車第二十二連隊（平忠正少佐）帯広

戦車第四十四連隊（原卓郎少佐）盛岡

戦車第四十八連隊（曽原純男少佐）千葉

戦車第四十七連隊（照井治少佐）松山
戦車第四十五連隊（田中義憲少佐）徳島
戦車第四十六連隊（清水重之少佐）久留米

最後に、終戦時の外地の戦車連隊の配備状況について整理をしておこう。

戦車第三連隊　南支全県
戦車第四連隊　チモール
○戦車第六連隊　ルソン島
○戦車第七連隊　ルソン島
戦車第八連隊　ラバウル
○戦車第九連隊　サイパン
○戦車第十連隊　ルソン島
○戦車第十一連隊　千島
戦車第十二連隊　京城
戦車第十三連隊　北支（戦車第三師団）
○戦車第十四連隊　ビルマ
戦車第十五連隊　アンダマン諸島
戦車第十六連隊　ウェーク
戦車第十七連隊　北支（戦車第三師団）
○戦車第二十六連隊　硫黄島
○戦車第二十七連隊　沖縄
戦車第三十四連隊　満州
戦車第三十五連隊　満州
戦車第四十九連隊　マレー半島
戦車第五十一連隊　満州
戦車第五十二連隊　満州

（○印は玉砕または玉砕にちかい活躍をした部隊である）

マレー街道に印した十七歳の無限軌道

任務遂行に燃えた少年戦車兵が体験した血涙の記録

当時 戦車一連隊第三中隊・陸軍伍長 藤本幸男

陸軍戦車学校生徒隊（のち陸軍少年戦車兵学校として独立）の第一期生として入校した私は、それからの二年間、きびしい訓練課程をへて、昭和十六年七月末、ようやく卒業した。そして同期生一四八名のうちのほとんどは、希望どおりの任地である中国戦線や満州へといさんで出発した。しかし、私は希望任地がかなえられず、十五名の同期たちとともに久留米の戦車第一連隊に配属を命ぜられた。

藤本幸男伍長

任地の希望が中国戦線か満州であった私たちは、なにか気のひける肩身のせまい思いで久留米の駅頭におりたつと、真夏のジリジリと照りつける炎暑の中を汗だくになりながら、連隊へといそいだ。

ここで私の所属は大隈隊（第三中隊）で、中隊長の大隈大尉は当時の『軍神・西住戦車長伝』に大隈大尉の名でよく登場された、西住大尉の無二の親友であるとのことであった。さすが、西住小次郎大尉の原隊とあって、かつて西住戦車の砲手だったという斑目上等兵が、八の字ヒゲもいかめしく古参軍曹としてにらみをきかせ、他にもゆかりのある将兵がたくさん名をつらね、なんとなく心強いものを感じた。

戦車学校時代の私たちは、あたたかい環境の中ではあったが、きびしい教育と躾けに終始した。酷暑といえども上衣のボタンをはずしてはならず、厳寒といえども下着は一枚しか着ることをゆるされず、寝室でも就寝時と休日以外は寝台に横たわることはできなかった。それが連隊では、特別の場合のほかは上半身裸体がゆるされ、寝台上の臥床も自由であり、私たちはあまりのちがいにまず驚かされたが、人間的には隊長以下、人情味ゆたかな上官や戦友ばかりで、楽しい訓練と生活がしばらくつづいたのである。

炎天下の高良台演習場や筑紫野平野で、連日、血のにじむような訓練がつづくうち、十一月一日、思いがけなくも私たちは伍長に任官した。当時、私たちは十七歳、少年であるため任官しないと戦場へ行けないということから、繰り上げ任官の栄に浴したらしい。

その晩は将校集会所で中隊の将校、下士官一同に盛大な任官祝いをしていただいたのであったが、初めて飲む、いや飲まされた酒にすっかり悪酔いし、夜半、かわやに足をはこんだ私の目に、月がこうこうと静まりかえった兵舎を照らし、霜が真っ白におりていたのが印象的であった。

とにかく任官のよろこびよりも、悪酔いの苦しみにあえいだ任官当日であった。

寸暇をおしんで読む禁断の書

昭和十六年十一月十六日、いよいよ出陣のときはきた。先発隊は意気揚々、ごうごうと車塵をあげて、久留米戦車第一連隊の営門をあとにする。われらの出発は明日となるのだろうか、きょうは弾薬と燃料を受領して積み込むのに一日をついやした。

このため戦車内は、砲弾や機関銃弾でいっぱいとなり、ふだんでも窮屈な車内が、ますます身動きもできないようになり、なんとなく興奮をおぼえた。かつて、武士は十六歳にして元服したという。私は十五歳にして陸軍少年戦車兵となり、いま十七歳にして征途につこうとしている。死におもむくことの不安やおそれは微塵もなく、脳裏に去来したものは、身にあまる光栄と感激である。

極秘裏の作戦行動とあって、完全に外部との接触はたたれ、面会禁止の営門の前には、いとしいわが子や、夫に面会しようと訪れる人々の山で、いかにお国のためとはいえ、非情のこの光景に、胸のいたみをおぼえたのは私一人でなかったろう。

それからのわれわれは、軍用列車で門司にむかい、そこから船で上海方面に針路をさだめ、さらに呉淞（ウースン）を経由して南に転舵しているのが、だんだん気温が上昇してきたことによってわかった。

いよいよ昭和十六年十二月七日の未明を期して、タイ国のシンゴラに上陸を敢行しようとしていたころ、輸送船内で親しくなった若い船員さんから、「目標のシンガポールを陥落されたら暇つぶしに読んでください」と一冊の単行本をいただいた。

その本は、川口松太郎作の『愛染かつら』という、その当時の病院後継者の青年医師と、看護婦さんの純愛を描いた物語であった。

陸軍少年戦車兵学校の二年間の躾けはきびしく、外出を許可されても、荒木山公園や下志津練兵場などで、携行のパンをかじりながら軍歌を歌ったり、号令調整でワメいたりするのが日課で、千葉市内に出ても、「なら屋」というデパートと、「紅屋」という、しるこ屋以外に立ち寄れなかった。読書するのも、軍書や史書以外の、いわゆる恋愛物語などはきびしく禁じられていた。

このような環境のなかで教育された私にとって、この『愛染かつら』は生まれて初めて読む禁断の書でもあったのだ。私はなにかに憑かれたように、読みはじめたのである。

炎熱は鉄をも溶かさんばかりで、酷暑と、日課のように襲ってくるスコールになやまされながら、〝鉄の棺桶〟と別名のある戦車での行軍、そして停車すれば多量の燃料の補給、手にマメをつくってのグリスの給脂、雨にぬれた鉄砲の丹念な手入れ、さらには従軍日誌の記録と、連日の飲まず食わず、そのうえ眠らずの悪戦苦闘がつづいた。

そんななかに、寸暇を見い出しては、図嚢の中からそっと本をとりだし、車長や銃手に気兼ねしながら、あるときは一ページ、あるときは二ページと時間の制約の中で読むこの純愛の物語が、いかに進展するのかと悲喜こもごもで、いっきに読むことのできない戦場という環境をうらめしく、もどかしくも思った。

初めてうけた十字砲火の洗礼

このような中での十二月十一日、私の中隊には尖兵中隊としての作戦命令がくだり、軍の最先鋒に進出した。いよいよ戦闘に加入するのだ。これが私の実質的な初陣となるのである。アロルスターのくすぶる街道を通過し、十二月十四日、いよいよ第十五軍の最先鋒に進出した。われわれは配属された歩工兵の一隊とともに、スンゲイパタニ、イポーにむけて急進の命をうけているのである。

作戦に参加する前、戦車学校でも久留米の連隊でも、「訓練にながす汗は戦闘にながす血に反比例する」「演習は実戦とおもえ、実戦は演習とおもえ」と、一車よく千敵をたおすの猛訓練にあけくれていた。

いま、演習ではなく実戦、それも満を持して、わが軍を迎撃しようと待ちうけている堅固な敵陣に突入せんとしている。

私の、わが戦車隊の初陣であるが、私には死におもむく恐怖感や戦慄のカケラも感じない。かといって虚無感でもない。しいていうならば、人情味ゆたかな慈父とあおぐ大隈中隊長の、願わくば矢おもてにたっていさぎよく戦死したい、それも死んでも操縦桿を手ばなさず、敵陣に突入したいという意気ごみが強く作用していたからだ。

急進中のわが隊は、やがて道路上の障害物に遭遇し、行動不能となった。ただちに配属の

マレー半島を進む戦車１連隊３中隊の九七式中戦車。右の戦車は椰子の葉で擬装

工兵隊が排除作業をはじめようとした。このとき、待ちかまえたかのように猛烈な敵の十字砲火の洗礼をうけた。

初陣！　初めてみまわれる砲弾、それも間断なく、情け容赦ない狙い撃ちのものすごさで、百雷一時に落つとはこのことか。配属の歩兵はそれぞれ戦車を楯に遮蔽し、一群は水路の橋の下をかっこうの退避所とばかり飛びこんだ。そのとたん、橋に砲弾が命中して全員がすっ飛ばされるという悲惨な姿を目撃した。

わが戦車の後尾に積載していた属品類も、炸裂の砲弾で四散してしまった。それでも私は、エンストをしてはならないと、汗みどろの中でアクセルを踏む足におもわず力がはいり、手はしっかりと操縦桿をにぎりしめ、小さなのぞき穴より戦況の推移を注視していた。

やがて中隊長は、私の戦車に発煙筒の発射を命じた。この装置のあるのは私の戦車のみであった。そのためただちに、落下する砲弾の中を最前方に躍進し、わが中隊の全車を隠蔽するための発煙筒発射の任にあたった。死生のちまたの彷徨というか、流汗淋漓の中で、死の恐怖感や危惧などみじんもなく、ただ任務を遂行する責任感のみが脳裏にこびりついていたといえよう。いや、やはり凡人の悲しさ、どうせ戦死するのなら、めめしい後ろぐらさをおぼえながらも、あの『愛染かつら』を最後まで読ませてもらいたいとの未練があったのも、いつわらない私の心情であったろう。

瞬間的な時間ではあったが、このようなもろもろの思いが錯綜する中に、発煙は功をそうし、前方に白煙がもうもうとあたり一面をおおってわが隊を完全に隠蔽し、敵の火力はしだいにおとろえはじめた。

そこで機をいっせずに、工兵隊の勇敢な撤去作業により、障害物は除去されたのである。そして今日もまた来襲したスコールは、まさに車軸をながすたとえのような凄まじさで、戦車の天蓋をしめても全乗員はずぶぬれである。図嚢のなかの日記帳や典範令、そして例の『愛染かつら』は大丈夫だろうかとの心配があったのも、かくせない事実であった。

このちは異常な暑さと、日課のようにおとずれるスコールに悩まされながら、また襲いくる睡魔や空腹とたたかいながらの毎日であった。そして十二月十七日にはスンゲイパタニを突破し、敵の集結地イポーをおとし、十二月二十六日にはついに景勝の地タイピンの堅塞をおとしたのであった。

年もあらたまり、私もいよいよ十八歳の新年をむかえた。今後どのように戦局は展開していくか予測もつかないが、いずれにせよ世界一をほこる要塞、シンガポール攻略こそ、私たちに課せられた至上命令であったのだ。

顔面からしたたる流血

敵の要衝ゲマスの入口に、大きな河川があった。洋々たる流れである。敵情判断をあやまったか、あるいは甘くみたか、尖兵の銀輪部隊はむぞうさに橋を渡りはじめ、後続部隊を先導しようとした。やがて尖兵隊が渡橋を終わり、いよいよ後続する本隊が橋上に殺到しはじめたとたん、轟音とともに橋は爆破されてしまった。

そのうち、息つく間もない猛烈な銃砲火をあびながらも、勇敢な工兵隊の架橋作業がはじまった。

どのくらい時間がたったであろうか、「戦車隊前進！」の命があって私たちは、工兵さんに「ご苦労！」を連呼しながら、間に合わせの長い架橋をかろうじて通過したのだった。対岸道路の両側には無残にも、尖兵隊の屍がところせましと横たわっていた。このとき、わが中隊に、

『左翼のジャングル内の約四百メートル前方に強力な火砲が五、六門あり、歩兵の進出が阻止されているのでこの火砲を撲滅し、歩兵の進出を有利ならしめよ』

という命があった。隊長はさっそくこの任務を第三小隊（小隊長・宮之原武徳中尉）に命じたが、この小隊の第三車が故障のため遅れていたので、その代車として私の戦車がくわわる

ことになった。

　戦車はジリジリと昼なおくらいジャングルの中を、敵兵を掃射し、銃砲座を制圧しようと、猛烈なる銃砲撃をしつつ進撃する。連続的に発射すれば銃身の腔線と弾丸被甲のまさつによって、銃身が赤く焼けつくとは聞いていたが、まさにそのとおりになった。

　悪戦苦闘の末、ついに完全な機能をうしなった三車は、それでもジリジリと敵中への肉迫をやめなかった。窮鼠猫をかむとか。追いつめられた敵兵は勇敢にも、さかんに手榴弾を投げこんでくる。

　異常な熱気、身体中を流れる汗、戦車の轟音、銃砲弾の炸裂する轟音と飛散する土砂、樹枝、気のとおくなりそうな火薬のにおい、それに散乱する無数の無残な屍、阿鼻叫喚の地獄とはこのような悲惨な場面をいうのであろうか。

　そのとき突然、私はグァーンと落雷のような凄まじい音響と衝撃を感じた。とたんに、顔面につよい痛みをおぼえ、あたりが真っ暗闇となってしまった。

シンガポール入城の戦車1連隊第3中隊の九五式軽戦車（手前2輌）と九七式中戦車

「やられた！」と両手で顔をおさえると、おもわず内村銃手のほうに身をよせていた。指の間から生あたたかい血がにじみ、汗ばんだ胸をつたってゆく。

「大丈夫か、藤本！」とさけぶ藤井車長や銃手の声も、なにか遠い世界からのような気がする。まもなく、操縦席からせまい車内のすみにかかえおろされ、車長がかわって操縦席についた。包囲されている敵中とあって寸秒の停滞もゆるされないのだ。

ふたたび戦車は動き出した。私は内村銃手の仮包帯によって、いくらか落ちつきをとりもどしたが、眼をやられたことには絶望的な悲哀を感じていた。はげしい痛みのなかで母の顔や隊長の顔、上官や同僚の顔や恩師の顔がめまぐるしく走馬灯のように浮かんでは消え、消えては浮かんだ。

病院からひとり中隊を求めて

どのくらい時間がたったであろうか。さしもの頑強な敵兵も算をみだして敗退し、戦闘もようやく一段落したようだ。この間に私は内村銃手や、車外員に背負われて衛生隊をさがしもとめた。

傷は顔だけではなく、左上腰もえぐられているようで、そのあたりがやたらと痛む。やがて衛生兵の担架に乗せられてジャングルを抜け出した私は、トラックに乗せられて他の負傷兵とともに野戦病院へと後送された。野戦病院といっても、ただ負傷兵を収容しているだけで、なんの治療もなく、渇きをいやす水さえあたえてくれない。

そして一月二十日、私はクアラルンプールの兵站病院へ送られる身となった。ここにはさいわいに眼科専門の軍医がいて、いたれりつくせりの治療をしてもらったおかげで、不十分ながら視力はようやく周囲が見えるほどに回復することができた。

そこで二月五日、ひきとめられるのも聞かず、私は強引に自己退院し、前線の中隊を追った。そしてその日から四日間、孤独のひとり旅をつづけたのであった。武器といえば退院時にもらった剣と拳銃、それも弾丸はわずかの六発であった。

そして八日の夕方、ついに私は、その日の夜半を期して、決死隊としてシンガポール敵前上陸の命をうけ、別れの宴たけなわの中隊へたどりついた。さっそく「退院、原隊復帰」の申告をし終わると、安心感とよろこびで精魂つきはてて虚脱状態となり、人前もわすれて隊長の胸に顔をうずめてしまった。

かくして、その後の上陸戦闘は成功のうちに終幕し、二月十五日にはさすがの難攻不落をほこったシンガポールの要塞もついに陥落し、私たちはまもなく四月二日、思い出多き昭南島をあとにして風雲急を告げるビルマへと向かったのである。

マレー作戦の初陣前に熟読をはじめた『愛染かつら』は、途中で両眼を負傷したこともあって、シンガポール陥落までに読み終わることができなかった。そののち、多忙なつぎの作戦にむけての戦車の大整備のあいまに、つきない興味、純愛のきれいさ、すばらしさに魅了されながら感慨ぶかく読み終わったのである。

初陣！かつての軍人十人十色、それぞれに悲喜こもごもの感慨ぶかい思い出を秘めていることであろうが、ひとり私にかぎっては、いまから死におもむくという悲壮感はみじんもなく、あったのは与えられた任務の完全遂行と、当時の軍人気質としては恥ずかしいことながら、人知れず秘めて読ませてもらった、それも生まれて初めて読んだ、教科書や典範令などの硬本以外の『愛染かつら』の純愛物語の推移が、脳裏にひそんでいたことを告白せざるをえないのである。

園田猛牛部隊の前に沈黙した悲しき星条旗

旧式八九式戦車を率いた戦車七連隊バターン半島攻略記

当時 戦車七連隊小隊長・陸軍大尉　金子収男

中支戦線でかがやかしい武勲をうちたて、勇名をはせた戦車第七連隊が、比島攻略の秘命を受け、高雄を出港したのは昭和十六年十二月一日であった。この部隊は戦車こそ八九式と旧式だが、園田晟之助大佐を長として、これにしたがう将兵は久留米で編成された九州男児の現役兵の歴戦の勇士ばかり。しかも、負けを知らない日本軍最強の戦車隊である。

これらの精鋭をのせた船団は勇躍マニラへと向かったのであるが、途中、軍命令により足どめされ上陸の時機を待った。やがて、二十二日の夜半、上陸予定地であるリンガエン湾に進入した。

南十字星の美しく輝く星空の下を、しずかに船団は進んだ。すると突然、空に閃光が走った。サンフェルナンド要塞からの砲撃である。敵の砲撃は熾烈をきわめ、くわえてリンガエン湾の海は逆巻き、容易に重車輌の上陸を許さなかった。船上の将兵はただ切歯扼腕するのみである。やむなく上陸地点をサントトーマス港に変更することになった。

十二月二十三日、サンファビアン付近の敵砲兵の砲撃を受けながら強行進入、ついに二十四日までにタムルテスに揚陸を完了したのである。

ただちに第一線に進出すべく、戦車第七連隊はマニラ街道を驀進した。完全舗装のマニラ街道は、たんたんとして山野を走り、機動部隊には絶好の進路であったが、敵は退却のさいに橋という橋はことごとく破壊し、その対岸に陣地を構築してわが軍の前進をはばんだ。

しかし戦車第七連隊は、第一線中隊を逐次交代させながら一路南進する。北ルソンを通過すると道路の両側はしだいにひらけ、点在する民家と青々とした田圃には平穏な姿がうつしだされ、ゴーゴーと突進する戦車隊とは似てもつかぬ風情である。しかし戦場である。のんびりした空気が長くつづくわけがない。

昭和十六年も暮れんとする十二月三十日、カバナツアンにおいて、戦車をともなう敵と初の戦闘をまじえた。敵のM3戦車は鋳鉄製だが、装甲十数センチ、三七ミリ戦車砲一門とMG三梃をそなえ、星型空冷エンジンを装備した軽戦車である。わが八九式戦車の五七ミリ榴弾砲では、容易にこれを屈伏させることはむずかしい。ただ将兵の勇敢なる突撃だけが敵の戦意を失わせたにすぎなかった。

三十一日の大晦日、バルワーグにおいて敵の奇襲にあったが、さいわいにも損害も少なく、敵陣を突破して元旦を迎えた。しかし、それもつかのま、クインガー付近で自走砲をともなう敵歩兵と交戦、これを撃退したが、とても正月を祝うどころではなかった。米軍捕虜の情報によると、敵の大部隊はマニラよりバターン半島に向かい、退却中であるというのだが、わが部隊の前方ではそうとうの抵抗をこころみる様子であるから、油断はならない。

一月三日、クインガーをすぎ、密林におおわれた道路を進撃中の吉武小隊は、たくみに森林を利用して待ち伏せていた敵の自走砲の直撃弾を真正面に受け、小隊長の吉武中尉以下全員、一瞬のうちに戦死してしまった。第二車、第三車も小隊長の危機を救おうと進出したが、標定して待ち伏せる自走砲の直撃を受け、相ついで擱挫してしまった。

敵は退却にさいし、この自走砲をたくみに利用し、待ち伏せしてはわが軍の前進をくいとめ、ただちに退却してはまた待ち伏せて撃つ。土地にふなれなわが部隊は、この戦法にはいささかてこずった。園田連隊長は将校を集め、

「戦勝に酔ってはならない。勝って兜の緒をしめよという言葉では易いが、行なうは難いものだ。全将兵は今までの戦勝になれて、敵をみくびったり不用意な行動はつつしまねばならぬ。つねに緻密な戦術を忘れてはならない」

と強く訓示した。その厳とした言葉には、われわれ一同身のひきしまる思いであった。

難攻不落の天然要塞

作戦の失敗か？　情報の甘さか。マニラ進攻がたいした敵の抵抗もなく成功したのに酔ったためか、バターン半島に遁走した敵を敗残兵とみなし、戦勝に意気高い第四十八師団をジャワに転進させたのである。そして予備役の奈良兵団と交代した結果、バターン要塞の砲火

のもとに、第一次バターン攻撃は一頓挫せざるをえなかった。

わが軍は、マニラより遁走した敵兵は一万五千と予想した。しかしこれは予定の退却であって、バターン半島に要塞を築き、十万の兵を収容してその防備にあたらせ、難攻不落と自認し比島から日本軍を撃退する拠点にしていたのであった。これを知った戦車第七連隊は急遽バターン半島に向かった。バターン半島はサマット、リマイ、オリオンクの山々がそびえる山岳地帯で、一面に密林におおわれ、その間を縦横に走る軍用道路と地下壕などによってむすばれた天然の要塞地帯である。

わが軍がこれに向かい前進する平地は米・比軍の演習地であって、隠蔽された砲兵陣地からの射撃は正確無比であり、わが猛牛の前進は完全にはばまれた。そのすぐれた砲兵の威力は、小集落に馬一頭はいっても集中砲火をあびせ、これを壊滅させてしまう。それゆえ、昼間の行動は一兵といえども許されなかった。

軽戦車で昼間斥候を強行し、小隊長前原中尉が重傷を負ったのもこのころであった。声はすれども姿は見えず、敵は完全に隠蔽されて、全然といってもいいくらいに、その状況はつかめなかった。また、わが軍が一発でも砲撃しようものなら、雨あられと砲撃の返礼がかえってくるので、友軍の砲兵が近くに陣するとわれわれは憂鬱（ゆううつ）になるのだ。

このような状態だったので、やむをえず部隊は前進を中止し、村落の土塀のかげに壕をつくり、敵の出撃にそなえ陣をはって、バターンの敵と対峙することになった。そして夜となく昼となく、姿を見せぬ敵の砲撃に将兵は少なからず神経をいらだたせた。夜間に襲ってくる大トカゲにおどろいてあげた悲鳴を、敵襲とまちがえたり、敵機の地上掃射に椅子の下に頭だけつっこんでいたり、ユーモアもあり悲喜こもごもの対陣であった。

作戦指導の名人・園田大佐

戦況が不利になればなるほど、将の将たる面目があらわれるものである。バターン対峙のおりの園田連隊長の活躍は面目躍如たるものがあった。つねに自信と確信にみちた園田大佐は、第一線に前進を督促にくる軍参謀にたいし、こんこんと戦理を説き作戦の可否をさとした。そして軍司令部におもむき、戦車の用法を意見具申するなど、戦況の打開に積極的に活動した。

元大本営参謀の園田大佐の意見は、つねに司令部においても重視されていた。園田大佐は作戦指導の名人だけでなく、教育の師としてもすぐれた人であった。将校にはつねに作戦の理を教え、将校のあるべき姿をさとしていた。指揮官の無能を部下の血をもって補ってはならない——とは日頃の訓示であり、指揮官の指揮の重要性をつねに説き、将校に勉強をすすめることをおこたらなかった。

また温情の父として、部下をかわいがることも随一であった。あるとき、伊藤中尉の中隊が一時、他師団に配属されたときも、みずから軍司令部と師団司令部に伊藤中尉をつれておもむき、伊藤中尉のことを頼んで歩かれた。また、戦闘指揮の細部にいたるまで教育されて帰られたりして、手放す部下の今後の武勲に細心の注意をはらわれたのである。

みずからは書を読み、軍の行動、日本国の将来などをつねに考え、勉強されていた。若い将校のわれわれが奔放なことをするにも、いささか気のひける思いがしたのである。

園田大佐が軍司令部におもむき、バターン半島の戦況の膠着にともなう戦車の対陣はよくないし、今後の活躍にも支障をきたすので、このさい車輌整備が必要である、と意見具申された。その意見が入れられ、園田大佐は大マニラ防衛司令官となり、戦車第七連隊は車輌整備をかね、大マニラ防衛隊となったのである。

園田大佐は長年アメリカの支配下にあった比島人を、大東亜共栄圏の有力な民族としてアジア人のアジア建設の一翼をになうためにも、日本人がその態度をもってのぞまなければならないと、部隊に対しても軍紀風紀の厳守を命じた。マニラにおいては、とうじ米軍のスパイがつねに流言蜚語（ひご）を流し、後方の攪乱をはかっていた。

バターン半島やコレヒドール島には、まだ米比軍の主力は健在であり、それに対してわが軍は、奈良兵団の攻撃は敵砲火にあって渋滞し、その部隊一個連隊が全滅するなどの悲報がはいった。このためにマッカーサーは比島の英雄となり、英軍はシンガポールで敗れ、ジャワではオランダ軍が敗退と、各地に日章旗がひるがえったにもかかわらず、比島では米比軍の大部分が健全であるということは、米国民の志気昂揚のために、好餌をあたえる結果となった。

比島派遣軍の焦慮はこの上もないものであった。この情勢下にあって、マニラ防衛隊がマニラを防備し、比島人やアジア民族の独立と自覚とを与えることは、部隊の使命として重大なものがあった。九州男児の現役部隊である大マニラ防衛隊は、園田司令官の命令をまもり、比島人を友としてすごし、怠惰をいましめ、勤労をすすめた結果、部隊の風格とともに比島人から敬愛され、市街での不祥事件はまったく影をひそめたのである。

しずかな激戦の前夜

昭和十七年三月二十五日、軍命令によってわれわれは大マニラ防衛隊を退き、ふたたびバターンの敵を攻撃するためマニラを出発、見なれた山々を眼前にしたのである。第十四軍は第一次バターンの失敗を今次攻撃でとりもどすため、新たに第四師団と野戦重砲の部隊を投入し、一挙にこれを葬り去らんと、その準備にはいった。

わが軍は一応の布陣はしたが、敵の砲兵はまだ優勢であり、テアウェル川をふくむバターン半島は完全に敵の勢力下にあった。これに対峙するわが軍の第一線は山かげから頭を出すことすらできなかった。これにひきかえ、敵はゆうゆうとテアウェル川で食器を洗うという状況であった。

比島の三月といえば盛夏である。戦車の装甲は素手でふれることのできないほどやけて、天蓋を閉めての行進は三十分ともたない。

三月三十一日、私はテアウェル川の渡河点の偵察を命ぜられた。昼間はわずか角型眼鏡で敵陣を視察するだけであったが、夜陰に乗じて擬装したうえ、当番兵一人をつれてテアウェル川に前進した。川は幅十数メートルくらいであるが、水面が波だっている。深くない証拠

バターン半島を進撃する戦車７連隊八九式中戦車乙型。砲塔のリベットが特徴

だ。匍匐前進で川に近づく。敵兵の声が聞こえる。数名の敵兵が自動小銃をかまえて歩いてくるのが闇に見える。

しずかに軍刀の鯉口をきり、拳銃の安全装置をはずした。そして、言葉どおりに息をころし、全神経を敵兵に向け、発見されたら斬りこむ用意をする。この一瞬ぐらい時間が長く感じたことはない。敵が去ったのでさらに進んだが、川にはいることはできない。そこで丸橋忠弥の故事を思い出し、小石をひろって川に投げた。石はコロコロと音をたてた。川底は浅い。川底は砂利に近いし、戦車の渡河には十分である。

四月二日、青味をおびた南海の空に輝く星はまことに美しい。その星空をながめつつ、戦車はできるだけ音をひそめ、低速で第一線陣地の後方に進む。明日のはげしい戦いを前に、ふしぎと静寂である。だれもが明日の激戦を予想できないような静かな一夜である。

壮烈な連隊長の最期

四月三日早朝より攻撃は開始された。野重連隊を中心に砲兵力を充実したわが軍は、まず砲火をひらいてバターンの敵陣に攻撃をかけた。敵もまたこれに応戦し、われわれの頭上を去来する彼我の砲弾はその優劣がつけがたい。砲戦三十分、ようやくわが方の砲が敵を圧倒したらしく、敵の砲声はしだいにおとろえはじめた。さあ、こんどはわれわれの番だ。

午前十一時、準備位置を出発し、第一線歩兵の直後に進出、突撃支援射撃を開始した。正午、突入の命令にもとづき川に飛びこんだ。案の定、川底はかたい。とつぜん川の横合いから味方の重機が火をふいた。それと同時に、敵陣からも応射してきた。銃弾が頭上を飛びかい、密林の木々をぬう音がきびしい。

突如、いま通過した地点に猛烈な砲撃が起こった。突撃支援射撃の連絡の誤りから、友軍歩兵の第二線重火器中隊の前進中に猛射がはじまったのだ。戦場には多くの齟齬(そご)が生じやすいが、味方の砲火で味方が傷つくほど悲惨なものはない。そしてまた、これほど将兵の士気をにぶらせるものもない。

三日の夕方から敵の砲撃はふたたび激しくなってきた。コレヒドールから撃ち出す一六インチ砲は、いっしゅん火を発したかと思うと、二、三十秒後にはものすごいうなりをあげて近づき、落雷を思わせる音とともに炸裂する。

戦車の下に兵をあつめ一夜を明かしたが、その間、一日の戦闘詳報を天蓋を閉じた戦車のなかで書いた。熱気のために汗にまみれ、車内灯を暗くして部下の戦功報告を書くのだ。一字一句、正確に報告しなければならない。やっと書きあげてうとうとする間もなく、夜が明ける。

夜明けと同時に敵陣から猛烈な砲撃を受ける。一夜のうちに敵の砲兵が陣地を布いたらしい。しかも敵陣は近い。友軍砲兵が応射したが、敵の射撃は正確でしかも猛烈である。わが軍の集結していそうな場所へ、敵は的確な砲撃をくりかえす。わが軍はなかなか敵を捕捉できない。

砲兵はどうしているのだろう、と思ったその時である。突然、後方に大爆発音がしたかと思うと、急にさわがしくなってきた。軽戦車があわただしく動く。だれかがやられたらしい。連隊本部の方向である。二、三百メートルを夢中で走る。

「連隊長重傷？」

だれかがどなっている。連隊本部があったマンゴーの大樹が無惨にも折れ、小枝が散っている。

連隊本部に命中したその敵弾は、前進して射撃したバターン半島最後の敵砲兵の放った一弾であった。それが不運にもマンゴーの大樹にあたり、その下で作戦会議をひらいていた園田連隊長の大腿部の肉をえぐったのだ。倒れる連隊長を石川副官と西田中尉がだきとめ止血をほどこし、軽戦車で後方に向かった。少年戦車兵出身の石原兵長がぼうぜんとしている。

「石原兵長、負傷者運搬！」

「はいッ」といって走りだした石原兵長は戦車に飛びのり、負傷者を後方に運搬すること数回、終わって戦車から出ようとしたが立てない。よくよく見ると足に砲弾の破片をあびて、アキレス腱が切れていたのだ。それにしても精神力とは強いものだとおどろいた。

正午ころ、ついに連隊長戦死の訃報を聞いた。無念、われらの厳父であり慈父であった連隊長！　全連隊の将兵はいい難い寂しさに耐え、四日の夜を静かに迎えた。だれ一人語る者もない悲しい夜であった。どこからともなく、連隊長の愛唱した『湖上の月』の低い合唱が、涙でむせぶ声にのってきこえてきた。

〽名残りの月の影淡し今日も戦場の夜は更けて……それに和して歌おうとしたが声にならず、とめどもなく涙が流れ、胸をかきむしる。連隊長、さようなら、この仇は明日きっと、きっと。

終結した悪夢の戦い

戦車第七連隊は連隊長戦死の悲しみを胸に、まっしぐらにバターンの山を進撃する。しかしながら、炎天下を進む八九式中戦車は楽ではない。エンジンの過熱はさけられず、思うような機動力を発揮することはできない。しかも暑さとガソリンの臭気で、いっそう疲労がはげしい。そして行けども行けども密林ばかりのバターン半島は、不気味である。

水の流れる小川には、末期（まつご）の水を飲みにきて、たおれた敵兵の姿が累々としており、進撃

連携しバターン半島の敵陣に肉薄する戦車７連隊の八九式中戦車乙型と歩兵たち

の道路の両側には疲労困憊(こんぱい)した比島兵がたおれている。しかし、米軍の姿は一人も見えない。米軍は比軍を矢面に立て、その後方でいちはやく退却したにちがいない。

夜にはいると急に気温が低下する。仮眠ていどの露営にも露がぐっしょりと軍衣にしみてくる。そうこうするうちに、下痢患者、マラリア患者、デング熱患者が続出するが、いまは進撃中だ。まずバターンの南端に出ることが先決だった。

そして四月十日、敵軍降伏の情報がうわさていどに前線に流れてきた。しかし確信はもてない。ただ海に向かって南下をつづけた。その日の夕方、白旗をかかげた米兵を見て、敵の降伏に確信をえたが、敵の将兵はやはり長い籠城でやつれている。一団となって投降する姿はまったくいたいたしい。

「海だ！」

先頭からつぎつぎにつたわってくる歓声。しだいに視界がひろがる中に、まだ堅固な要塞をほこり、反攻を期しているコレヒドール島が浮かんでいる。

海岸通りをしばらく進むと、遠くに先発戦車の姿が見えた。集結地は間近だ。こうして集結地点に到達した戦車第七連隊は、休む間もなく五月五日に予定されているコレヒドール攻略の準備をはじめたのである。

勇猛をもって、軍司令部の消極戦法をなじった園田連隊長もいまは亡く、敵も味方もおびただしい血を流した戦いも終わってみれば、一場の悪夢のように思える。港には沈没船の檣がならび、ぴたぴたと波に洗われている。半年ぶりにバターン半島に平和がよみがえった。

十五対一の戦い　北ビルマ雲南戦車戦記

敗勢のさなか強力な敵機動力に挑んだ軽戦車小隊の奮闘

当時、捜索五十六連隊軽戦車小隊長・陸軍大尉　**村野新一**

ノモンハン事件で軍の機械化を刺戟された陸軍は、手はじめとして戦車隊を増設し、また乗馬騎兵のかわりに軽快な戦車装甲車を各師団につけた。

そして騎兵連隊は大部分、捜索連隊と名前をかえ、歩兵戦闘もできるように自動車に乗った乗車歩兵二個中隊、装甲車もしくは軽戦車二個中隊を持ち、縦横の広大な地域の捜索を可能にするとともに、機動力を利用する弾力性のある戦闘ができるように編成された。

そしてこれら捜索連隊は、太平洋戦争開戦と同時に南方各地に派遣され、先遣隊としてあるいは突進隊として活躍した。もちろん軽戦車が先頭に立って戦った。

主として活躍した戦車は、九七式軽装甲車および九五式軽戦車であった。これらは当時、陸軍の造兵廠や三菱、日立、新潟鉄工などのメーカーによって生産され、陸軍に供給されていた。

九七式軽装甲車は、七・七ミリ車載重機関銃か、三七ミリ戦車砲のいずれかをつけることができ、原則として小隊長車、中隊長車に戦車砲をつけた。これは二人乗り、四気筒ディーゼルエンジンで、操向連動制動機で停止したまま反転できた(信地旋回という)。重量約四トン、まことに手軽な装甲車であった。

また九五式軽戦車は、九七式軽装甲車ほど出来はよくなかったが、三人乗りで三七ミリ戦車砲と七・七ミリ車載重機関銃一を装備し、ディーゼルエンジンで信地旋回ができて、軽戦闘には充分に耐え得た。

わが捜索第五十六連隊は久留米編成の部隊であるが、太平洋戦争開戦後にラングーンに上陸、東ビルマをサルウィン河にそって北上した精鋭部隊である。先頭はいわずもがな、軽装甲車であった。当時の新聞には鉄牛部隊前進などと報道されていたが、実際には、鉄牛というにはあまりにも小さく可愛らしい戦車が活躍していた。

しかしこの戦車が、捜索連隊にあたえた功績は大きい。元来、戦車が敵にあたえる心理的効果は絶大なもので、とくに敗退する敵にとって、これほど恐怖心を増大させるものはあるまい。日本軍は無鉄砲と思われるほど戦車を先頭に突進をつづけた。

なにしろ南ビルマから山道を北上すること一四〇〇キロ、二百万分の一航空地図一枚の下から上までを一ヵ月で突破してしまった。一日平均四十二キロの進撃速度であって、損害も総員約五〇〇名の中から十七名の戦死者をだしたのみで、まったく戦史上稀に見る進撃であった。

九四式軽装甲車を先頭に進む日本軍戦車部隊。中央奥から左５輌は八九式中戦車

ひるがえって二年後には、同じ道路を進撃のときとは逆に、アメリカから支給された兵器をもって米式に訓練された重慶軍と英印軍に押されて、日本軍はまたもや航空地図の上から下まで頑強な抵抗をしながら退いてきたのであるが、昭和十九年九月に有名な拉孟守備隊——サルウィン河（怒江ともいう）にかかっていた恵通橋（よく海軍機が爆撃を行なった）の渡河点を三ヵ月間にわたり、雲霞のごとき重慶軍を防ぎながらも九月七日に玉砕した——の玉砕後、翌二十年の八月には、南ビルマまで後退してきたのであって、日本軍が約一ヵ月で攻略した一四〇〇キロを、大きな戦車と圧倒的に優勢な航空機をもっていた重慶軍や英印軍が、まる一年かかってわれわれ日本軍を追ってきたのであるから、これはまことに面

白い対照である。

そしてわが軍は、兵力の損耗はなはだしく、将兵の士気は開戦当時にくらべて低下し、また進攻作戦のときに活躍した十数輛の戦車装甲車はたった四輛になってしまっていた。

この状況は辻政信著による『十五対一』によく述べられている。そこにいう「一」は、主として第五十六師団（龍兵団）を指すのであって、十五倍の敵を相手にして、この一四〇〇キロを退いてきたのである。この第五十六師団にあった捜索連隊の戦車隊は、軍直轄の戦車連隊とは異なり、戦闘も小規模の場合が多かったが、反面、小粒でもヒリリと辛い日本男子の面目を発揮した戦闘が多かった。

以下、その戦車戦記を書いてみよう。

ワー州ホーパン陣地

戦車小隊の編成は三輛である。したがって装甲車の場合は小隊長以下六人、軽戦車の場合は小隊長以下九人という少人数でつねに行動している。私の小隊は雲南省のある密林の中に、歩兵とともに陣地を占領していた。

この辺りはビルマと中国との国境ちかくでワー州といい、地図にくわしくはのっていないし、ジャングルばかりでわずかに幅一メートル内外の小道が見え隠れにつづいているだけで、もちろん住民も通らない全くの無人地帯である。

守備の兵力は少数で、このさい頼りになるのは、戦車の戦車砲や車載の重機関銃のみであった。この陣地には、重慶軍が毎日のように迫撃砲弾を射ちこんできていたが、その日も雨のように迫撃砲弾がふりそそいだ。しかしいつもとは違って、機関銃の至近弾もとんできていた。わが歩兵は軽機関銃と擲弾筒を武器に、壕を掘って待機しており、戦車隊三輌がだいたい併列し、木立を利用し偽装してかまえていた。今日はここを突破されるかなと不安な気持ちがしていた。

歩兵は戦車の方ばかりを見ていた。彼らにはこの三輌の戦車が頼みの綱だった。私は砲塔の天蓋を閉めて射撃準備をした。だが中国兵の位置がまだ皆目つかめなかった。そのうち、

「小隊長殿、あそこ、あそこ」

と操縦手のS兵長が叫んだ。いたいた。ちょうど距離五百メートルくらいのところの密林の中、ちょっと小高く見えるところに、うろうろしている。

敵にはこちらの戦車は見えないらしい。敵の迫撃砲はバアンバアンと戦車付近に落下してくるが、戦車には一向に痛痒を感じない。

私は陸士で習ったように、落ちついて照準をした。そして眼鏡の五百のところにキッチリ敵兵の姿を合わせると、同時に引き鉄をひいた。しばらくたって、そこに土煙りがあがった。命中だ！　他の二車も調子を合わせて機関銃を射ちだした。私もさらにつづいて数発射ちまくった。榴弾の瞬発信管付だから、命中すると殺傷効力は大きいのだ。

敵はわが方の不意の反撃に驚いたらしく、退却をはじめた。私はそれを追撃して、行けるところまで行くつもりで小隊に前進を命じた。装甲車が敵前に姿を現わすと、三十メートル

くらい前の草むらから、バラバラと立ちあがって逃げだす重慶軍の兵士が戦車ののぞき孔から見える。彼らは例によって、半ズボンに巻脚絆(まききゃはん)だ。いつの間にかこんなに近く接迫してきていたのだ。

私は砲をその方向にむけようと、砲塔回転ハンドルを手でまわしはじめたが、なにかの調子で動かない。いまの戦車は砲塔の回転はモーターで簡単だが、旧日本軍の戦車は軽いためもあって、手まわしであった。したがって登坂道などでは非常に力を入れなければまわらなかった。

業をにやした私は、天蓋を開いてとび出し、モーゼル拳銃をかまえて射ったが、とても逃げ足が早く、戦利品として残されていたのは、六〇ミリ迫撃砲弾のカラや、薬莢などで、そのほか噂にきいていた洋傘、支那鍋などが散乱していたのはお笑いであった。

ナンパーカ平原で

それからしばらくして、戦車隊はナンパーカというところにある師団の戦闘司令所の危急を救うべく派遣された。当時、戦闘司令所は、英印軍が背後に侵入してきたため道路を遮断され、司令所が敵襲をうけ参謀が戦死し、またガソリンの補給もできず全く孤立無援の状態であった。

そこで戦車隊が、この遮断された道路を強行突破してまずガソリンをとどけ、司令所内の師団長以下の要人を救出することになった。戦車中隊長S中尉は、遮断地点の後方一キロくらいに到着するや、作戦を練った。

ここナンパーカは、周囲を山にかこまれた平原で、日中は広々として気持ちのよいところであった。北緯三十度近くでもあったろうか。大陸性気候の例にもれず、夜は冷えた。青い草原と真夏の入道雲は、兵隊たちのほのかな郷愁をそそるに充分であった。

しかし中国本土からの公路と、印緬国境からの公路との合流点の近くであるここナンパーカは、重慶軍のほかに英印軍も増援されて、現実には一木一草までが砲弾の砂煙りを浴びて戦場と化していたのだ。英印軍はわれわれ日本軍の眼前で、輸送機から弾薬糧食を投下していた。また砲兵の観測機（陸上自衛隊で使っているL機）が数機、平原の上空をつねに旋回して、われわれの行動を刻々と砲兵に伝えていた。

わが戦闘司令所は、このナンパーカ平原から公路を約三キロほど入ったジャングルの中の小高い丘にあった。夜はしんしんと更け、月だけが明るい。敵は近くにいるようすだが、あたりは不気味に静まりかえっている。とにかく間隔をおいて突破することにしようと中隊長は決心して、まず二車輌をもって全速で前進することにした。

それが遮断地点まぢかにさしかかったと思うやいなや、敵の山砲弾、機関銃弾が、夜空をついて猛烈に降りそそいできた。第二車には中隊長みずから乗っていた。なるほど道の真ん中には壕が掘ってあり、トラックではとても通れそうもない。それにこの猛撃にあっては、かろうじて戦車が通るのが精いっぱいである。

先頭車は壕の端をうまく通過して進んだ。つづいて中隊長車が通過しようとした瞬間、山砲弾がまぢかに落下し、操縦手はキャタピラがやられたと感じた。車は操向の自由を失って壕に横転したまま、天蓋は開かず、操縦席のドアも開かず、無惨にも横腹をさらしたままである。先頭車は第二車がやられたことは知らずに先に走ってゆく。

南無三、敵が近づかないうちに後続車が行かなければならない。

そのうちにやっと第三車がつづく。敵の銃砲弾はあいかわらずものすごい。軽戦車に乗った私はすぐさまとびおりて、中隊長を救うべく天蓋を開けようとしたが、なかなか開かない。

そのうちに敵は、日本軍がここで立ち往生していることに気づいて、照明弾をうちあげるやら曳光弾をとばすやら、瞬時にして真昼のような明るさとなる。こちらは敵弾幕を避けながらの救助なので、作業もなかなかはかどらない。

しかし悪戦苦闘、やっと二人を救出してホッとしたら、今度は軽戦車の操縦手がやられたという。そこで戦車は全員を収容し、いったん出発点に撤退、また再編成しなおして前進する。夜目遠目というが、敵の砲弾はバフンバフン、グワングワンと猛烈な落下音を立てるが、直撃弾はめったにないもので、うまく突破できた。

司令所に到着すると、参謀長以下の喜びようは大変なもので、戦車ならではとてもこの公路は通過し得まいと、その価値を再認識したのだった。

それから三日三晩、飲まず食わずで、戦車はその危険な公路を往復し、連絡に任じた。敵はわが方の戦車が平気で通っているので、しまいには山砲弾をあまり射ちこまなくなった。独立輜重兵大隊の補給自動車部隊も、前後に戦車をつけただけで通ることが出来るようになり、間一髪の差で、戦闘司令所、患者、弾薬、燃料などを後退させることができた。

ついで師団命令は、戦車隊に殿（しんがり）部隊となって師団の転進を援護するよう指令してきた。

センウイ峠の対戦

捜索隊は乗車歩兵と装甲車をセンウイ峠に配置して、来たるべき敵に備えていた。一、二日は敵は砲撃だけだった。わが方の野砲は、よく射ち返した。

ある日の午後、「戦車だあ！　戦車だぞ」展望哨に立っているK伍長の絶叫である。「戦車げな、こりゃしっかりやらるるばい」H軍曹はつぶやいた。

この北ビルマ戦線にはじめて英支連合軍の戦車が出現してきたのだ。

センウイ峠は北シャン州の首都センウイの街の北方にあり、この峠から小さいセンウイの街のパゴダや、王様の住んでいる宮殿が一望にのぞめた。よく日本軍になついていた街で、よいところであった。ビルマ・ルートは、このセンウイの街を通って北へ九十九折りをなして延びていた。

これはラングーン港から陸揚げした軍需物資を、雲南省の昆明に輸送するために造られた軍用道路であって、この山中でもずっと舗装されていた。この公路は日本軍が中国本土の沿岸封鎖を行なったとき以降急造されたもので、それは恐らく清の始皇帝による万里の長城建設以来の大工事であったと思う。

当時の中国軍にとっては、唯一の補給路であった。しかしあまりに長い補給路なので、ラングーンでドラム缶入りのガソリンをトラック一杯に——二百リッター入りのドラム缶を十五本つんで出発しても、一週間かかって山また山を越えて雲南省の昆明についたときは、ドラム缶は二、三本しか残っていないという笑えない話もあった。

さて、部隊はこの公路をはさんで両側に布陣していた。インパール作戦の助攻正面として、この北ビルマおよび雲南地方は当時たった一個師団約一万名前後の日本軍が守っていた。蜿々数百キロのビルマルートをこれだけで守っていたのである。

この師団は九州の久留米編成の部隊で、開戦当初、北ビルマ進攻作戦をやって名をあげ、そのまま駐留、インパール作戦開始と同時に、反攻してきた米式重慶軍と激戦をまじえながら退却してきていたのだ。九州出身の兵であるだけに、この師団は向こう意気も強く粘りも強かったし、士気も旺盛だったが、足かけ五年にわたる戦闘で多くの兵士たちは体力を消耗し、マラリア、アメーバ赤痢、脚気などになっていた。

雲南地方のマラリアは特に悪性で、高熱をつづけてそのうち脳症をおこし、そのまま敵陣地の方に行ってしまった者もときおりあったほどである。ほとんど全部の兵がマラリアをおこすので、部隊はいつも三分の一くらいは戦闘不能人員をかかえていた。敵の戦車がでてきて、はたしていままでどおり九州男児の意気を発揮して戦えるかどうか疑わしかった。

「とうとうやってきたか。敵の戦車がわれわれの陣地を突破したらどうなるだろうか」

いままでこの部隊の正面には、空襲や砲撃は凄まじかったが、敵の戦車だけはまだ現われなかったのだ。ビルマルートがさらに延長され、インドと雲南省、北ビルマを結ぶレド公路が完成したので、ついに敵は戦車を持ってきたのだ。

ブーンブーンと敵戦車の轟音は無気味な音が高く低く近づいてくる。ダダッダダッ、ダダッダダッ、敵の戦車が乱射しているらしい。わが陣地からは一発の応射もない。いや応射したところで歯が立たない。またいたずらに射てば、陣地の編成が一度に暴露してしまうのだ。

しかし歴戦の下士官兵の中にも、ある動揺がきざしたことは見逃せない。なにしろわが方には、敵戦車の装甲鈑を貫通するに足る兵器は何もなかった。わずかに三七ミリ速射砲もわが戦車の搭載している三七ミリ戦車砲だけで、それすらも五百メートル以上では、おそらくポンポンはね返されてしまうので、本当に敵戦車が目前に迫ってきてから、一発必中で射撃しなければならない。

もし敵の戦車がわれわれの陣地を発見して先に射撃を開始したら、もう思うままに蹂躙(じゅうりん)されてしまう。

乗車被弾す

やがて左側の高地を占領している歩兵陣地から、敵の戦車が十数輛、驀進してくるのが見えだした。戦車のむかってくる道路の右にいるわが戦車小隊は、草原にいるので敵戦車の砂煙りは見えるが、車体の輪郭ははっきりまだつかめない。

一分、二分、戦車の先頭はついにわが陣前五十メートルに迫った。K中尉は九七式軽装甲車三輛を指揮する小隊長だ。K中尉の乗っている小隊長車は三七ミリ砲が搭載されており、他の二車はそれぞれ七・七ミリ車載重機関銃がついているだけである。見よ！　敵戦車はM5型だ。先頭車は砲塔に「先鋒」と書いた旗を立てているではないか。してみるとこの戦車は重慶軍か。後で分かったことだが、この戦車隊は小隊長、車長が英国人で、操縦手その他の乗員が中国兵であった。

K中尉は戦車砲の眼鏡で照準をつけつつ、近づいてくる戦車に対し、発射のチャンスを狙った。

「M兵長、失敗したらお前すぐエンジンをかけろ」とK中尉は操縦手にいった。

「小隊長殿、大丈夫ですか」

「大丈夫もなにもお前、仕様事があるか」

いまや眼鏡軸の真ん中に、砲塔がはいった。K中尉は戦車砲の引き金をひいた。一念こめたわが戦車砲弾は、轟音とともに飛んでゆく。みごと砲塔に命中。しかし悲しいかな、敵の戦車はびくともしないではないか。

M兵長がすぐ、「小隊長、つぎ」と砲弾をとってくれる。戦車砲の閉鎖機を開く。硝煙を立てながら、薬莢が砲塔室内にころがりおちる。つぎの弾を装塡する。そして照準だ。

このとき、敵の戦車十数輛は、いっせいに砲塔を左にむけた。それは間髪を入れずにみごとなものであった。しかしまだ草むらに偽装しているわが三輛の装甲車は、発見できないらしい。

グワングワンとやたらに砲弾がおちて爆発する。わが方の二輛の装甲車も、機関銃を射ちだす。戦車の小隊は別命なければ、その小隊長の行動にならうことになっているので、K中尉の射撃開始と同時に機関銃を射ちだしたのだ。

「履帯ば狙うぞ！」

「それがよかですたい、小隊長殿」

M兵長が叫ぶ。こんど戦車砲を射てばもう完全に敵に発見される。

「発射」と同時に、装甲車の車体がわずかに反動でゆらぐ。やった、やった。敵戦車の前部の機動輪の近くの履帯（キャタピラ）にうまく当たった。命中、命中。敵の先頭戦車がジグザグやりだした。操向がきれないのだ。キャタピラが切れた。五メートルか十メートル前進したかと思うと左に傾いて、ガックリ停止した。

操縦席ののぞき孔から一生懸命に見ているM兵長が、「また命中した！」と叫ぶ。銃声砲声は凄まじい。敵戦車の機関銃は曳光弾を使っているので草むらに火がつく。

つぎは第二車をやっつけるぞと、第三発を装塡した瞬間、装甲車がグワンとものすごい衝撃をうけた。気が遠くなった。車内に軽油の燃える臭いと白煙が充満しだす。

「やられた。すぐ外へ出ろ」とK中尉が叫ぶ。小隊長は天蓋を、M兵長は操縦手席天蓋をはねあげてとび出す。火の手があがりだす。敵戦車の三七ミリ砲がエンジンを貫通してしまったのだ。

幸いエンジンと乗員室はアスベストの隔壁で遮断されているので、すぐには乗員室に火がまわらないが、熱でもって砲塔の内壁にずらりならんでいる砲弾が誘爆しだして、危険きわまりない。敵の戦車砲弾と、わが装甲車の誘爆砲弾とで燃えている装甲車の近くには、とても危なくていられない。とび出した二人はじっと近くの凹地に伏せて、まだ健在の部下戦車の奮戦をだまって見ているしかない。

霜降る夜に

第二車以下は、まだ敵戦車の好餌にはならないで射撃している。よく見ると射つのも道理、擱坐した敵戦車から乗員がとび出して、なんと牽引索をつけようとしているのだ。後の戦車からも、またそれを見つけた高地にいる歩兵の機関銃も呼応してうなりだす。しかし敵は見る見るうちに牽引索をつける。後方の戦車がバックで引っ張っているようだが動かない。

敵兵はつぎつぎとわが歩兵の機関銃で倒れる。その間にも後方の数台の戦車は砲塔を回転させて気違いのように射ちだす。敵ははじめてわが陣地の真ん中にとびこんできたことに気がついた。冗談じゃない。いくら日本軍、落目にありといえども、陣地の真ん中にとびこんできた敵兵、一兵たりとも帰すものか。

そのうち自動車が二輛、戦車の隊列を抜いて前にでてきた。一輛はいま、自衛隊で使っている3／4トン・トラックのシャシーを使った乗用車。一輛は赤十字のマークをつけた救急車だ。

「赤十字は射つな！」と歩兵の小隊長が号令しているようだ。

弾丸は先頭の乗用車に注がれる。

英印軍を追撃する九七式軽装甲車隊。砲搭載型(右)と機銃搭載型(左)があった

味方の車輌がでてきたものだから、敵の戦車は射撃がしにくくなってきたらしいが、わが陣地は機関銃、擲弾筒、あらゆる火器がうなりだした。たちまち先頭の乗用車がガクッと停まる。ドライバーがやられたようだ。それでも救急車は擱坐戦車のところにきた。

遠目ではっきりしないが、衛生兵らしいのが死体を収容している。日本軍の弾丸はそこには行かない。彼らはチョコチョコ小走りに作業していたが、あっというまに救急車がもときた方に帰っていった。同時に敵戦車は反転して逃走していった。

このとき「畜生」と思わなかった将兵は一人もいなかったであろう。なぜなら、あの戦車の装甲を貫徹する砲さえあったならば、全部やっつけることができたのだ。

当時ビルマ戦線には「賜一式四七ミリ機動砲(速射砲)」という高性能の速射砲があったの

だが、それはわれわれのいる雲南戦線には補給されていなかった。誰もが戦車が現われるとは思っていなかったのだ。山また山の連続した地形では、公路の突破にしか使えないし、重慶軍は日本軍がしたような突破戦法をそんなに使わなかったからである。

この戦闘があって二日目に、軍予備の独立速射砲中隊が四七ミリ速射砲をもって急遽到着し、このセンウイ峠に布陣をしたのであった。戦闘の終わった捜索第五十六連隊の通信班は、三号車無線機で師団司令部につぎのごとく報告したのである。

「センウイ峠に敵戦車威力偵察のため十五輛出現、わが装甲車隊および歩兵中隊はこれと交戦。戦果、敵戦車一擱坐、指揮官車一鹵獲、わが方装甲車一炎上、今後、敵戦車の出現が予想されるをもって至急、独立速射砲中隊の配属を乞う」

ときに昭和二十年一月、北ビルマの夜は霜さえ降りて寒かった。

凄絶 戦車十四連隊が消滅した日

急行する九七式戦車の隊列に襲いかかった一瞬の悲劇

当時 戦車十四連隊第一中隊・陸軍兵長 上杉 登

昭和二十年三月五日、わが戦車第十四連隊はメイクテーラ総攻撃（340ページ地図参照）に参加すべく、とある小さな集落を出発した。ここからはいよいよ敵の勢力圏内に入るので、いつ敵と遭遇するかわからない。

もちろんのこと、戦車砲や機関銃には第一弾、第一斉射を放つために弾丸が装填され、残りの砲弾はすべてスピンドル油をぬって戦闘室につみこみ、それに毛布をしいてわれわれ乗員はうち乗ったのであった。

対戦車戦闘は一刻をあらそうものであり、とくに数が劣勢であるわれわれとしては、一発でも多く、すばやく発射する必要があった。砂塵をとおして、おぼろに見える月光をながめながら身も心もひきしまり、若い五体は武者ぶるいに、いやがうえにも緊張していた。

夜八時ごろ、ようやくマライン街道に出た。この道路は完全舗装のりっぱなもので街道に出てまずおどろいたのは、路上にはもちろん、両側一〇〇メートルくらいの幅にわたって、敵戦車のキャタピラ跡が無数に走っていたことである。この軌条跡から見ても明らかに、敵の大型戦車が通過したことがわかる。しかも、そうとうに強力な戦車群らしい。それは敵戦車のキャタピラ跡が、まるで富士山のような山形をしているのを見てもわかった。日本軍の軌条跡は横にまっすぐであるから、敵との見わけは一目でつくのである。

とにかくこの地点からわが部隊の九七式中戦車は全速力で一路、マラインに向かい南下していった。途中、各所に友軍の敷設した地雷が見られるので、操縦には全神経を集中して前進しなければならなかった。

夜明けちかい五時ごろ、マラインの街に入ったわれわれは、すでに戦闘を予期してか現地住民は家をすてて身をかくし、粛々として死の町と化し、嵐の前の静けさにも似たぶきみな眠りについている街の姿を見た。そして、ただ戦車の騒音だけが地獄の底の叫びのごとく、いやに重苦しく胸をつき、乗員はみな敵の出現を予期していちだんと緊張したのであったが、さいわいにも何の変化もみられず、明け方ごろティゴン集落に到着したのであった。

その日——三月六日の夕方、一息いれたわれわれ第一中隊の中戦車二輌は、このティゴンからエジョウ集落に向かって進出するよう、四代目連隊長相沢(あいざわ)卓司中佐の命令をうけて直ちに出発し、翌日の明け方ごろエジョウに到着した。

そこでわれわれは、佐久間大尉の指揮する歩兵一個中隊（約三十名）と合流し、すぐさま陣地の構築にとりかかり、集落の高台にある唐きび畑に五〇メートル間隔で戦車を散開させ、歩兵はその戦車の中間に壕を掘って、敵さんいつでもござんなれとばかり待機していた。

夜が明け放たれた眼前には、広漠たる畑がはてしなくつづき、獲り残されたきび殻がうず高くつみ上げられていた。見れば、われわれの陣地の直前四〇〇メートルくらいのところにある高台との左方中間の谷間には、現地人の退避集落らしきものがあった。

わが戦車はきび殻でたくみにカモフラージュされ、一見、きび殻をつみ上げたように見える。これで準備万端完了である。そして朝昼夜の食事として乾パン三袋が分配された。私と平沢兵長とは、照りつける直射日光をさけて戦車の底板の下にもぐりこんで、乾パンをかじりながら話をしているうち、いつか浅いねむりに落ちていた。

敵M4のワキ腹に一弾を放つ

夢の中で、かすかに飛行機の爆音らしきウォーンというような音がしたと思い、ハッとしてわれに返って私がはね起きてみると、なんとしたことか平沢兵長はもう横にはいなかった。時計は午後四時をまわろうとしていた頃であった。

そのとき突然、車上で見張っていた小隊長、酒井少尉の大声がひびいた。

「敵戦車、われに向かい前進中！　全員戦闘配置につけ！」

とたんに、われわれは弾かれたようにそれぞれの部署についた。地上では岡田中尉が段列隊を指揮して、これまた必死の面もちで配置についている。

砲手は、中隊長車が小柳登曹長（長崎県出身）、小隊長車が松島輝夫曹長（静岡県出身）で、いずれも支那事変いらいの百戦の強者である。

敵戦車はいまや、前方の台上をカメが這うようにしてジリジリと近接し、巨大な姿を現わしてきた。われわれの横合いからは歩兵の兵隊たちが、「戦車の人、しっかりたのみますよ！」と叫んでいるのが聞こえる。

だが、敵戦車はまだ、わが陣地の所在に気づいた様子は見られない。その距離は約四〇〇

インパール戦線で英印軍に鹵獲された戦車14連隊の九七式中戦車改

メートルほどであろうか、敵戦車の上には歩兵が真っ黒に見えるほど乗っている。敵の軍服は濃いグリーン色なのでこのように見えるのだ。台上に位置した敵の勢力は、M4中戦車が約五十、トラック約二十と推定された。

と、突然、敵戦車が右方に転回したと見るや、現地人のいる退避集落にたいして一斉に火ぶたをきった。つぎの瞬間、不意に戦車砲の猛射をあびた現地人たちの逃げまどう姿が、まるで地獄絵図のように現出し、われわれの眼前に展開した。どうやら敵は、日本軍が退避集落にいると勘違いしたらしい。これは歩兵から出されてあったわが歩哨が引き揚げるさい、退避集落を通って帰隊したために間違えたものであろう。

われわれは射撃開始の命令をじりじりとして待った。と、そのとき、ついに射撃開始の合図があって、まず中隊長車が猛然と第一弾の火ぶたをきって落とした。

それっとばかり、全員がこれにつづく。必中のわが砲弾はまたたくまに敵戦車を襲い、正確に側面を貫通していた。瞬時にして敵戦車からはパッパッと火が上がり、車内の銃砲弾が炸裂して天蓋から飛散し、火だるまとなって炎上していった。かつてマレー作戦のさい、日本軍の戦車は火砲が劣弱のために、敵のM3軽戦車さえ貫通できなかった、という教訓からつくられた一式戦車砲はいま、十二分にその威力を発揮したのである。

このとき、敵の戦車上にゆうぜんと乗っていた歩兵が、クモの子を散らすように飛びおりるさまが手にとるように見えた。それをめがけて、わが九七式中戦車の前方機銃が銃身もやけよとばかり猛射をあびせる。

しかし、ようやく方向を転じて立ちなおった敵戦車が、このとき憤然とわれわれに向かって一斉射撃をしはじめた。その一方で、敵機が上空からわが陣地をめがけて、急降下をしながら銃爆撃をくわえてきた。と、たちまちのうちに付近のきび殻や集落は大火炎につつまれてしまった。

もちろん、わが戦車にも敵弾が集中しはじめる。近接弾がうなりをあげて飛んできたかと思うと、戦車をコスるようにして通過する。また機銃弾がまるでブリキ缶をたたくように、カンカンと音をたてて命中する。

そのたびにわが九七式戦車の装甲鈑の塗料がはげて、破片がすき間から車中に飛びこみ、とたんに身体が針をさされたように痛む。それでも、もうもうたる硝煙が車中にこもるなかで、射手はけんめいに射ちつづけている。その発射音とともに、車体はグラグラと揺れ動き、気もとおくなるばかりであった。

火だるまとなった隊長車

このような激戦がつづくうち、今までの常識をうちやぶり、みごとM4シャーマン戦車八輛を擱坐炎上させたのであったが、この間にわれわれもまた大きな被害をうけつつあった。わが中隊長車はすでに火炎につつまれて炎上しつつあり、車中の銃砲弾がいっせいに炸裂して天蓋を噴き上げ、中天高く飛散していった。

このとき中隊長車は敵の砲弾数発を砲塔にうけ、砲手の小柳曹長は装甲鈑を貫通した敵弾のため頭部をくだかれて即死、戦車とともに炎上して果てたのであった。中隊長をはじめかろうじて死をまぬがれた乗員も、もちろん全員が負傷していた。おそらくわが歩兵も大部分が死傷したのであろう、付近には一兵とて見当たらなかった。

一方、私の愛車も近接弾が集中するため、ついにカモフラージュのきび殻が燃えはじめた。このままでは戦車もろとも黒こげになってしまう。さりとて動けば上空の敵機に発見され、たちまち蜂の巣同様にたたかれてしまうこと請け合いだ。まったく進退きわまった、といえよう。

と、このとき車長は決然と、徐々に凹地まで後退するように命令をくだした。われわれは四面、火の海と化しているなかを、それぞれに炎をさけつつ後方に身をひるがえし、機を見て消火につとめ、ようやく炎をねじふせることができたのであった。見れば、右前方には敵のトラックが炎々と燃えている。

いずれにしても、このままでは敵機に虎の子の戦車を暴露することになる。そこで、なにはともあれ一〇〇メートルくらい後方のサボテン林に向かって全速で後退し、なおも敵戦車の攻撃を阻止するため、サボテンを手あたりしだいになぎたおし、それを戦車にかぶせて待機したが、敵も大損害をうけたためか再度におよぶ攻撃は断念したらしく、そうそうに後退していった。

ようやくにして、敵の姿が消えた台上には、擱坐した敵戦車やトラックがまだ余燼をひいて燃えつづけていた。そして——まさに暮れようとする夕空をこがして、真っ赤な太陽が地平線のかなたに静かに落ちてゆく。そのなかで私はなにか、いい知れぬ悲しみがこみ上げてくるのをどうすることもできなかった。

エジョウ集落はいぜんとして、そこここに火の手が上がっていた。と、いつのまにか、どこから現われたのか佐久間隊の歩兵の姿が四、五名、炎でチラホラ映えながら焼跡で自炊をはじめた。砲声はまったくやみ、昼間の激闘はどこへやら、あたりは静寂な大自然の姿へとかえっていた。

われわれはそのなかで、まだ煙の尾をひいている中隊長車に向かって、小柳曹長の冥福を祈って静かに合掌した。またこの日、中隊長車の操縦手荒木利夫兵長（少年戦車兵四期）、平沢勝利兵長（少年戦車兵四期）もそれぞれ負傷し、平沢兵長は翌朝、ついに息をひきとった。

いったん後退した敵は、さらに強力な組織をもって反撃してくることは明らかである。莫大な物量を背後にしてせまる敵は、叩いても叩いてもつぎつぎと新手をくり出し尽きるところを知らず、逆に日本軍の力にはおのずから限界があって、目に見えておとろえていく、というのが現実であった。

補給はなく、一輛を失えばそれだけ力は落ちてゆく。まさに風前のともしびともいうべき現状であったのだ。

明くる三月八日の午前三時ごろ、

「第一中隊はただちにエジョウ集落を撤収し、連隊主力に合流すべし」

という命令をうけ、残存のわが愛車九七式中戦車ひとり、全速をもって主力の待機するテンゴン集落に引き揚げたのであった。

途中、わが山砲部隊の砲四門が交代進出するのに出合い、ぶじを祈りながらたがいに手をふってすれちがった。これは久留米山砲第十八連隊の主力であったと記憶するが、この隊は翌日、ふたたび来襲した敵戦車と死闘を演じたあと、蹂躙されて全滅してしまった。

歩兵部隊の危機を救え

われわれの部隊はその日の夕暮れ、いよいよテンゴン集落を出発し、メイクテーラ総攻撃に参加するための南下を開始した。歩兵部隊も熱砂をふんで、ぞくぞくと南をめざしている。精鋭をほこる久留米第十八師団『菊兵団』である。

途中、各所に激戦のあとが見られ、敵味方の死体がいたるところにころがっていて、いかに激烈な肉薄攻防戦が展開されたかを思わせた。集落という集落は焼野原と化し、いい知れぬ異臭があたりをつつんでいる。ある村のはずれには敵のM４戦車二輌が破壊され、その横には乗員が三、四名あおむけになって倒れていた。われわれはこれを目にして、敵とはいえ明日のわが身を想像して、肌寒いものをおぼえたのであった。

その後、三月三十日を期してメイクテーラ総攻撃が発令され、第三十三軍高級参謀であった辻政信大佐の指導により、約十日間にわたって毎夜のようにメイクテーラを攻撃したが、ついにこれを占領することができず、この地点をとり残したまま、迂回してサジ方面に南下したのであった。このさい連隊長が傷をおって戦列を去ったが、のち死亡したという。サジに到着したわが連隊には、休むまもなくつぎの任務が待っていた。——それは四月九日夜、ペヨウべにおいて優勢なる敵と遭遇し、苦戦をつづけている菊兵団に協力することにあった。

ただちに鉄道線路にそって一路ペヨウべに向かって進発したわれわれは、途中、機関の過熱がひどくて一、二キロ走ってはエンジンを冷やすといった難行をかさねながらも急進し、ついにペヨウべを目前にするところまでたどり着いたのだったが、おどろいたことには、この必勝をほこった日本軍は、猛烈な敵の砲撃のため身動きもできない状態においこまれていた。

そうこうしている間にも、わが戦車の周囲には炸裂する敵弾の破片がカチカチとぶきみな音を立てて、装甲鈑をうっている。だが、戦車の協力をえてどうやら友軍もしだいに立ちなおりをみせ、その夜のうちに小高い丘の上にある公園を占領することができた。

ぶきみなる強行突破

明くれば四月十日、この日こそ、われわれにとって忘れることのできない運命の日であった。敵は前夜のうちに、友軍が占領した公園を包囲して、一斉に痛烈な猛射をあびせてきた。見る見るうちに一面みどりにおおわれていた公園は敵の砲爆撃にほり起こされ、樹木は無残に引きさかれた。

戦車はその間、谷間の凹地に分散して夜になるのをじっと待った。そして、

「戦車第十四連隊はペヨウベ東南方一八マイルの地点に転進すべし」

という命令とともに、夕闇せまるころ負傷者を全員戦車に移乗させて、全速力をもって敵の包囲網を突破、本道をまっしぐらに南下した。

その途中、われわれを待っていた参謀から、さらに、

「戦車約百を主力とする敵機甲旅団はヤメセンに向かい前進中である。貴連隊はただちにヤメセンに急行これを撃滅し、もってヤメセン以北にある友軍の脱出を容易ならしむべし」

という命令をうけた。

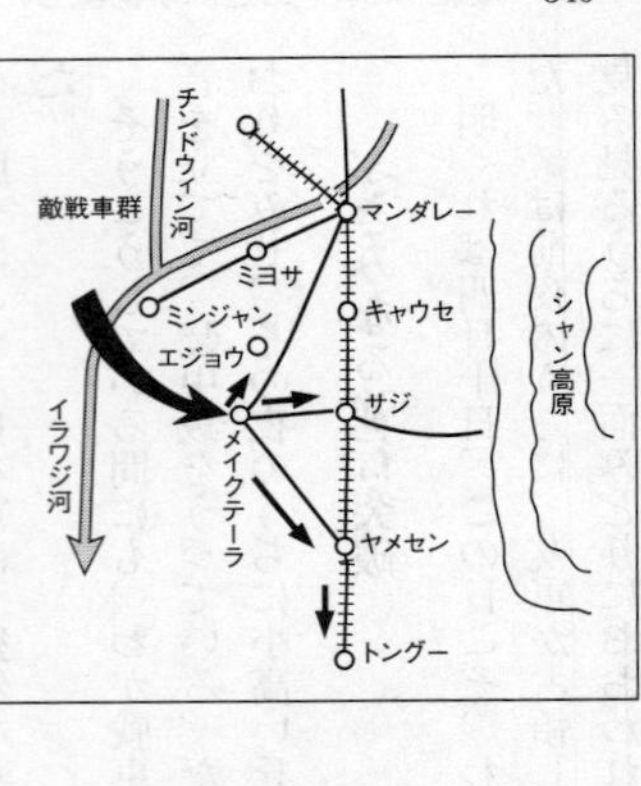

ここで負傷者は全員トラックに移乗させ、月明あわきラングーン街道を一路ヤメセンに向かって進んだ。このとき私は、第一中隊酒井少尉車の二番砲手として乗り込んでいたが、すでにわが中隊の残存車はただの一輌となっていた。

明けて十一日午前二時ごろ、ヤメセンを目前にひかえて郊外に到着したのであったが、意外にもヤメセンはすでに敵の戦車群の占領するところとなっており、キャタピラやエンジン

音、ライトの光が右往左往しているのが見えた。

ここにわが戦車十四連隊はやむなく、強行突破以外に道はない、と決意をかためたのであった。そして中村大尉から、乗員は最小限の人員を残し、他は全員下車させるよう各車長に命令があった。もしこの強力な敵が待ちうけるヤメセンに突入すれば、あるいは連隊もろとも全滅の憂きめにあう公算がきわめて大きい。そうしたことから、このような処置がとられたのであった。

と同時に、

「乗員は日頃きたえた特技を十二分に発揮してもらいたい。また下車した者は後進の教育に当たるとともに、連隊の再建につくすよう……」

という訓示があり、連隊とともに突入を覚悟していた私であったが、不運にもここでは下車組となり、連隊副官の東雪夫大尉（福岡県出身）の指揮下に入ることになった。

このとき、わが連隊の各戦車の乗員は大部分が、私と同期の少年戦車兵からなっていた。それだけに征くもの、残るもの、ともに手をふり最後の別れをおしんだのであった。そして――われわれもきっと後から行くから、どうかりっぱに死んでくれと祈らずにはいられなかった。

やがて連隊主力は、負傷者を満載したトラックを先頭にすると、たちまちのうちに吸い込まれるように夕闇のなかに姿を没していった。見ればヤメセンの方向ではいぜん、敵戦車がぶきみなライトを交錯させて、さかんに動きまわっていた。

生き残りはたった一輌

あとに残ったわれわれは、わが戦車隊主力の突入に気をうばわれている敵の間隙をぬって守備線を突破し、一気にヤメセン南方に脱出するために行動をおこした。そしてみなは無言のまま、足音をしのばせ、息をころして暗闇の中をすすんだ。総員二十数名、武器といえば腰の拳銃のみで、敵に発見されればひとたまりもなく全滅してしまうであろう。

一方、ヤメセンの方向ではすでに戦闘が開始されたらしく、戦車砲、車載重機関銃のけたたましい音とともに無数の曳光弾が流星のように高く、ひくく流れるようにとび交っていた。だが、空にはまるで金粉をまき散らしたような星が静かにまたたき、わずか数百メートルはなれたところで戦友たちが必死の激闘をつづけているとは思われないような、夜のたたずまいを見せていた。

われわれの眼前はあくまでも暗く、行けどもつきぬ大平原が横たわり、つかれきった二十数名の五体をはばむような、大自然の目にみえぬ黒幕がひろがっていた。その中をあえぎあえぎ歩いていた私には、人間世界の争いなど、なんだか遠い国のできごとのように思えてならなかった。

そのとき、突如として暗闇をつらぬく大爆発が起こった。みなが思わず歩みをとめてふり返ったとたん、わが部隊の戦車が一輌、中天に火柱を噴き上げて炎上しているのを目撃した。そして、その数はみるみるうちに二つ、三つとふえていき、ついに連隊の全車輌八輌のうち七輛までが道路上の各所に、一大火柱となって炎上しはじめたのであった。

見れば、天蓋から飛びはねる車載の銃砲弾は、夜空をきりさくようなカン高い音を立てて、花火のように長い尾をひいて飛散している。われわれは一瞬、あまりの悲惨さにそれらを茫然として見ていたが、いつか全員は戦友たちの冥福を祈るかのように、挙手の礼をささげていたのであった。

——ついに戦車第十四連隊は、ここに壊滅した。この日、わずかに第三中隊の大橋英弘兵長（少年戦車兵四期生）の操縦する軽戦車一輛のみが、かろうじて突破に成功しただけであった。戦車隊に先行したトラックもまた、もちろん敵弾の洗礼をうけて転覆し、負傷者のほとんど全員が戦死、乗員も数名をのぞきほとんどが戦死、または行方不明となってしまった。

しかし、われわれはどうすることもできず、ただ再起をはかってこの雪辱戦を果たそうと決意をあらたにするのみであった。かならずや仏印にある戦車を受領して、ふたたびビルマに引き返してくるぞ——ひとりひとりがそう思いつつ、ひたすらに歩をはやめたのであった。

敵戦車の銃口から脱して

われわれはさらに暗い平原をさまようように歩きつづけた。足もとはビルマ特有の乾期のため、大きな亀裂が入っていて、地下足袋のわれわれの足をさすように痛めつける。いずれにせよ、夜の明けないうちに一刻もはやく、ヤメセンから遠ざからなければならない。いまとなっては、できるだけ敵との接触をさけ、友軍の待機する地点にたどり着かなければならないのだ。

その夜は一睡もせず必死に歩いて、明け方ちかく、ようやくわれわれは小さな集落に到着した。そしてさっそく疲れた身にムチを打つようにして、民家にのこっていた土鍋で炊さんをはじめた。かつてエジョウでの対戦車戦闘のさい、車外に飯盒や水筒をつるしたまま戦闘したため、そのすべてを敵弾に射ちぬかれ丸腰となり、水筒などもヒョウタンを代用にしていたのであった。

炊煙はひくくたなびき、煮えたぎる湯気のかおりは空腹のわれわれに、あわい郷愁にも似たものをよび起こした。

そのとき、第三中隊の岸本准尉の大声がひびいた。

「敵の戦車が追撃してくるぞ。はやく逃げろ！」

煮えたぎったばかりの土鍋をすばやく荒縄でくくると、われわれはすぐ側にあった干上がった小川にとびこんでいた。

と、同時に、集落横の道路上を通過する敵戦車から、猛烈な機銃掃射をうけた。

もう、こうなったら、飯どころではない。われわれは懸命になって逃げた。敵の戦車はそれでもなお停車したまま、執拗に射ちまくってくる。私は、ブヨブヨにはれている足が川底の石につまずくたびに、とび上がるような痛みを全身に感じつつ、ひた走りに走った。

かつて、みずから戦車を乗りこなしていたころは、気分的にも、また実際にも敵戦車と戦う気力にみちていたため、敵の戦車などさほど恐ろしいとは思わなかったが、いまや戦車を

装甲と砲力にまさるM4シャーマン中戦車（後方）と戦い、力尽きた九五式軽戦車

失った現在のわれわれには、攻撃してくる敵戦車は、たけり狂う鋼鉄の巨人のように感じられた。

干上がった小川は、まさにわれわれの命の綱であり、天の助けであった。ついに敵戦車の銃口から脱したわれわれは、遠くかすかに地平線のかなたにつらなるシャン高原の山を目標に、なおも必死の強行軍をつづけた。

熱帯の太陽は容赦なくジリジリと焼くように照りつけ、荒縄でくくった土鍋は背中でゴロゴロところげまわり、身体中が鍋炭でまっ黒になっていた。また、足のうらは紫色にはれ上がって皮もやぶれ、キッチリと足にはりついた靴下をはがすと、ブヨブヨの足の皮までがそっくりめくれるというありさまだった。

ときどき頭上を敵機の編隊が飛び、そのたびにわれわれは地面にへばりついてやりすごした。こうして、昼夜をわかたぬ強行軍の末、ついにめざす山地にたどりつき、さらにジャングルを踏破して、四月二十日すぎごろ、ピンナマに出ることに成功したのであった。

さいわいに、この地点はまだ友軍が確保しており、連隊材料廠の小田信次大尉（戦後、自衛隊戦車連隊長）以下がトラックでわれわれを迎えにきてくれていた。こうして戦車第十四連隊の生き残り全員はくずれるように車上の人となり、それぞれに生きている自分をあらためて自覚したのであった。

その後、シッタン河の上流を渡河したわれわれは、八月十八日、シッタンに出たところで信じがたい祖国日本の敗戦を知ったのであった。

戦車三師団〝突進捜索隊〟最後の敵中突破行

対戦車砲が待ちかまえる在支米軍基地を攻略すべく疾駆した尖兵隊長の十日間

当時　戦車第三師団捜索隊・陸軍中尉　満瀬育宏

昭和十九年、京漢作戦（京漢線打通と古都洛陽(らくよう)の攻略）に参加したのち、ひきつづき河南の要衝・葉県にあって最前線の警備にあたっていたわが戦車第三師団捜索隊（軽戦車二個中隊、中戦車一個中隊、乗車歩兵一個中隊、整備中隊）は、昭和二十年三月、老河口(ろうかこう)作戦の幕が切って落とされると同時に、最先頭部隊として葉県をあとにした。当時、この方面の制空権は、老河口飛行場を基地とする在支米空軍にうつっていた（355ページ地図参照）。

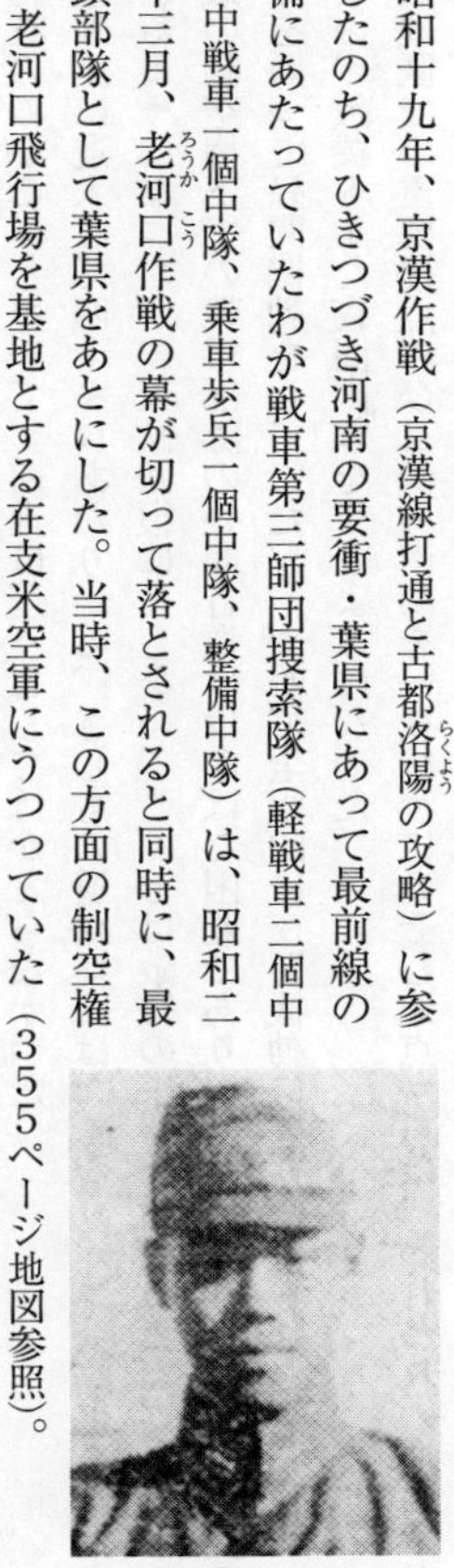

満瀬育宏中尉

三月二十日の夕刻、わが捜索隊は他方面の作戦に転進するかのように見せかけるため、約四十キロ後方の師団司令部がおかれた襄城にむかって後進した。そして同地において反転、明くる二十一日、隣接する歩兵師団の最前線である舞陽正面から敵地区に進入を開始した。

制空権はすでに敵側にあったが、さいわいにも悪天候のため、はじめの二日ほどは敵機の来襲がなかった。しかし、わが戦車部隊の進路である軍公路（軍用車用幹線道路）は、ほぼ二十メートルごとに徹底的に破壊されており、しかも連日の降雨のため、路上、路外とも黄土特有のぬかるみとなって、前進は遅々としてはかどらなかった。

敵地区に進入して四十キロあたりから、さしもの道路切断はなくなり、軍公路上を前進ができるようになったが、天候回復にともない、こんどは敵機の来襲が活発になってきた。

敵の制空権下での戦車部隊の昼間行進ははなはだ困難であり、はじめのうちは敵機来襲の間隙をぬって昼間機動をしていたが、やがて全面的に夜間機動にきりかえられた。これにともない、敵機もまた夜間出撃をするようになった。

敵戦区での重要拠点のひとつ、南陽を一夜行程にのぞむ地点からは、われわれの進出状況を秘匿するため、夜間といえども軍公路上の行進を禁止された。当時、捜索隊の尖兵長（したがって師団の最先頭）をつとめていた私は、どのようにして前進すればよいか困っていた。使用していた地図は「十万分の一」のもので、小さな山の一つくらいは地図から消えていることもめずらしくなく、全面的に信頼はできなかった。

軍公路がつかえないうえ無灯火行進で、併行路も見あたらない。しかも、後方につづくのは足のはやい戦車師団の大車輌部隊である。ちょっとまごつくと、その部隊がすぐ後につめかけてくる。道をまちがえば、それこそ大変なことになりかねない。しかし、「窮すれば通ず」である。私はふと、つぎの一策を思いついた。

工兵隊により完成をみた戦車橋兼軽列車用の軍橋を渡り、
河南戦線へ出撃する九五式軽戦車隊

それは——われわれは尖兵であって、師団主力の単なる道案内ではない。後続部隊は、それぞれ自分の進路は自分で求めるだろう。さいわいに尖兵をはじめ捜索隊の先頭部隊は、九五式軽戦車だけである。昨年からの経験によれば、軽戦車は馬車道を、橋梁もふくめてそのまま通過できる。この地方は農業がさかんで馬車道が発達しているので、馬車道を利用すればよい。

それでは、南陽の南方十キロの集結地までの馬車道を、どのようにしてたどっていくか——。ここでもまた、すぐに一策を思いついた。現地の住人を道案内に仕立てることである。私はすこしばかりの軍事会話ならできるから、自分が通訳をしよう。

中国では方言が多く、すこしはなれた地域では言葉が通じないが、この地区ならば、葉県ふきんと大差なかろうと見当をつけた。しかも、現地住民なら、もっとも新しい敵の動きを知っており、その挙動を予知するうえで大いに役だつであろうと考えた。

私はさっそく現地住民の一人を戦車にのせ、あまり遠くない部隊をえらんで、そこまでの馬車道の案内をたのんだ。

「右に見えるあの集落は？」「こちらの集落はなんというか？」といった形式の質問を途中くり返しつつ、現在位置の確認と案内の正確さを判断した。同時に、その案内人の挙動から、近くに敵がいるかをも知ろうとつとめたが、敵はいないようであった。

案内の距離が長くなるにしたがって、案内に自信がなくなってくるのがわかった。もうここまでが限度という集落で、お礼として米と塩をわたし、その集落でつぎの案内人をさがすようたのんだ。彼は寝しずまった家を、一軒一軒たたいて家人をおこし、われわれのやり方をおしえ、お礼の品物を見せて、われわれが信頼できることを説明しているようであった。

このようにして、つぎの案内人を確保しながら、夜明けまでには充分の余裕をのこして、われわれは集結地に進出することができた。私はひそかに、この夜間機動の成功をほこりに思った。しかし、だれもが順調な夜間機動を当たり前のことと思ったのか、形式的な「ご苦労さん」の声をかけてくれただけであった。

奇襲してくる伏兵との死闘

作戦開始から約一週間たった三月二十九日の夕刻、わが捜索隊は内郷で師団主力に追及した。師団主力は、内郷を攻略したばかりであった。

師団は、ここから兵力を二つにわけ、師団主力は西北方の要点・西峡口に、残りは捜索隊の主力をもって、西方の要地・淅川にむかって突進することになった。私は淅川突進隊に所属していた。

その日は、すでに約百キロを走っており、これからさらに八十キロかなたの淅川までゆくには、燃料はあきらかに不足であった。敵機飛来のため補給車輌は各隊ともおくれており、その日も満タンで出発したわけではなかった。

そのため捜索隊ではやむをえず、中戦車の全部と軽戦車の三分の二をのこし、その燃料をぬいて突進戦車（約六輌）に補充したのであった。そして、残置戦車は燃料の到着を待って追及することになった。いっぽう乗車歩兵中隊は、徒歩をもって戦車の突進経路と併行して行動することになった。

私は、淅川突進戦車隊の尖兵長として突進開始の命令を待った。しかし、どうしたわけか「前進用意」と「しばらく待て」の命令がくりかえされ、いつまでも出発できず、ついにその夜は一睡もできなかった。

三十日の午前四時半ごろになって、やっと前進命令がくだされた。私は尖兵長として、突進隊の最先頭にたった。軽戦車では、敵の攻撃をうける心配がないときには、車長は指揮・連絡の便宜から、車外にでて操縦手席の上部甲鈑に腰かけ、フェンダーに足をのせた姿勢で行進を指揮するのが通常であった。突進を開始してしばらくの間は、この要領で前進を指揮していた。

ようやく夜が明けかけてきた。道路はほぼ直角に、右に大きくカーブしており、右手には小高い山がせまっていた。私はこの種の任務にはなれていたためか、「敵がいる」との直感がはたらき、小隊に合図して戦闘準備を命じた。車長はそれぞれエンジン室のおおいをおろし、戦闘室にはいった。エンジンの過熱をふせぐため、ふつうはエンジン室の鎧扉をあげているからであった。

その直後である。はたして、右側方の高地から一斉に敵の機関銃が火をふいた。弾丸の飛行音から判断すると、距離は三百メートルそこそこで、後続車輌を射撃している。ふりかえって見ると、捜索隊の直後を走っていた師団司令部の軍用乗用車がねらわれているようであった。その車はすぐに反転して戦列をはなれた。追撃開始から約一時間後の出来事であった。

軽戦車にとっては、このような小敵は無視できたので、厳重な警戒をしながらなおも前進をつづけた。敵中ふかく進出するにつれて、敵は主として進路右側の高地から、つぎつぎと機関銃射撃をくりかえしてきた。その間、二度ほど敵の肉薄攻撃をうけた。

道路右側の山かげに身をひそめていた二人組が、先頭車である私の戦車の右側面に走り寄り、五メートルぐらい先から前面装甲鈑をめがけて、手榴弾を投げつけてきた。それが終わるとフラリと背をむけて、走りもせず、ゆうゆうと潜伏地に撤退していく。

機関銃などの小火器による至近距離からの射撃と、手榴弾の装甲鈑上での爆発くらいでは、軽戦車ならばなんらの被害もないことは、前年の戦闘で体験しているところであり、だれ一人としてあわてることはなかった。それにしても敵の余裕ぶりはシャクにさわるので、車内から拳銃で射ったが命中しない。

また、前年の戦闘のさいも今回も、中国軍の肉薄攻撃の要領はまったくおなじで、対戦車戦闘の訓練がかなり行なわれていることを知った。兵器さえすぐれておれば、重大な脅威になったであろうと思われる。

やがて戦場は静かになった。日は中天にさしかかり、すでに早朝の戦闘から三時間がたっていた。昨日から一睡もしていないうえ、三時間にわたる戦闘で、私たちは疲れきっていた。敵を照準するため目をこらしていると、そのままスーと眠りにひきこまれ、膝がガクンとくずれて、ハッとなって目をさます状態が二、三度つづいた。乗員も私同様に疲れていたし、エンジンもまた過熱していたため、私は小隊を集結すると、エンジン停止の休憩を命じた。そして、中隊長車の到着を待って私は下車し、中隊車のもとにゆき、敵情や小隊の状況などを報告、爾後の行動について指示をうけた。

ところで、敵弾下を車外にでるときは、砲塔から身をのりだす瞬間がもっとも危険であった。そのため、私はつぎのような要領をもちいていた。

まず、砲塔の天蓋を手で押しあげてひらき、しばらくして戦車帽を手旗の棒にのせて、わずかに砲塔内からあげる。敵がわれわれをねらっている場合には、かならずといってよいほど砲塔めがけて射撃してくるので、射撃をうけるとすぐに戦車帽をおろした。

これを数度くりかえすと、やがて射撃してこなくなる。それを確認したのち、脱兎のごとく一気におどりでるのである。敵が射ってこない場合でも、二、三回はこれをおこなった。

乗車のときは、車外から乗員に声をかけて砲塔内を整理させておき、敵の射撃状況をたしかめたうえで、合図とともに一気に車上にかけあがり、飛びのってしまう。軽戦車は姿勢もひくく足場もよかったので、このようなことができたが、中戦車ではどうであったろうか。

黄塵をついての急進撃

中隊は前進を再開し、敵もまた射撃をはじめた。

わが突進隊のみが敵中ふかく進入していたので、これからは敵にたいし積極的に射撃を行なうことにした。射距離五百メートル以上でも、あやしい地点には戦車砲を射ち込んだ。私は戦闘をかさねるごとに、射撃の腕をあげていたのである。

かつて訓練をうけていたころ、私は射撃が苦手であったが、実戦の必要にせまられ、独自の射撃方法をあみだしていた。中距離の機関銃なら、ほとんど第二弾を榴弾の有効破片内に弾着させることができた。

私があみだした独自の射撃方法とは、つぎのようなものである。

まず概略の距離を目測して、その射距離で第一弾を発射する。発射の衝撃が回復するとともに、すみやかに照準状態をもとにもどして弾着点を観測する。最初の距離が大きくあやまっていなければ、弾着点を照準眼鏡内にとらえることができる。そして、照準眼鏡内の弾着投影点をもって第二弾を照準、発射する方法である。

こうすれば、第二弾は確実に目標ちかくに落ちるわけだ。不意射撃の効果を期待するとき

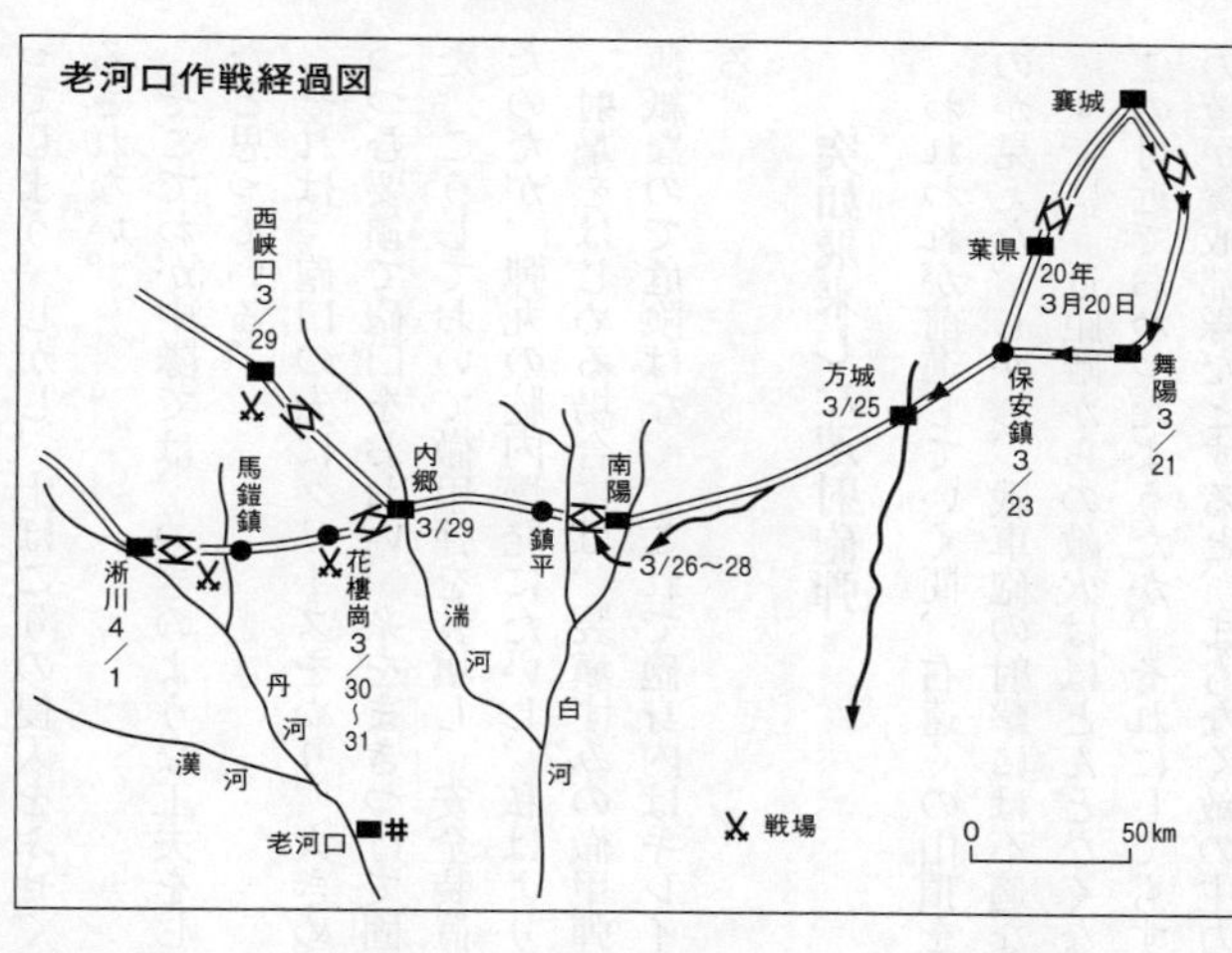

には、第一弾が目標からはなれた位置に落ちるよう照準し、第二弾発射のさいにその量を修正する。戦後になって知ったことであるが、米軍ではこのような方法を「高等射撃」とよんでいた。

われわれが行動している中原地方は、黄土におおわれており、そのため雨がふればたちまち泥濘と化して、戦車の足まわりにへばりつき、晴れれば細い粉となって、戦車の走行にともないもうもうと舞いあがり、砲身の中までいっぱいに砂ぼこりがたまってしまう。まことにやっかいなシロモノで、装備品の砲口蓋も「ないよりはまし」という効果しかなかった。

第一線で行動する戦車は、いつでも砲を発射できる準備をととのえておかねばならない。なにも処置をとらないでおくと、砲身内に土がたまり、射撃にたえられる状態ではなくなってしまう。しかし、土ぼこりの侵入をふせぐために砲口を厳重におおっておくことは、ゆるされない。

そこでわが中隊では、つぎのような工夫をしていた。たいへん実用的なアイディアであったと思っている。

それは、砲口の先にグリースをぬり、大きめの薄紙をはりつけて砲口を密閉、ビンの口をつつむ要領で砲口をおおい、糸をまきつけて固定した。これで、土ぼこり対策は完全であった。こうしておいて徹甲弾を装塡し、安全装置をかければ準備完了である。榴弾でもよかったのだが、弾丸の腔内爆発にたいし、私はより安全と思われる徹甲弾をもちいた。

射撃をはじめる場合には、装塡ずみの徹甲弾をまず発射し、砲口にはりつけた紙をやぶる。薄紙なので危険はなく、これで砲身内はキレイな状態のまま、安心して射撃できるわけである。

突如飛来した速射砲弾

われわれが前進していく間、右遠くの山頂を、敵が縦隊をなしてぞくぞくと後退していくのが見えた。しかし、戦車砲の射撃には不適な目標であった。

すでに、近距離からの敵火はほとんどなくなっていた。朝から戦闘してきた敵の陣地は、この付近でおわったようだが、それにしてもずいぶんとふかい縦深配備であった。これまでの敵が警戒部隊だとすると、まもなく敵の主力と接触することになるだろうと考えた。

また、これまでの敵陣地が、内郷の敵部隊撤退のための収容陣地だとすると、これからは追撃戦闘となる。われわれだけが敵中ふかく進出しているのに反し、後続部隊の進出はかなり遅れているらしい。無謀な突進は猪突猛進となる。われわれは疲労しているので、それだけに、いっそう頭をはたらかせて状況判断をしないと危険である。

私の戦車は稜線上に進出した。視界は良好であったが、付近に敵影はなく静かであった。しかし、その静けさに異常さが感じられた。これまでの戦場経験にてらし、私は敵の待ち伏せを予想していた。これから先はくだり斜面となり走行速度は自然に加速されやすいので、操縦手に速度をおさえることを命じた。

前方三百メートルの道路上に二軒家が見えたが、なんとなく異様な感じをおぼえたので私は停止を命じ、この家屋にむかって戦車砲を射ち込み、敵の反応を待った。射撃による偵察行動である。

約一分後、突然、大きくするどい音がはげしく耳をたたいた。大きな弾丸の飛行音で、地上一メートルくらいを通過したと直感した。当時、もっとも強力な対戦車火器である速射砲弾だった。

「操縦手、左後ろへ！」と、私はさけんだ。

すぐに第二弾をみまわれたが、さいわいにも稜線をすこし越えていただけであったので、第二弾をうける前に、稜線の背後に移動することができた。私は小隊に合図して続行を命じ、突進隊の全戦車も、わが小隊につづいて軍公路外二百メートルにある遮蔽地に集結した。

小隊は、徒歩偵察を行なうことにした。前方に、花楼崗の大きな城壁が見え、城壁の上には将校らしい者が動いている。右に接する高地にも陣地らしいものがあり、敵の姿が見えていた。

軽戦車六輌のわが突進隊は、単独で敵中をおそらく十キロ以上も進入しており、しかも、われわれが通過してきた後方地域では、活発な銃声さえしている。敵の戦闘組織はいぜん健在のようだ。そのため、突進隊は後続部隊の進出を待つことにした。

突進隊が集結した二十分後、予想外にも他部隊の軽戦車二輌がわが集結地に到着した。そのうちの一輌の右前方フェンダーが、速射砲弾に貫徹されていたが、走行に支障はなかった。この軽戦車は他戦車連隊の先遣隊として捜索隊の履帯跡をたどって追及してきたが、「履帯跡がない」と気づいた瞬間、先の三軒屋から速射砲をみまわれたという。こうした事例は、後続部隊がしばしば経験するところであった。

まもなく陽は西に沈みかけ、敵の砲兵が試射をはじめた。観測所は城壁上にあるようであった。突進隊戦車は円陣をくみ、敵の夜襲にそなえつつ宿営することとなった。

燃料補充のため内郷にのこした捜索隊戦車は、いぜん追及してこない。この夜、残置戦車を誘導するため、中隊長車以下の二輌が集結地を出発したが、わが突進隊の通過後、集落内にうめられていた敵地雷によって中隊長車は破損、中隊長も負傷した。爾後、私が中隊長代理として戦闘を指揮することになった。このとき、私の手許にあった軽戦車は三輌にすぎなかった。

明くる三月三十一日、突進隊は前日にひきつづき敵情を偵察すべく、軽戦車二輌をもって強行偵察をおこなった。私はこの隊の長として、慎重に敵陣地に接近した。前日の速射砲は移動しておらず、わが戦車に射撃をくわえてきた。敵はすでに試射もおわり、花楼崗陣地において迎え撃つ態勢にあるものと思われた。

この日の午後、「師団は、明四月一日早朝から花楼崗陣地を攻撃すべく展開中である」との無線連絡がはいった。わが突進隊は、師団の攻撃開始を待つこととして、集結地にとどまった。

混乱のなかの大追撃戦

内郷～淅川道上の要点・花楼崗に陣地をかまえ、三月三十日昼いらい捜索隊戦車の突進をはばんでいた敵は、三十一日十五時ごろより、花楼崗陣地のむかって左前方のわが軍にたいし、猛烈な砲撃をはじめた。

砲撃がおわると同時に、歩兵部隊が猛烈な射撃をしながら砲撃地点に突入してきた。その方法は、話に聞いていた米式装備軍の戦闘法そのものであった。おなじ戦法をくりかえしながら、敵の目標は左から右へと移動しはじめ、だんだんとわが集結地にちかづいてきた。突進隊は全員が乗車し、戦闘準備をととのえて待機していたが、敵の目標はわが集結地を避けて、右側へと遠ざかっていった。

日はようやく西に沈みかけたが、いぜんとして師団主力はわが集結地近辺には進出せず、無線連絡によれば、師団は明一日より、花楼崗の敵陣地にたいし、本格的な攻撃を開始するはずであった。日没直後になって、突然「追撃開始」という師団命令がとどいた。情報によれば、敵の後方地区では大部隊が後退中であり、正面の敵も撤退をはじめた、とのことであった。

わが突進隊が戦列をととのえ、花楼崗城門に到着したときには、対戦車阻絶を友軍が修復中であった。その完了を待つことなく城内に進入した捜索隊は、ふたたび追撃の最先頭にたった。この間、燃料補充のため内郷に残置していた捜索隊の主力も掌握下にはいり、すでに追撃にうつっていた。

その夜は月明かりはなかったが、それでも三十メートルほどの視界はえられた。しばらく前進するうちに、進路とする軍公路の両側に、退却する敵影が黒ぐろとつづいていた。敵味方が入り乱れての追撃、退却である。

ためしに戦車をとめ、「来把（ライバ）」と声をかけると、敵兵はフラフラと近づいてくる。さらに「快来（クワイライ）、快来（クワイライ）」と声をあげると、走り寄ってくる者さえいた。しかし、われわれが戦車と気がつくと、あわてて走り去るという状態であった。

われわれは、ますます追撃の速度をあげた。軍公路の状態は良好であった。周辺に敵影は、もうほとんど見られなくなり、いまや花楼崗にいる敵部隊の後方に進出していたのである。これから先は、まだ交戦したことのない新しい敵と接触するはずであった。

夜明けを迎え、四月一日となった。前方の要地の馬鎧鎮では、捜索隊の先行戦車とのあい

出撃に備え転輪や履帯を整備する戦車３師団の九七式中戦車（左）と九五式軽戦車

だで、すでに戦闘がはじまっていた。後続していたわが第二中隊は、この敵を迂回してその背後に進出し、軍公路を前進した。

やがて、流水部七十メートルほどの川にさしかかった。木橋がかかっており、付近の見通しはよく、敵影も橋梁周辺の阻絶施設も見あたらない。

状況からして、この橋梁にうかつに進入することは、きわめて危険であった。中隊は展開して十分な監視と掩護射撃の態勢をととのえると、私は軽戦車二輛を指揮して、徐々に橋梁上を前進した。しかし、敵の射撃もうけず、地雷もなく順調に対岸にわたることができた。この橋梁を確保したことの効果は大であった。

中隊は別の少尉が指揮する小隊を尖兵として、ひきつづき軍公路にそって前進し、川幅五十メートルの小川にまたも遭遇した。この川には橋がかかっておらず、軍公路は流水部のなかに姿をけし、対岸にその姿をあらわしていた。大陸ではめずらしくもない渡渉点である。

対岸の軍公路は、渡渉点のすぐちかくで直角に左折し、道路の右側は丘陵に、左側を流水部にはさまれたせまい場所を走っていた。水深はあさく、こちら岸からの渡渉は、渡渉点を中心にいたるところ可能と思われた。対岸の丘陵には、敵の監視兵らしい者が散見されたが、すぐに姿をけした。

捜索隊は小隊ごとに横方向に展開して渡渉をはじめた。だが、対岸はいたるところ上陸可能というわけではなく、このため、前進序列はみだれた。各小隊は前進をつづけながら、前進序列をもとにもどそうと努力していた。渡渉後、私はすでに前方に進出していた部隊長車を発見し、その合図にしたがって同車にちかづいた。

道路は五メートル前方で右方向に鋭角にまがっており、その先は右側の崖にかくれて見ることができない。身を乗りだしてみると、鋭角にまがった直後から長いのぼり坂となっていた。そののぼり坂の中間点あたりに、友軍の軽戦車三輌と中戦車一輌が停止しており、そのうちの軽戦車一輌が砲塔から煙を吹きあげて炎上している。敵の速射砲にやられたらしいが、敵の位置は確認できなかった。

だれの戦車かわからないが、この正面に行動する軽戦車は、わが第二中隊がほとんどであったから、自分の部下であることにちがいはないと判断し、命令を待つまでもなく、私はただちに攻撃する決心で前進を開始した。

対戦車砲との一騎討ち

道路のまがり角にでた瞬間、いきなり「バン」という、たたきつけるような砲の射撃音にみまわれた。前の経験から、速射砲の至近弾で、砲塔上二メートルくらいを通過したものと思われた。

私の戦車はまがり角を通過し、のぼり坂にさしかかったが、いぜんとして敵の速射砲の位置は確認できない。前方の擱坐した軽戦車の天蓋がひらき、車長が上半身を乗りだしたが、同時に砲塔から炎まじりの赤黒い煙がふきあがり、車長は車内にくずれおちた。壮烈な最期であった。

軽戦車のうしろに停止している中戦車は無傷のようである。その車長が下車して、戦車のかげから前方を指さして、速射砲の位置を指示している。擱坐戦車の後方二十メートルに近づいたとき、道路の前方両側に一門ずつ、無偽装の速射砲を発見した。砲側では、それぞれ三名ほどの敵兵があわただしく動いていた。

私は、前方の擱坐軽戦車にかくれながら、やや速度をおとして前進した。その間、前方銃手にたいし、車載機関銃の徹底的な連続射撃の準備を命じ、途中で射撃をやめないよう指示し、操縦手にはアクセルをいっぱいに踏みこむよう命じた。また、前方銃の射撃と操縦のじゃまにならぬよう、戦車砲の射撃はしないことを告げた。もちろん、これは一瞬のうちの判断と処置であった。

擱坐戦車のかげからおどりでたわが戦車の前方銃は、敵陣に猛射をあびせ、操縦手はアクセルをいっぱいに踏みこんだ。のぼり坂であったが、さすがに九五式軽戦車である。みるみるうちに速射砲との距離を縮めていった。

敵もこの間に、一〜二発を射ち返してきたようだが、私には感じなかった。われわれが発射する銃弾は速射砲の周辺に弾着し、戦車は速射砲になおも接近した。

突然、敵兵が砲側からたちあがり、砲をすてて走りだした。前方銃手はこれを見て射撃を中止したが、私は速射砲にたいする射撃の続行を命じた。逃げおくれた敵兵が、砲側にのこっている心配があったからである。

わが戦車は、ついに速射砲陣地に突入した。乗員三名は思わず大きな歓呼の声をあげた。そこには三七ミリ速射砲二門と弾薬車二輛、馬三頭が遺棄されていた。

擱坐した戦車は、わが第二中隊の尖兵であった軽戦車二輛と、この追撃に参加していた他部隊の先遣軽戦車一輛、および中戦車一輛であった。他部隊の戦車はおそらく先の渡渉のさいに、最先頭に出たものと思われた。

捜索隊はいったん集結して、擱坐戦車の収容をしたのち、なおも淅川にむかって突進することとなった。これからは捜索隊の第四中隊（中戦車）が、わが第二中隊にかわって尖兵中隊となった。

前進再開にあたり、私は進路の前方二百メートルのところに不自然な樹木を発見したので、尖兵長に注意するよう告げた。前進が再開され、部隊が直線状のくだり坂を一列縦隊となったとき、はたせるかな、先に注意した樹木のかげから、今度はより大きい砲の地上射撃がはじまった。

先頭の戦車にむけられた敵弾が目標をそれ、われわれ後続戦車の足もとで破裂したが、なんら損害はなかった。先頭車は中戦車であったが、くだり坂を利用して、快速をもって突進し砲一門を奪取した。それは十センチ榴弾砲で、その防楯にはわが中戦車砲弾の貫徹痕があいていた。

先頭にたった中戦車は、そのまま前進をつづけていたが、またもや直線道路上約三百メートル前方の稜線から速射砲が出現、その射撃によりあっというまに中戦車二輛がやられた。しかし、後続するわが戦車の群れに恐れをなしたのか、この速射砲ははやばやと退却してしまった。

この戦闘を最後に敵の抵抗はおわり、部隊は日没の一時間前までに目的地の淅川城外に進出した。まもなく敵機が来襲して低空爆撃を行なったが、わが方に損害はなく、また城内の敵もすでに退散しており、追撃作戦は終了をつげた。

内郷から淅川までの追撃距離は八十キロ、三日間にわたる対戦車火器との戦いであった。この間、捜索隊の軽戦車三輛（大破二、小破一）、中戦車二輛（大破）、他部隊の軽戦車一輛（大破）の損害をこうむった。おなじころ、西峡口方面に行動していた捜索隊第一中隊は、西峡口正面において、二〇ミリ自走砲の側面射撃をうけ、軽戦車二輛をうしなっていた。

本作戦の開始後まもなく、『中国軍は戦車多数を有する日本軍と平地で争うことを避け、山地にひきこんで戦う。山地では日本軍の進出を絶対に阻止する。中国は日本敗戦後、世界五大強国の一つとして強力な発言力を保持するためには、軍事力の温存が必要である。日本の戦車師団と闘ってムザムザ兵力をうしなうことはしない』という、かの有名な第一戦区長官陳誠将軍の言が、住民のあいだに流れていることを知った。

その後の戦局は、おおむねその言葉どおり動いたようである。古都西安へ通ずる要衝の地の老河口と、西峡口の正面では、中国軍の猛烈な攻撃がはじまり、戦線が膠着状態となった。

しかし、戦車第三師団は、ソ連軍の満州進入に対処するため北京にむかって転進し、その途中で終戦をむかえたため、その後の消息は知らない。

精鋭 重見戦車第三旅団 リンガエンの最期

比島決戦にくりひろげられた精強戦車隊とM４戦車の対決

当時 戦車第二師団参謀・陸軍中佐　土屋英一

昭和二十年一月九日午前七時二十分。海を圧する艦船群、空をおおう戦爆連合の大編隊がまきおこす「鋼鉄のあらし」に掩護されて、米軍はゆうゆうルソン島リンガエン湾に上陸を開始した。

上陸点は盟（独立混成第五十八旅団）、旭（第二十三師団）の両兵団が相接する正面であり、ここはかつて四年前、日本軍が上陸のさいに、わざわざ避けて進撃した湿地帯であった。

土屋英一中佐

彼ら米軍は大した抵抗もうけず、はやくも水際に幅四キロの橋頭堡をつくってしまった。

日本軍は、陸においては旭兵団の各部隊の夜間斬り込み、海にあっては海上挺進第十二戦隊の敵輸送船団にたいする爆雷肉薄攻撃により反撃をこころみたが、しょせんは竜車に抗する蟷螂の斧であった。敵はいぜん上陸を続行して橋頭堡を拡大し、一月十一日ごろには旭の陣地正面に進出して攻撃を開始し、その一部はバギオ〜マニラ道に進出しようとしていた。

これより先、かねて敵輸送船団の動きからみても、リンガエン湾に上陸のきざしがようやく濃くなった一月六日のことであった。第十四方面軍の〝虎の子〟機動兵団として、マニラの東北方約一五〇キロ、サンミゲル周辺地区にあって、南、北いずれの方面にも進出できるよう待機していた撃兵団(戦車第二師団)に、リンガエン方面に出動せよ、という命令が下った。

思えば昭和十七年八月。日本最初の戦車を主体とする機動兵団として、楡の葉そよぐ満州の公主嶺において編成され、東満州の勃利において対ソ戦にそなえて腕にみがきをかけた一年半をすごし、戦局の変転によって比島にわたり、師団の集結がすべて完了したのが十九年十一月であった。

しかし、わが戦車第二師団の戦力は、集結の途中における海没などの事故や、一部をレイテ島に派遣するなどして、関東軍の精鋭として誇った当時の充実は見られなかった。が、それでも人員約六五〇〇名、戦車約二〇〇輛、火砲三十二門、自動車約一四〇〇輛といえば、比島の兵団としては、やはり精鋭兵団の名に恥じないものであった。

一般の将兵は、いずれもみな日頃の実力を発揮するチャンス到来といさみ立ったが、師団の首脳部の胸には、せっかくの機動兵団の戦力の発揮をはばむ数々の悪条件が重苦しくのしかかっていた。すでにまったく敵手にゆだねられた制空権、予想される戦場は一面の水田地帯で、路外行動はとてもゆるされそうもなく、さらにはわが九七式中戦車と、彼のM4中戦車との性能に格段の差があること、また反日ゲリラの跳梁など、これからの師団の行動には多くの苦難の道が待ちかまえていたのである。そして、その対策には夜間機動と、敵戦車をわが戦車効力射程内にさそいこんでの邀撃以外にはなかった。これが師団のとった対米軍機甲戦法のすべてでもあった。

ともあれ、米軍上陸を目前にして、師団はまず戦車第三旅団長・重見伊三雄少将の指揮する重見支隊（戦車第七連隊、歩兵二中隊、砲兵二中隊、工兵一中隊、整備一中隊基幹）をさしむけて、ビナロナン、ウルダネタの線を占領させ、師団主力の進出を掩護させようとした（373ページ地図参照）。

かくて重見支隊はカバナツアン～ムニオス～サンホセ～ウミンガン～サンマニエル～ビナロナン道を暗やみをついて、しかも無灯火で突きすすんだ。そして昼間は村落や森林に戦車や車輛をかくして、敵機の攻撃を避けた。

この道は四年前の進攻作戦のさい、戦車第七連隊が敗残の米軍を蹴ちらしつつマニラへ向かって突進した道でもあったが、それがいま米軍の上陸をむかえ撃つために、おなじ戦車連隊がリンガエン湾へ前進していくのだ。歴戦の勇士たちの胸中を去来したのは、おそらく人の運命の皮肉ではなかったろうか。道路は、ルソン島北部へ避難する人びとや車でいっぱいであった。とくに鉄道の終点のサンホセは一般市民でごったがえしていた。

やがて一月八日の朝、重見支隊はつぎのような配備についていた。

▽ビナロナン＝長・戦車第七連隊第五中隊長・伊藤栄雄少佐
戦車第七連隊第四中隊（高木隊）、同第五中隊（伊藤隊）、機動歩兵第二連隊第一大隊（二中欠）、機動砲兵第二連隊の一中隊、師団工兵隊の一中隊（一小隊欠）
▽ウルダネダ＝長・戦車第七連隊長・前田孝夫大佐
戦車第七連隊本部、同第一中隊（永渕隊）、同第三中隊（実光隊）、同整備中隊（原隊）、機動歩兵第二連隊の一中隊、機動砲兵第二連隊第三大隊（三中欠）、師団工兵隊の一小隊
▽プロレス＝戦車第三旅団司令部、師団整備隊一中隊

壮烈、斬込挺進隊

重見支隊は戦車を移動トーチカとして、まず陣地をきずき上げ、空中から、あるいは地上にせまる敵に対して完全に遮蔽し、敵戦車をむかえ撃つ態勢をととのえ、息をころして機を待った。

八日——この日リンガエン方向には殷々（いんいん）たる砲声が一日中、ぶっとおしで地軸をゆるがせた。わが『旭』『盟』の兵団陣地と、軍需品集積地にたいする艦砲射撃だ。今日の艦砲射撃といい、前進の途中で、はるかに合掌してながめたわが特攻機の敵輸送船団にたいする体当たり攻撃といい、敵のリンガエン上陸のときが目前にせまっていることは一目瞭然であった。

そして九日の早朝、西北方の砲声は一段とはげしくなった。いよいよ敵の上陸開始である。

この日、重見支隊は『撃』兵団長の指揮をはなれて、『旭』兵団長の指揮下に入る命令を

九七式中戦車と戦車第3旅団長・重見伊三雄少将。愛車と共に壮烈な戦死を遂げた

うけていた。十日も、支隊の付近はまだ戦場の圏外であるらしく静穏であったが、敵は橋頭堡をしだいに拡大しているらしく、銃砲声はしだいに近づいてきた。

十一日にはウルダネダ付近にも砲弾が落下しはじめ、そしてついに十五日の朝、一五センチ榴弾砲の一発が連隊本部に命中して四名の書記が戦死、二名の重傷者が出た。そのころ敵は、旭兵団の陣地を猛攻中であった。

その間にも『旭』からも、方面軍からも、重見少将にたいして、敵の橋頭堡への突進をさかんに強要してきていた。しかし、この戦車の特性を無視した指導には、さすがの重見少将も困惑し顔をゆがめた。

「戦車を知らぬ司令部には困ったもんだ。制空権を敵にうばわれているなかを突進したら、敵の橋頭堡に行くまでに支隊は全滅だよ。飛んで火に入る夏の虫だ。玉砕は易い。しかし、われわれは敵のM４戦車とさしちがえて死んでこそ、機甲部隊の存在の意義があるのだ！」

少将はつぶやくようにいって、みずからの機甲部隊の運用についての信念をあくまでつらぬこうと決意した。重見少将は生粋の戦車将校であったのだ。だが、命令は命令である。そこで、その苦衷を親元である『撃』兵団長、岩仲義治中将に訴えた。

ところが、支隊長のこんな苦悩に、追い打ちをかけるように『旭』から斬込挺進隊を派遣せよ、という命令がきた。十六日夕方のことである。その夜、海上挺進戦隊が逆上陸するので、一部の兵力をもって本夜半、ダモルテス、サンファビアンの水際に斬り込み、これを支援せよ、という要旨の命令であった。支隊長はビナロナンの板持歩兵大隊、高木戦車中隊を斬込挺進隊として派遣することとした。

十六日二十二時、斬込挺進隊は高木戦車中隊、板持歩兵大隊の順にビナロナンを出発、ダモルテスに向かって前進を開始した。戦車中隊は小林小隊を尖兵とし、二百メートル後方に指揮班、小西小隊、吉塚小隊とつづいた。中隊長、高木大尉（陸士第五三期）は本隊の先頭に在った。

ビナロナンを出発してから約二キロも前進したであろうか、尖兵の小林小隊は突如、左前方から対戦車砲の射撃をうけた。敵との距離は暗夜だが、火光から一五〇メートルくらいと判断された。尖兵の三車はただちに火光をもとめて射撃を開始、暗夜に彼我の壮烈な火戦の火ぶたを切った。

中隊は一列縦隊で路上に停止する状態となった。すると突然、指揮班長の上路中尉車が砲弾をうけて炎上。五名とも火だるまとなって飛び出した。

「小林小隊、前進！」――天蓋から半身を乗り出して高木大尉が叫ぶ。小林小隊が敵陣めざして突進すると、今度は第二車が被弾炎上――五名戦死。

高木中隊長は、前後の戦車が炎上して身動きできず、みずから銃をとって天蓋から乗り出し、敵の速射砲をもとめて狙撃していると、突如、敵は照明弾を打ち上げ、周辺は昼をあざむくような明るさとなった。

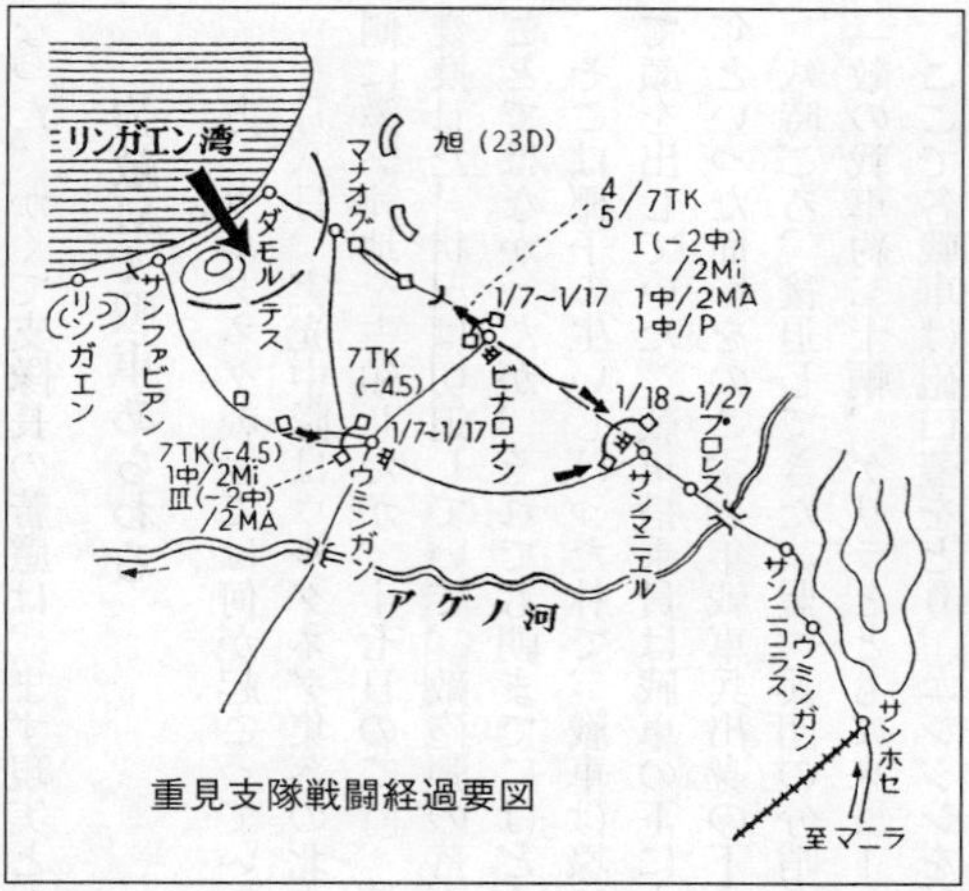

重見支隊戦闘経過要図

敵は、ここぞと機関銃火を中隊車に集中、その一弾は高木大尉の頭部に命中し、彼はどうっと車内に転落してふたたび起きなかった。そのころ第二小隊長車も被弾して、小西中尉以下二名は瀕死の重傷をおった。

こうして暗夜の激闘は明け方近くまでつづいたが、ようやく板持大隊長はビナロナンに後退を命じた。小林小隊の二車は敵陣に突入した後、後衛としてビナロナンに引き揚げる途中、夜が明け放つころ、小隊長車はついに敵弾をうけて炎上、気丈の小林中尉は全身火傷のまま、徒歩でビナロナンにたどりつき、「再攻撃！」と叫んで倒れたまま不帰の人となった。かくて支隊長の苦慮は、まず現実となってあらわれてきた。

強敵Ｍ４戦車あらわる

一方、ウルダネダ戦場では何が起こっていたか。

一月八日、実光中隊はウルダネダ集落の北方二キロ、ウルダネダ〜サンファビアン道の西側に邀撃陣地を占領したが、十七日の二時、連隊命令でウルダネダ北側の本道東側に陣地を変換した。状況は切迫していて、敵砲弾の落下する間をぬっての戦車掩体の構築は、容易なことではなかったが、それでも朝までにはどうにか完了していた。

そこは椰子の生いしげった林で、戦車は壕に入れられ、偽装した砲塔だけが本道に向かって顔を出していた。戦車搭乗員は戦車の下にもぐって待機した。彼らの大部分は、紅顔の少年といった面影をのこす少年戦車兵出身の下士官で、「Ｍ４ご参なれ」と張りきっている。

八時ごろ、後退してきた『盟』兵団の分哨の兵が、和田小隊に通報していった。

「敵の戦車約二十輌、ゲリラとともに来襲！」

ここで各戦車は砲口蓋をとり、エンジンを始動した。

「Ｍ４の上部転輪付近をねらえ。かるく抜けるぞ！」

和田小隊長の声がひびく。

間もなく、轟々たる爆音をとどろかせてＭ４中戦車は本道を南下してきた。完全に偽装したわが戦車は、まだ敵には発見されていない。各車とも、はやる気をおさえて米戦車の近づくのを待つ。ついに八メートル、和田小隊の三車はいっせいに火ぶたを切った。

たちまち、米国の先頭車は火をふきながら退避。二番車も炎上した。そこで三番車に砲火を集中する。敵の残り四車も砲火をひらき、ここに戦車対戦車の激闘が展開された。やがてわが方も、和田小隊の鈴木軍曹車が被弾火災をおこし、重傷者を出したもようである。彼我の混戦も十一時すぎには終わり、和田小隊は連隊主力の位置する地点に集結を命ぜられた。

これよりさき、和田小隊正面にM４戦車群の南下の情報をえた前田連隊長は永渕中隊、実光中隊主力をもって反撃することにし、両中隊に敵をもとめて攻撃せよ、と命じた。

永渕中隊はウルダネダ～サンファビアン道を前進したが、ウルダネダ集落の北側地区で戦車に遭遇し、その砲撃により先頭車、第二車、第三車と相ついで炎上。丸山少尉以下四名の戦死者を出した。これを目撃した後続の実光中隊は、本道を南進する戦車群の右側にせまるよう、本道西側地区を北進した。

中隊長の実光大尉（陸士第五四期）は、敵戦車群が停止していると思われる地点付近の凹地に小林、田中両小隊の中戦車六、指揮班の軽戦車二を残し、みずから前方台上に出た瞬間、眼前に敵戦車をみとめた。中隊長車の先制の一撃は、みごと指揮官車に命中、炎上させたが、みずからも他の敵戦車の集中射撃をうけ、戦車はみるみる火炎につつまれ、実光大尉は壮烈なる戦死をとげた。

小林中尉は、ウルダネダに戦車を集結して、再度の攻撃態勢をつくるべく中隊を指揮し、敵と接触をたもちつつ後退した。敵はわれわれを追撃してウルダネダに殺到したが、十字路に陣地を占領していたわが榴弾砲三門が、一〇〇メートルまで引きつけて猛火を浴せたので、先頭二車はたちまち炎上、これを見た後続車はおどろいて反転退却した。

プロレスにおいて、その日の戦況を知った重見支隊長は、重大な決心をしなければならなかった。重見旅団の任務は、なるべくながく敵上陸部隊の南下を阻止し、マニラ、サンホセ地区の在留邦人たちや諸物資をバレテ峠の東方にうつすとともに、鉄兵団のバレテ峠における陣地構築まで時をかせぐにあった。

数日来の戦闘で、わが中戦車の射ち出す四七ミリ徹甲弾は、敵前七〇メートルに接近しなければ、M4戦車に対しその効果を発揮することができず、これに反してM4戦車の焼夷徹甲弾は、その射程内に入ったわが戦車の二五ミリ鋼鈑を容易に貫通し、同時に一瞬にして鋼鉄をも溶かす高熱を発して、戦車を炎上させたことを知った。

支隊長は全兵力をサンマニエルに集結し、そこを墳墓の地として強靭かつ柔軟な抵抗によって敵の戦力を消耗させ、支隊の任務を果たそうと決心し、各部隊に命令を下達した。

あゝサンマニエルの丘

戦車第七連隊を基幹とする重見支隊が、サンマニエルに兵力を集結したのは、一月十八日の朝であった。それまでの激闘で戦車第七連隊は多くの戦車を失い、集結したときの戦車数は本部五、永渕隊四、実光隊九、高木隊八、伊藤隊三、原隊四、合計三十三輌であった。

十九日朝、本道東側に実光隊、伊藤隊、永渕隊、ウルダネダ道上に高木隊と、サンマニエルの丘に半円形に陣地を占領した。連隊本部、旅団司令部は両道が形づくる三角形の中心に位置した。戦車を掩体に入れてトーチカとし、各車間のすき間には戦車の斜射、側射と歩兵によってうめられた。

敵は慎重に、サンマニエル陣地の攻略にかかった。まず砲撃と空襲により徹底的に陣地を破壊してから、戦車をもって陣地を占領、歩兵で確保しようとする戦法である。

十九日から二十四日までは敵の砲撃のあらしと、空からのP38対地攻撃に暮れた。一部の戦車が本道上に出てきたが、わが榴弾砲、速射砲、戦車砲の急襲にあい、炎上した戦車を残して退却していった。わが斬込隊は夜間を利用して、敵の迫撃砲や敵陣地を攻撃し、相当の戦果をあげていた。

ところが二十六日朝、十五〜十六輌のM４戦車が砲兵支援のもとに、歩兵を随伴して実光隊

炎上するM4戦車。九七式中戦車の徹甲弾は70mに接近しなければM4を倒せなかった

右前方の水田にあらわれ、ジリジリと実光隊に接近してきた。わが有効射程に入ると、その弱点である側面を見せず、たくみにわが戦車に砲撃をあびせてきた。これによって実光隊の戦車はつぎつぎと炎上し、死傷は続出した。連隊長は、実光隊を学校南側の原隊陣地に後退させたが、中隊の戦力九〇パーセントは失われていた。

二十七日——雨の夜が明けると、敵は本道方向とウルダネダ方向から支援を包囲するように攻撃してきた。このさいにもM４戦車、P38ライトニング、P51ムスタング戦闘機の攻撃によって支援の戦車を失い、ついに兵力は約十四輌になっていた。敵戦車もわが榴弾砲、速射砲、戦車砲、それと刺突爆雷によって各所で炎上し、その残骸をさらしているが、いっこうに攻撃の手はゆるめなかった。

その日の夜、戦車第七連隊長の前田大佐は、重見旅団長をおとずれた。そして旅団長の戦車の下で二人は相対した。鼻すじとおり、西欧紳士型の重見少将、短軀頑健な、戦車連隊長の威容をもつ前田大佐。二人の指揮官は、この激戦の裡にも従容とした態度をくずさなかった。

「岩仲さんとは連絡はとれんが、『鉄』兵団も陣地構築を終わったろうし、方面軍の軍需品の集積も終わったろう。支隊の任務はまず達成できたと思う。これで思い残すことはないな」

重見少将の言葉には、なにか思いつめている風があった。

「M４が突進してくると思いましたが、あんがい慎重なので時をかせげました。閣下ととももに戦車界に生き、ここに戦車と運命を共にするのは、機甲将校の本望です。これでお別れして最後の攻撃をやります」

前田大佐は最後の決意を面にあらわしていた。

「君が先に行っても待っててくれよ。おれも敵に一泡ふかせるつもりだ」

二人はかたい握手をして別れた。

それから約四時間が経過した二十三時四十分ごろ、前田大佐は本部の二車をしたがえて、敵の発射光をもとめて四七ミリ砲を発射しながら敵陣に突入、敵の対戦車砲を片っぱしから破壊していったが、ついに敵弾がみずからの戦車に命中。前田大佐は戦闘室内にもんどりうって落ちた。

「隊長殿！」

と抱き上げた天城大尉に対し、

「かまわず敵を射て！」

これが最後の言葉であった。

重見少将は旅団長車の天蓋から半身をのり出し、まっしぐらに敵陣に突進したが途中、砲手の脇屋少尉に、

「脇屋！　今度はおれに撃たせろ！」

と声をかけると、砲手と交代して射撃をはじめた。そしてひとしきり射ちまくったあと、

「青年将校に還ったようだな。こんな痛快なことはないぞ。砲弾は大丈夫か?」

といった瞬間、左前方から対戦車砲の集中射撃が起こった。その一弾は燃料タンクをつらぬき、破片は少将の全身をおおって飛び散った。炎上した戦車内にはすでに人の声はなかった。まことと戦車兵団長にふさわしい、みごとな最期であった。

かくて重見支隊は、サンマニエルの丘に潰えたのであったが、しかし、方面軍の北部ルソン集結を掩護したその功績は、いつまでも戦史にのこるであろう。

津守独立軽戦車中隊 ルソンに死す

M4戦車に対しなすすべもなく壊滅した九五式軽戦車の悲劇

当時 戦車七連隊一中隊・陸軍伍長　弓井崇弘

昭和十九年九月中旬、満州戦車第二師団を乗せた十三隻の輸送船団は、静かに門司港を出港した。そして十月初旬、私たちはやっとの思いでマニラ港に戦車を揚陸することができた。

満州の東安省・勃利という小さな街のはずれの丘の上にあった戦車第七連隊兵営をあとに、勃利駅から無蓋貨車に搭載して南下、釜山港で輸送船「利川丸」に移乗して以来、ひさしぶりににぎる操縦桿である。よくぞ無事にここまで、と感ひとしおであった。

弓井崇弘伍長

わが愛車（九五式軽戦車）は、主人に手綱をひきしめられた愛馬のいななきにも似てセル一発、車体をゆすぶる始動音は、快調そのものであった。小躍（こおど）りするように、仮宿営地の北競馬場をめざして岸壁をあとにしたのであった。

十三隻の船団中、三隻がルソンの山々を初めて左手に望みながらスコールのあった早朝、矢つぎばやに敵潜によって撃沈されたことがまるで悪夢のようであった。そして生命(いのち)からがら逃げこむように北サンフェルナンド港に到着したが、港湾設備はほとんど爆撃を受け、戦車揚陸用のクレーンも無惨な姿を呈していた。

船自体のクレーンでトラック、弾薬、燃料、資材を揚陸し、人員とともにトラックでマニラへ陸送を余儀なくされたのであった。戦車のみを残した船は、予定より四日も遅れてマニラ港に姿を見せたのである。あっ、船団がついた。利川丸も見える。愛車はあの船倉の底に、と思うと、岸壁までの船の動きがまどろこしく思えて仕方なかった。

しかし、いまマニラ市街を通りぬける快適な愛車の走行音は、これらの悪夢をいっきょに吹き飛ばしたのである。

独立軽戦車中隊の編成

戦車二師団は昭和十九年八月一日、南方進出動員下令と同時に、その名も「撃兵団」と改称され、私たちの戦車第七連隊は、「撃一二〇九五部隊」と命名された。第二師団の戦車連隊は第六、第七、第十、第十一の四個連隊であったが、十一連隊は師団動員直前に千島方面に転出したため、比島上陸は三個連隊であった。

各部隊の上陸完了を待って、撃戦車兵団はマニラ東北方約一五〇キロのサンミゲル周辺に集結した。関東軍の虎の子兵団といわれた戦車二師団が、北満の地からわざわざこのルソン島に進出した目的が何であるかを深く吟味しながら、私たちは来たるべき予想戦場にそなえて、地形の熟知、愛車の整備に毎日を過ごしていた。

そのころ、方面軍司令官山下奉文(やましたともゆき)大将より、とくに撃戦車兵団あてに発せられた訓示が伝達された。

「いまやルソン島は、祖国の興亡をかけた決戦場たらんとしている。その時がきたらば関東軍の本領を遺憾なく発揮されんことを切望する。一騎当千とは古諺にしかず、一事能(よ)く一車を撃滅せよ」

まさに悲愴な訓示であった。山下閣下のなみなみならぬ決意のうちが、ありありとうかがえ、私も私なりに覚悟をあらたにしたのであった。

進撃する九五式軽戦車。手前の戦車のキャタピラ上に排気管とマフラーが見える

それから四、五日たったある日、兵団に重大命令が発せられた。山下軍司令官よりの直命であった。突如として発せられたその命令は、私たち戦車七連隊、いや、そのなかの第一中隊（軽戦車中隊）に所属する私に、直接関係のあるものであった。

命令の要旨は、撃戦車兵団（戦六、戦七、戦十、師団整備隊）より軽戦車十二輛を選出して独立軽戦車中隊を創設し、ルソン島北端アパリ周辺に布陣する駿兵団（第一〇三師団）へ転出する、というものであった。七連隊からは三輛と人員約二十名が割りあてられて、結局、第一中隊第二小隊に、そのまま白羽の矢が立ったのである。

第二小隊第二車の操縦手である私は、命令下達と同時に、一瞬、身ぶるいを感じるほどに興奮した。そして、「みなより一足お先にあの世行きか」と、ひとり諦めにも似た決心をかためたのだった。

十月十九日、中隊全員とのささやかな夕べの会食が催され、満州いらいの別れをみなとおしんだ。そして明くる二十日朝、私たち第二小隊は中隊長以下、残留将兵全員と水盃を交わし、盛大な見送りに熱涙を禁じえず車上の人となった。大門小隊長（中尉）以下十九名は戦車三輛に分乗して、めざす集結地カバナツアンに向かって勇躍、出発した。

新設独立軽戦車中隊の集結地カバナツアンは、サンミゲル北方約五十キロの地点にあり、町とは呼べない小さな集落であった。そのサンミゲルをよぎる国道上のある地点で、後続する予定の戦車六連隊、戦車十連隊、その他からの選出小隊の到着を待った。

集結完了予定時刻の午前十時、寸分たがわず彼らは到着した。ただちに全員は路上に整列、各小隊長は中隊長にたいし、人員、車輛の編入申告をおこなった。

初めて見る中隊長は、八の字髭(ひげ)をピンと生やした古武士のような風格で、おもむろに中隊創設の目的と使命を訓示された。慈愛に満ちたまなざしと容貌は、さながら松竹映画の俳優、笠智衆にそっくりであり、百戦練磨の武人らしい津守長治大尉（戦車十連隊）である。

駐留地ラロの日々

さきにミンダナオ島に上陸した米軍の、次期上陸地はルソン島であろうことは、誰にも容易に予想できた。そのルソン島のどこに上陸するかが、比島方面軍の最大関心事であったのだ。第一予想地としてリンガエン湾、そして第二は島北端のアパリ湾、これが上層部の予想だった。

しかし、親部隊にまだ布陣命令の出されない以前、アパリ周辺を守護する駿兵団の救援におもむくことになった津守独立戦車隊の全将兵としては、防備手薄なアパリ湾に敵は上陸するのではという予感をいだくのは、当然のことであった。したがって、津守隊長の赤旗一閃、全体発進の合図に、行進を開始した各車操縦手の操縦桿をにぎる手に、異様な緊迫感があふれたことはいうまでもない。

ここでちょっと、津守独立軽戦車中隊の編成を紹介しておこう。

隊長津守大尉、指揮班長足立大尉、第一小隊長戸谷中尉、第二小隊長大門中尉、第三小隊長磯貝見習士官（のち少尉）、整備隊長洞(ほら)准尉で、指揮班、各小隊は九五式軽戦車各三輛の

中隊十二輌。整備隊に装甲軌道車一輌、工作車一輌、人員、弾薬、燃料運搬用トラック二輌という車輌編成であり、人員は各隊だいたい二十名前後で、中隊全員で約一〇〇名であった。

ついでながら、愛車九五式軽戦車とはどのような戦車であったかも、簡単に述べてみよう。九五式とは、紀元二五九五年（昭和十年）に制定されたための呼称で、重量は六・七トン、全長四三〇センチ、全高二二八センチ。装備火力は三七ミリ戦車砲と七・七ミリ車載重機関銃二。装甲厚はもっとも厚い部分で二三ミリでしかなかった。防御力そのものについては貧弱ではあったが、機動力は一二〇馬力の直列空冷六気筒ディーゼルエンジンを搭載し、最高時速は四十キロ。その軽快な行動性は、当時としてははなはだ高く評価されていた。

愛車のことを私たちは、ときには〝ドラム缶〟と呼び、ときには〝豹〟と呼んだ。ドラム缶とは、体型ではなく装甲鈑の薄さから生まれた侮蔑の名称であり、豹とはむろん、その敏捷さを賞賛しての愛称であった。

さて、津守戦車隊はカバナツアン集結地をあとに、一路アパリにむかって快速進撃をつづけた。全行程は約四五〇キロ。私には初めての長行軍であった。さいわいにも道はほとんど舗装され、町をぬけると、めったに対向車もない坦々とした一本国道であった。リザール～サンホセ、そしてバレテ峠の峻嶮を突破し、アリタオ、バヨンボンをすぎ、そしてまたオリオン峠を越えて、一気にエチアゲにくだり、ナギリアンにさしかかる。

このあたりはカガヤン穀倉地帯の入口で、青々とした稲田がつづいていた。北部ルソンを縦断して、蜿々（えんえん）アパリ湾に注ぐフィリピン一の大河カガヤン河が、ようやく河らしい様相を呈しはじめている地点でもある。国道はこのカガヤン河沿いにアパリに通じていた。

戦車行軍も連続四、五日つづくと、さすがに疲労度もまし、操縦手は尻の痛みにたえかねた。しかし、全車輌ともほとんど故障らしい故障もなく、堂々とした一列縦隊を維持しながら、ツゲガラオの街に突入した。ここで、駿兵団長の別命あるまで待機することが下達され、ひさしぶりに愛車の点検整備をし、ゆっくりと各人休養をとることができた。宿舎は小さな学校を使用することとなり、戦車一個中隊の宿営地としては、もったいないような広さと環境であった。

ここに滞在中に、十一月三日の明治節をむかえ、中隊全員、佳節の式典をおえたあと、中隊長車を先頭に全車輌が参加して、ツゲガラオの市中示威行進をおこなった。長い整備期間にみがきあげられた各車は、砲塔上に日章旗をかかげ、威風堂々と行進をつづけた。

しかしながら、ルソン北部のこの田舎街に、ときならぬ轟音をひびかせての日本戦車部隊の行進を見まもる市民の眼は、私たちの予想した歓迎の色は微塵もなかった。ただ、ものめずらしさのみで向けられた冷淡そのものの眼であった。

十一月五日、待機命令がとけて、ふたたびアパリに向かって行動を開始した。しばらくのあいだ保養をとっていたので、アルカラ、そしてガタランを通過してのアパリへの道は、快適そのものであった。一気にアパリ到達と思われたが、ある小さな村落で大休止命令が出た。アパリの手前、十二キロの地点ラロという名の集落であった。ここで津守隊長は中隊を待機させて、隊長車のみでアパリの兵団司令部に連絡に進発し、ようやく夕方に帰隊した。司令部の指示により、隊はラロを駐留地とすることとなり、各小隊ごとにさっそく設営準備にうつった。

ラロも他の国道沿いの村と同様に、住民は戦場となることを予想して、そのほとんどの者が山岳部か、あるいは村落のすぐ裏を流れるカガヤンの大河をわたって、対岸奥深く退避していた。そのため、集落に空家はいくらでもあった。ルソン島の田舎の住民は、その大半がニッパハウスに住んでいる。なかに富豪らしい木造二階建ての立派な住宅もあり、それらを選んで小隊の宿舎とした。

ラロに駐屯して三、四日経ったころから、二人、三人と住民が姿を現わしはじめた。日が経つにつれて、しだいにその数が増し、整備をしている私たちの戦車の側まで寄ってきては、バナナなどと石鹼や糸との交換をねだるようになった。

いつのまにか駐屯地に明るさがおとずれ、平和で楽しい日々がつづいた。月の美しい夜は、住民の唄とダンスパーティが催され、招待を受けていっしょに唄ったりご馳走になることが幾度かあった。私は「バラサンケアーワイ」というルソン民謡を、完全に唄えるようにまでなったのだった。

山岳台地の戦車陣地構築

十二月に入ってまもなく、戦雲ようやくルソン全体をおおい、ルソン東方海域に強力な敵機動部隊が出没しはじめた。とある日、とつぜん敵グラマン二機が、椰子の葉すれすれにラロ上空を国道沿いに南下していった。散発的に威嚇射撃をくりかえしながら、まるで疾風のようにすぎ去った瞬間から、風雲まさに急なるルソンの現実を知った。

以来、敵機来襲は日ましに激化し、住民は完全に姿を消して、ラロの村はまるで灯が消えたように殺風景なものとなった。そのころ、「敵アパリ湾に上陸近し」という噂が誰いうとなく流れはじめ、日々これ戦々兢々の連続であった。

クリスマスもせまった二十二日。ついに津守戦車隊に転進命令がくだり、ラロ東方の山岳地帯に布陣することとなった。五十日近くも駐屯したラロに未練を残して、私たちは師団工兵隊急造の戦車道をたどって、目的地にむかった。ところが、ゆくてに意外な障碍が待ちうけていた。斜面をけずり窪地をうめ、工兵隊総動員によって急造された戦車道は、無情にも昨夜降りつづいた大雨のために、全長四キロにおよぶ泥濘道と化していた。

津守隊長車を先頭に二車、三車とつづいたが、後続の車は前車の蹂躙によって、ますますひどいぬかるみの中に足を取られてしまった。転輪が完全に泥濘に没してしまっては、軽戦車といえども立往生を余儀なくされた。しかし、この逼迫した状況下において行軍の停滞はゆるされず、付近の樹木を切り倒して丸太棒をならべ、そのうえを徐々に進行を開始した。

木の間ごしに照りつける強い日射しの下、全員、汗と泥まみれの作業がつづいた。操縦手の私も、みなと一緒に作業にくわわり、そして飛び乗っては愛車をすすめ、また降りて作業を手伝うというくりかえしで、そのため車内までも泥まみれとなった。

急造の戦車道とはいえ、全長わずか四キロの目的地までは、あまくみても半日は要すまいと思われたが、第一日はラロから一キロほどの山中で露営せざるをえない悲惨な状況であった。二日目も全員が、未明から作業にうつった。筆舌につくしがたい苦心の末、ようやく二十五日の夕方、布陣予定地に全車輌の集結をみたのだった。

眼下にアパリ平野を見おろし、バシー海峡をのぞむこの山岳台地にも、ふしぎに思えるようにニッパハウスが点々と散在していた。住民は兵団の立ちのき命令により退避させられており、各小隊はそれをそれぞれ宿舎とした。そして、泥濘の強行軍の疲れのまま、来る日も来る日も戦車の陣地構築に専従した。敵の予想来攻方向に向けて、掩体壕を掘り、戦車砲がようやく発射できるていどの穴掘り作業の連日であった。

陣地転換の必要を予想して、一車について五、六ヵ所の壕を掘った。そうした重労働のさなか、昭和二十年の元旦をむかえた。大門小隊長以下、十九名の私たちは、ニッパ酒をくみかわしてささやかな朝祝いをし、初日に向かって必勝を祈念した。

そのあと、各操縦手はニッパ酒のはいった水筒を愛車にそなえて、健闘を祈ることとなった。私は満州いらい一度の故障も起きたことのない愛車に、深い感謝の念をささげ、いよいよ今年こそ生死を共にすることを誓った。そして水筒のフタをとって愛車にふりかけ、合掌とともに健闘を深く祈った。

そのとき、私はふと不吉な予感におそわれた。と同時に、しまったと思った。御神酒のつもりでふりかけた水筒の中味が、水であったことに気づいたのだった。酒と水の水筒をまちがえて持参したおろかな自分に無性に腹が立ち、こころから愛車にわびたが、そのときから愛車の行く末に大きな不幸が……という予感が私につきまとうのだった。

昭和二十年一月九日、ついに米軍はリンガエン湾に上陸を開始した。その報は私たちにとっては意外と受け止められ、きっとまじかに第二軍がアパリ湾に上陸する、と確信していた。リンガエン湾に敵をむかえた友軍、なかでも親部隊である撃戦車兵団の激戦のニュースを聞きながら、私たちはただ切歯扼腕の日々を過ごした。確信していた敵アパリ上陸の可能性は完全にうすらぎ、無意味に思える日々であった。

二月に入ると、私たちの山岳陣地上空にまでも、グラマンが毎日のように飛来し、無造作に銃撃をくわえるようになった。それはあたかも、上陸作戦が一段落をむかえた余裕を私たちに誇示するかのようであった。

四月十一日。待ちにまった反転命令がくだった。怒濤のごとく北上する敵を、バレテの峻嶮で撃退すべく布陣した友軍急援のため、急ぎ南下することとなった。乾期の戦車道を一気にくだり、ひさしぶりのラロに中隊は集結した。ラロは敵機空襲によりあとかたもなかった。薄暮を待って、中隊は行動を開始した。昼間の行動は絶対に敵機がゆるさなかったからだ。

気持ちはバレテ峠に飛びながらも、夜間のみの行軍は涼味満点である。夜明けとともに戦車を付近のマンゴー樹の下に隠蔽して、隊は昼間は休養した。しかし、このような日々も長くはつづかず、カガヤン河右岸一帯のゲリラを警戒して、夜間も完全無灯火行軍にうつった。

ライトの数で、車輌数を知られたくなかったからだ。前車の尻に蚊取線香をぶらさげ、その小さな火を目標に後車はつづいた。時速五キロ。先年十月、アパリをさして快速をつづけた津守戦車隊の栄光は、まさにむかしの夢であった。

カガヤン河に注ぐ数多くの支流にかかる橋は、爆撃によってことごとく撃破されており、そのつど浅瀬をさぐって渡河することも困難なわざであった。渡河不能の地点では、先行の工兵隊がドラム缶の筏（いかだ）をつくって待っていた。筏に戦車をのせ、対岸に張ったロープをたぐりながらの急流渡河を、全車がみごとに完了したとき、暁の明星はことのほか美しく輝いていた。

黒煙となって昇天する僚車

苦労の連続をかさねて、津守隊はようやくナギリアンを通過し、カワヤン南方十キロ付近で黎明をむかえた。この地点で津守隊長は、急遽、足立指揮班長に戦車斥候を命じ、敵戦車との接触をはかった。

案の定、数キロ前方の路上に野営する、敵戦車群を発見して帰隊し、津守隊長以下、全員、茫然となった。迎撃戦に地形の不利を感じた隊長は、ただちに反転命令をくだし、イラガン南方郊外で、国道をはさんで両側に布陣した。しかし、ふしぎなことに、その日に予想された敵の進攻はなく、夜をむかえた。これをさいわいに隊長はふたたび地形の不利を理由に、全隊に反転を命じアテもなく後退することになった。

ところが、イラガン北方の町はずれに、工兵隊が修復中の橋梁があり、工事を急がせながら橋のたもとで待機した。午前三時ごろ修理完了と同時に、補修橋の強度テスト車に、私の

37ミリ戦車砲塔を左旋回した九五式軽戦車。後部と前部の重機関銃が両方見える

所属する第二小隊の隊長車が指名された。

操縦手岩生軍曹（少年戦車兵第二期生）のみが乗車し、静かに橋に向かった。十メートルほど進み、もう大丈夫と思われた矢先、急に橋げたがはずれて、あっというまもなく戦車はくずれる橋とともにザブーンと転落した。青くなって見まもる隊員の眼前で、戦車は完全に水没してしまった。私は先輩岩生軍曹の水中に苦しむ姿を思うと、いてもたってもいられなかった。

と突然、水中から車載機関銃がのぞいた。つづいて岩生軍曹の腕が、そして頭がうかび、胸から上が水面にあらわれたのだ。思わず歓声がわき、私は歓喜の涙があふれ落ちた。機銃は水面上、約三メートルの橋上からロープを降ろしてひっぱりあげ、岩生軍曹は独力で岸に泳ぎついた。

愛車もろとも水没した車内で、よく沈着に

砲塔銃をとりはずし、車体を足場に水中からすっくと姿を現わした岩生軍曹は、以後、隊全員の賞賛のマトとなったことはいうまでもない。

津守戦車隊の悲劇の幕は、この第二小隊長車水没事故により切って落とされた。渡河を断念した隊はイラガンにひきかえし、南町はずれの三差路を左折した。そして田園道を川ぞいに約三キロほど上流に向かい、灌木林のなかに戦車を散開させた。そのとき夜はもうすっかり明け、陽光がまぶしかった。

その朝の十時ごろ、突如、敵観測機が超低空で飛来し、私たちの上空を旋回しはじめた。ゲリラの通報によるものか、あるいは軌道痕を発見してたどったものか、とにかく私たちは発見され、置きみやげに発煙筒を投下して観測機は立ち去った。

それと入れ代わるように、はるか彼方に、ロッキードの数機編隊の来攻を見た。空襲をつげる伝令は林のなかを飛びまわり、全員退避の命がくだった。私は機銃を一梃とりはずして肩にかつぎ、走りにくい灌木林のなかをしゃにむに愛車から遠ざかった。

猛烈な銃爆撃はまもなく開始され、窪地に伏せていた私は、爆発のたびに体が宙に浮いた。三十分あまりの猛爆に、私は完全に愛車をあきらめてしまったが、やはり存在をたしかめたくて、夕方を待って元の地点にもどっていった。だが、何という奇蹟であろうか。中隊の全車輌とも被害はなかったのだ。大きな弾痕は、まるで戦車と戦車のあいだをねらって射ったかのようであった。しかし木々の枝は爆風でふき飛び、各車は白日のもとにさらされていた。

日没前に各車は移動をはじめ、予想される明日の敵戦車来攻にそなえて戦闘隊形をとった。

全車輌を二分し、灌木林のなかをよぎる一本道をはさみ射ちするように、配置されたのである。道をはさんだ両側約二十メートルの奥に、右側六輌、左側五輌が、それぞれ約三十メートルの間隔で位置した。このさい、どういうものか、私の車は敵方向に向かって左側最後尾に陣どるハメになった。このことが、私の生存の要因のひとつともなったのである。

津守戦車隊にとって、運命の日は明けた。時に昭和二十年六月十九日、その日は朝から異様な強い陽射しを感じた。隊長は朝一番に、庄兵長を長とする四名の敵戦車監視班を前方に進出させ、これとの連絡要員二名を残置させたほかは、全員に再度の空襲を懸念して退避を命じた。

午前中は何事もなくすぎて、午後一時ごろであった。伝令が私たちの退避所に飛びこみざま、敵戦車四輌の来襲を告げた。

全員は蜂の巣をつついたように狼狽して、われ先に戦車に馳せもどった。乗車する寸前から、もう敵戦車砲の発射音がひびき、とたんに灌木林内に落下しはじめた。その破裂音がしだいに近づき、私の愛車の前後左右で容赦なく炸裂する。生きた心地はまったくしない。

私は車長の小川曹長に提案して、敵戦車が目の前にせまったら、不意をついて飛びだし、横っ腹に体当たりを敢行する決心をかためた。体当たりと同時に相手にとびのり、天蓋から手榴弾を投げこむ手はずをととのえ、弾雨のなかでじっと忍耐の待機をつづけた。

車内はさながら灼熱地獄だ。汗に衣服は濡れつくされ、全身ぐったりとなって気が遠くなるようであった。死んでもいい。早く敵戦車がこないか。外に出たい。これが真実の心境であった。

間近にひびく彼我の銃砲撃音は熾烈をきわめるが、車外の状況は車長にもさっぱりわからない。やがて急速に射撃音が下火になり、ピタリと止んだ。あれ、と思ったときである。木の間ごし、左前方約三十メートルに敵の戦車が見えるではないか。

全身に戦慄が走った。敵戦車は停止しており、エンジン音のみが不気味にひびいてくる。と、エンジン音が止まり、とたんに米兵の話し声が聞こえてきた。愉快そうな笑い声までまじっている。いまは体当たりする気力も失せ、熱さにまけて体は動こうともしなかった。朦朧とする意識のなかで、敵戦車が反転する音を聞いた。

敵戦車が去り、しばらくたって小川車長は、状況偵察のため車外に出た。同時に私も操縦窓を全開にした。涼風が車内に流れこみ、砲塔にぬけるその心地よさに、一度に生気をとりもどせたような気がした。

私は前方銃手の滝本兵長をうながして、砲塔から車上に出た。と同時に、左方向に立ちのぼる数条の黒煙を発見した。それが何であるかを即座に感じて、意気消沈のあまり車上にくずれ落ちた。撃破されて燃えさかる僚車からの昇天の煙であったのだ。

津守戦車隊の初戦闘は、私の愛車と、そして道をへだてた真向かいの佐藤曹長車の二輛のみを残して、無惨な敗北で幕をとじた。敵戦車肉薄攻撃を企図して、道の両側のタコツボに潜入していた車外員は、そのほとんどが頭を蜂の巣のように射ち抜かれて戦死していた。

夕暮れのなか、燃えつづける戦車ふきんに集結した残存将兵は、わずかに二十数名でしかなく、津守隊長の姿も見えなかった。私たちは戦友の屍体を埋葬し、健在な愛車を使用不能に処理した。そして二輌からとりはずした機銃四梃を装備とする機関銃小隊を編成して、亡き友をしのび、無念の涙にくれつつ地獄の戦場から遠ざかっていった。

快速をほこった津守独立軽戦車中隊は、不運にもその特性を発揮しうる戦場にめぐまれずに、はかなく消え去ったのであった。七五ミリの巨砲をもつ敵M４にたいし、装甲鈑厚わずかに一二センチ、三七ミリ砲では歯の立ちようもなく、これは太平洋戦争末期における九五式軽戦車に決定づけられた運命であったかもしれない。

以後、私たちの残存隊は人跡未踏のシエラマドレ山脈を突破し、ルソン島東北岸のパラナン湾にたどりついて、そこでようやく終戦を知った。時に昭和二十年九月十六日であった。

北千島を朱に染めた戦車十一連隊の死闘

終戦後の八月十八日未明ソ連軍上陸、占守島の苛烈なる迎撃戦

当時 戦車十一連隊・陸軍曹長 飛岡繁美

戦車第十一連隊（以下部隊とよぶ）は、昭和十五年三月十五日、満州の東安省斐徳に創設された。戦車第二師団（勃利）に属し、通称満州第四九七部隊、初代連隊長は二宮邦彦大佐で、十一を士になぞらえて士魂部隊とよばれた。

昭和十九年二月十三日、部隊は第五方面軍（北方軍）にうつされ、北東第一期作戦に出動命令がくだった。そして部隊は朝鮮本州を鉄道輸送のすえ、北海道の小樽に到着し、ここからつぎつぎと船で新任地の北千島に渡った。ただし第一中隊（軽戦車隊塚原大尉）は部隊の編成をはなれ、中千島マツワ島（松輪島）に上陸して、一中隊のみで同島の防衛にあたった。

当時、北千島はキスカ撤退後の日本の北東最前線であり、アリューシャンのダッチハーバーや、ゴジァク島を基地としていた米第九艦隊（フランク・フレッチャー中将隊）、陸軍第一一航空隊（ブルック中将）とにらみあい、またシュムシュ（占守島）の東国端岬の目の前には、

ソ連カムチャツカ半島ロパトカ岬がぶきみに横たわっていた。

北太平洋とオホーツク海を区別する北千島は、低温多湿で夏でもストーブを必要とするところである。十二月から四月ごろまでは、地上物のいっさいをうずめつくす豪雪と、視界ゼロの濃霧と猛吹雪にみまわれる。こうした悪い気象条件にもめげず、部隊は米軍の来攻にそなえて、戦備をかためたのである。

パラムシル（幌筵島）は淡路島の約一・五倍の細長い島であり、島の中央を海抜二千メートル級の高山がそそりたっている。なかに千倉、白煙、硫黄山などの活火山もある。またシュムシュは南北三十キロ、東西二十五キロ、標高一六〇メートル（三塚山）が最高所の、だいたい平坦な島である。両島の間にあるパラムシル海峡は天然の良泊地であり、第五艦隊の前線基地である。

ソ連軍ついに上陸す

シュムシュ東端は東経一五六度三一、パラムシルの北アライト島は北緯五〇度五五で、当時の日本の最北最東端に位置する雪と霧の荒涼たる北千島であった。

昭和十九年八月、陸海航空部隊の主力が北海道に撤退したあと、北千島は米機の制空権下におかれた。連日の空襲や米機動部隊のたびかさなる艦砲射撃にもかかわらず、部隊はそれほどの被害を出さずにすんだ。

昭和十九年九月、部隊はシュムシュに集結した。二十年一月、来島則和連隊長は千葉戦車学校長に転任し、後任は池田末男大佐にきまった。

昭和二十年五月、第五方面軍は主力決戦場を北海道本島に後退するカ号作戦をとり、北千島より陸軍一万と海軍全力を撤退させた。このため、これまでの敵の上陸にたいする水際撃滅戦法を、内陸戦闘方式にあらためた。

パラムシル海峡を中心とする両島の複廓陣地内に、守備隊の主力はたてこもることになり、部隊は峡東（シュムシュ）主陣地の二線主力部隊を命ぜられた。

そこで部隊は編成をあらため、シュムシュにいた独立戦車第二中隊（牡丹江戦車第一師団――硫黄島で玉砕により――転用、軽戦車隊）を第四中隊として編入した。そして、各隊よりえらびだし、あらたに第五、第六中隊を編成配備した。

昭和二十年八月十八日未明、ソ連軍が国端岬に上陸し、二時十分、戦闘命令がくだされた。いよいよ迎撃出動が命ぜられ、三時三十分、部隊は陣地を出発した。北千島の朝は早く、夜はすでに明けきっていた。

一路、国端に急行する。

当時、国端方面には歩兵一小隊の守備隊がいただけで、ソ連軍はほとんど無血で上陸に成功し、南西四キロの四嶺山付近に進出した。

四嶺山とは標高一四〇メートル前後の男体、女体、赤城、榛名を総称したものである。カ号作戦実施前は、カムチャツカをめざすわが海軍の砲台があったところである。

まもなく峡東地区隊長七三旅団長杉野（すぎの）少将は、戦闘指揮所を島の中北天神山に進め、独立歩兵二八三大隊（竹下少佐）、同二九三大隊（数田少佐）、九一師団一砲（加瀬谷大佐）、同工兵（小針少佐）など、在島部隊を前線に展開して、一挙に撃滅をはかった。

しかしながら敵もさるもので、後続の兵員火器を揚陸して果敢な進撃をくりかえし、四嶺山北面、国端川南東台地一帯に両軍の激闘が展開された。

われに終戦はなし

男体山方面から進んだ戦車は急転し、一時、水ぎ間近に敵を追撃したが、孤軍奮闘むなしく、包囲されて次つぎと戦死した。

北千島の戦車11連隊・九七式中戦車

正午ごろまでに、部隊は連隊長池田大佐、隊付丹生少佐、副官緒方大尉、一中隊船水大尉、二中隊宮家大尉、三中隊藤井大尉、六中隊小宮中尉の各中隊長をはじめ多数の戦死者を出し、戦闘力の三分の一を失った。

しかし、ソ連軍も四嶺山北方面に多くの死体、火器などを遺棄して、国端岬にむけ逃げさった。

このため敵の退却後、四嶺山一帯は海上部隊からの猛砲撃にさらされ、被害が続出した。

十三時三十分、四中隊長伊藤大尉の指揮で、四嶺山南面に一時部隊を集結し、陣容をたてなおしてからさらに前進することになった。同夜、五中隊長古沢大尉ほか数名の戦死者を出した。

明くる十九日朝、敵は海と空からの援護のもとに巻きかえしの反撃をはかったが、みごと失敗におわった。わが部隊は砲撃にたえて、四嶺山を立派にまもりぬいた。

しかしそうした反面、停戦交渉が進められており、二十二日五時に停戦がなりたち、両軍は戦闘行動を中止する。そして十二時、徒歩部隊より順次戦線をしりぞき、残念ながら島南部にむけ後退を開始する。

翌二十三日、島南部の三好野飛行場に在島部隊は集結し、兵器弾薬車輌をソ連軍にひきわたす。

部隊は生存先任高橋整備中隊長の指揮により、四嶺山国端方面にむかって、池田連隊長以下、戦死者の冥福（めいふく）をいのり、深い黙禱をささげた。さらにはるか南西を拝して、戦いに敗れた祖国の平穏ぶじを祈った。

その後、高橋大尉は、九月五日をもって戦車十一連隊の解散を隊員の生存者全員につげた。終戦の詔書奉読式がおこなわれたのは、戦後の八月二十六日である。敵上陸の十八日といえば、太平洋全戦線にわたって、日本軍の組織的抗戦は、すでに終わっていたはずである。北千島は制海制空権はうばわれていたが、通信連絡は完全であった。

守備隊（九一師団）首脳部が日本降伏を知らないわけはない。守備隊が無抵抗でソ連の進駐をゆるしていたならば、犠牲者を出さずにすんだかもしれない。

それなのになぜ、あのような果敢な迎撃戦闘を行なったのだろうか。上陸軍に痛烈な一撃をあたえて、のちの停戦交渉を有利にみちびこうとしたのだろうか。いまとなっては、守備隊首脳の意中を知ることはできない。

※本書は雑誌「丸」に掲載された記事を再録したものです。
執筆者の方で一部ご連絡がとれない方があります。
お気づきの方は御面倒で恐縮ですが御一報くだされば幸いです。

NF文庫

戦車と戦車戦

二〇一七年一月十五日　印刷
二〇一七年一月二十一日　発行

著　者　島田豊作他
発行者　高城直一
発行所　株式会社潮書房光人社
〒102-0073　東京都千代田区九段北一-九-十一
振替／〇〇一七〇-六-五四六九三
電話／〇三-三二六五-一八六四㈹
印刷所　慶昌堂印刷株式会社
製本所　東京美術紙工
定価はカバーに表示してあります
乱丁・落丁のものはお取りかえ致します。本文は中性紙を使用

ISBN978-4-7698-2988-1　C0195
http://www.kojinsha.co.jp

ＮＦ文庫

刊行のことば

第二次世界大戦の戦火が熄んで五〇年——その間、小社は夥しい数の戦争の記録を渉猟し、発掘し、常に公正なる立場を貫いて書誌とし、大方の絶讃を博して今日に及ぶが、その源は、散華された世代への熱き思い入れであり、同時に、その記録を誌して平和の礎とし、後世に伝えんとするにある。

小社の出版物は、戦記、伝記、文学、エッセイ、写真集、その他、すでに一、〇〇〇点を越え、加えて戦後五〇年になんなんとするを契機として、「光人社ＮＦ（ノンフィクション）文庫」を創刊して、読者諸賢の熱烈要望におこたえする次第である。人生のバイブルとして、心弱きときの活性の糧として、散華の世代からの感動の肉声に、あなたもぜひ、耳を傾けて下さい。